钼系负极材料性能提升策略研究

王莎莎 著

中国纺织出版社有限公司

内 容 提 要

当前能源和环境问题日益严峻，环境友好、能量密度高、工作电压高的锂离子电池得到了广泛的研究，但能够实现高容量、长寿命、快速充放电的电极材料仍是下一代高性能锂离子电池的研究热点和难点。钼系材料具有结构多变、种类丰富、理论比能量高等优势。本书着眼于锂离子电池负极材料性能提升策略研究，以钼系材料为出发点，系统阐述了二维层状介孔钼系锂离子电池负极材料性能提升策略，为钼系材料在锂离子电池性能改进和提升方面的相关研究奠定基础。

图书在版编目（CIP）数据

钼系负极材料性能提升策略研究 / 王莎莎著 . -- 北京：中国纺织出版社有限公司, 2023.6

ISBN 978-7-5229-0699-7

Ⅰ . ①钼…　Ⅱ . ①王…　Ⅲ . ①锂离子电池—阴极—材料—研究　Ⅳ . ①TM912

中国国家版本馆 CIP 数据核字（2023）第 117255 号

责任编辑：张　宏　　责任校对：王蕙莹　　责任印制：储志伟

中国纺织出版社有限公司出版发行
地址：北京市朝阳区百子湾东里 A407 号楼　邮政编码：100124
销售电话：010—67004422　传真：010—87155801
http://www.c-textilep.com
中国纺织出版社天猫旗舰店
官方微博 http://weibo.com/2119887771
三河市宏盛印务有限公司印刷　各地新华书店经销
2023 年 6 月第 1 版第 1 次印刷
开本：787 × 1092　1/16　印张：9.75
字数：200 千字　定价：98.00 元

前　言 Preface

当前能源和环境问题日益严峻，环境友好、高能量密度、高工作电压的锂离子电池的研究得到了广泛关注，但能够实现高容量、长寿命、快速充放电的电极材料仍是下一代高性能锂离子电池的研究热点和难点。二维层状介孔电极材料结合了二维材料和介孔材料的优势，其中二维层状导电层可以有效提升材料的导电性，而介孔结构可以缩小固态传输距离（Li^+ 和 e^-）。此外，钼系材料还具有结构多变、种类丰富、理论比能量高等优势，因此，二维层状钼系电极材料是下一代高性能锂离子电池负极材料很有潜力的候选材料之一。

本书介绍了新颖的化学合成方法，将具有良好韧性和导电性的二维层状石墨烯与钼基纳米电极材料复合，可控构筑了一系列二维层状介孔钼系锂离子电池负极材料，系统研究了通过石墨烯与钼基材料复合提高钼系锂离子电池负极材料电化学性能的可行性，探讨了二维层状钼基锂离子电池负极材料活性提升和有效电子传输的机理。本书介绍的二维层状介孔钼系锂离子电池负极材料有效地缩短了电子和锂离子的传输路径，有利于电极在大电流密度下充放电。同时，介孔结构增加了电极与电解液的接触面积，缓和了充放电过程中锂离子嵌入和脱出所造成的体积变化。此外，二维介孔结构具有较高的表面能或缺陷能，可显著影响电池反应的理论电压，使电极反应在较宽电压窗口内进行。而二维层状石墨烯又起到了提高电极材料的导电性和稳定活性物质的重要作用，预计在锂离子电池性能改进和提升方面具有重要的应用潜力。

本书第 1 至第 3 章以二维层状介孔氧化钼 / 还原石墨烯（meso-MoO_2/rGO）电极材料为研究对象，在石墨烯纳米片层上原位生长介孔 KIT-6 模板，制得 KIT-6/rGO 模板后，将钼酸铵前驱体渗入 KIT-6/rGO 模板的介孔中得到前驱体，煅烧并除去 KIT-6 模板，成功获得了二维层状介孔 meso-MoO_2/rGO 复合材料，研究了该 meso-MoO_2/rGO 复合材料作为锂离子电池负极材料的电化学性能，并深入探讨了其组成、结构、电化学性能之间的关系。

第 4 章为进一步提升 meso-MoO_2/rGO 电极材料的电化学性能，尝试制备 meso-Mo_2C-MoC/rGO 复合材料。该工作是在第 1 至第 3 章工作的基础上进行的，在合成

meso–MoO_2/rGO 电极材料的过程中，加入葡萄糖作为碳源，通过控制实验条件，调控煅烧温度，得到了 meso–Mo_2C–MoC/rGO 电极材料，并探讨了 Mo_2C–MoC 异质结中 Mo^{3+}/Mo^{2+} 对电极材料导电性及电化学性质的影响。

第 5 章以磷酸氢二铵为磷源，通过控制合成条件得到了 meso–MoP/rGO 电极材料；在此基础上，又做了改进实验，采用次磷酸钠为磷源，在氮气保护下，通过控制磷化时间和温度，得到了 meso–MoP–MoS_2/rGO 电极材料，并且探讨了 Mo–P 键对材料电化学性质的影响。

第 6 章是在氨气气氛中处理 meso–MoO_2/rGO 电极材料，通过控制处理温度及时间，得到 MoN@MoO_2/rGO 电极材料；在此基础上，又做了改进实验，采用乙二胺和多巴胺对 KIT-6/rGO 模板进行氮修饰，得到氮掺杂的 meso–N–MoS_2/rGO 电极材料，并探讨了氮的加入对材料电化学性质的影响。

第 7 章采用不同硒加入方法，以硫脲为硫源、硒粉为硒源，通过控制硒粉的含量，合成了不同硒掺杂量的 meso–MoS_2/rGO 电极材料，通过对所合成材料的系统测试，研究了硒的加入对 MoS_2 电极材料电化学性质的影响，并且探讨了其影响机理。

本书第 8 章对全文进行总结，并提出展望。

著者

2022 年 12 月

目　录 Contents

第 1 章　绪论

1.1　引言

自 20 世纪 80 年代以来，世界能源发生了重大变革，总体上形成了煤炭、石油、天然气三分天下，清洁能源快速发展的新格局。目前，全球范围内主要的能源有石油、煤炭、天然气等化石能源以及风能、水能、海洋能、太阳能等清洁能源 [1-3]。虽然化石能源储量大，但随着数百年的大规模开发和利用，正面临着资源枯竭、排放严重等问题，而清洁能源不仅总量丰富，且低碳环保、可以再生，在未来的发展中具有很大的开发潜力。随着摄影机、笔记本电脑、移动电话等便携式电子设备的迅猛发展，对于大容量、小尺寸、轻重量的可充电电池的需求越来越高 [1, 4-7]。然而，在 20 世纪 80 年代对传统的可充电电池（如铅－酸电池、镍－镉电池、镍－金属氢化物电池）的研究没有解决小尺寸及轻量化等需求，限制了其发展，因此发展小型轻量可充电电池成为研究的重中之重。锂离子电池具有很多优点：工作电压高（3.6V）、能量密度高（460~600 W · h · kg^{-1}）、循环寿命高（500 次以上）、自放电率低（2%）、环保无污染、无记忆效应等，已被广泛应用于移动电子设备、电动汽车、智能电网等领域。当然锂离子电池也存在一些缺陷，例如，制作成本高、安全性较差、需要特殊保护电路防止过充电和过放电对电池性能的影响、大电流循环性能不理想等 [2, 5, 8-11]。

1.2　锂离子电池概述及工作原理

锂离子电池可以分为一次电池和可再充电池，按照电解液类型可以分为水系电解质电池和非水电解质电池，一些电池分类如表 1-1 所示。水系电解液电池中电解液中的水在 1.5V 左右发生电解，因此水系电解液电池的一个不足之处是每个单体电池的电压限制在约 1.5V，此外，水系电解液电池还面临容量低的问题。相反，非水电解质电池每个单体电池的电压为 3V 甚至更高，因此在提升容量方面有更大的可能性。

表 1–1 电池的分类

电池类型	水系电解质电池	非水系电解质电池
一次电池 （一次性电池）	猛干电池 碱性干电池	金属锂电池
二次电池 （可充电电池）	铅 – 酸电池 镍 – 镉电池 镍 – 金属氢化物电池	锂离子电池

尽管在金属锂电池向锂二次电池转变的过程中做了很多尝试，但是基于以下因素并没有成功：①充电过程中，锂以枝晶的形式沉积在负极上造成短路；②金属锂的电化学性质活泼，在循环过程中产生副反应导致循环稳定性差，散热不良，以上两个问题严重影响电池安全性能[12–14]。1800 年 Alessandro Volta 发明了第一个化学电池，即用酸性电解质将两种不同金属（锌和铜）分开作为电极，由于水分解会产生电流，并且析出氢气。这一发现之后几十年，Michael Faraday 提出电解定律，接着水系电解质电池得到了长足发展，尤其是铅 – 酸电池（Gaston Plante, 1859），镍 – 镉电池（Waldemar Jungner, 1899）及镍 – 铁电池（Thomas Edison, 1901）[15]。镍 – 镉电池和镍 – 铁电池是镍 – 金属氢化物电池的前驱，在 1989 年进入市场，但是由于水的分解电压低（约 1.2V）、电极组分重，导致铅酸电池及镍基电池工作电压低，能量为 20~70 W · h · kg^{-1}。Goodenough 等人[16]在 1981 年首次报道了 $LiCoO_2$ 作为锂离子电池正极材料，1982 年 Yazami 和 Touzain[17]在全世界范围内首次证实了锂离子可以在石墨中插入和脱出，这个重大实验虽然采用固态电解质，但是为石墨作为锂离子电池负极材料提供了科学依据。锂离子电池里程碑式的突破是在 1991 年，日本索尼公司引入了一种高电压（约 3.7V）、高容量的 $LixC_6$/ 非水液体电解质 /$Li_{1-x}CoO_2$ 电池，用于手提电子设备[18]。这一突破摒弃金属锂做负极，避免了锂枝晶产生。在充放电过程中，Li^+ 在正极和负极之间可逆地嵌入脱出，因此叫作锂离子电池，此外，稳定的液体有机碳酸盐溶剂保证了这种稳定的嵌入脱出在一个相对高的电压范围进行（≥ 4.2V）。锂离子电池工作原理示意图如图 1–1 所示，它是基于在负极和正极之间的锂离子改组的能量存储装置。本质上就是锂离子在正负极之间嵌入和脱出的过程，在充电过程中，Li^+ 从正极脱出，通过非水电解质和隔膜进入负极，同时，电子补偿电荷由外电路转移到负极，这样就保证了电荷平衡，放电过程与之相反，因此也称为“摇椅电池”[19]。

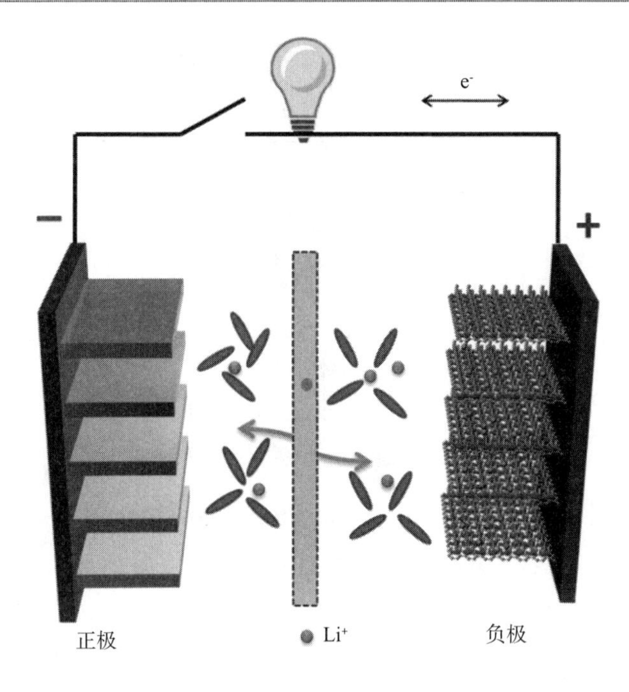

图 1–1　锂离子电池工作原理示意图

1.3　锂离子电池电极材料研究进展

1.3.1　正极材料

锂离子电池性能很大程度上依赖于电极材料（正极材料和负极材料）。1981 年，Goodenough 等[16]提出了用 $LiMO_2$（M ═ Co、Ni、Mn）化合物作正极材料，这些材料均为层状结构化合物，能够可逆地嵌入和脱出 Li^+。此外，主要的正极材料还有：尖晶石结构的 $LiMn_2O_4$、LiV_2O_4 和 $LiCo_2O_4$ 等以及橄榄石结构的 $LiFePO_4$[20-22]。在实际应用中，通常采用混相正极来提高电池性能并且降低电池成本[23]。可用于锂离子电池正极的材料有很多种，目前成功应用的多为过渡金属嵌锂化合物，大体上可以分为三种结构：六方层状结构（$LiCoO_2$、$LiNiO_2$ 及 Ni、Co、Mn 复合氧化物等）、尖晶石结构 $LiMn_2O_4$ 和橄榄石结构 $LiFePO_4$。

$LiCoO_2$ 材料具有典型的层状结构，其晶体结构如图 1–2 所示，$LiCoO_2$ 属于 α–$NaFeO_2$ 型层状结构基于氧原子的立方密堆积，Li^+ 和 Co^{3+} 各自位于立方密堆积中交替的八面体位置。在实际应用过程中，$LiCoO_2$ 材料存在一些问题：高电压下结构不稳定，循环稳定性差；此外，在高电压下 Co^{4+} 和 O^{2-} 活性很大，很容易引起安全事故。因此，对于 $LiCoO_2$ 材料的改性研究通常采用元素掺杂来提高材料的结构稳定性，也会通过表面包覆来提高高电压下高活性离子的稳定性。

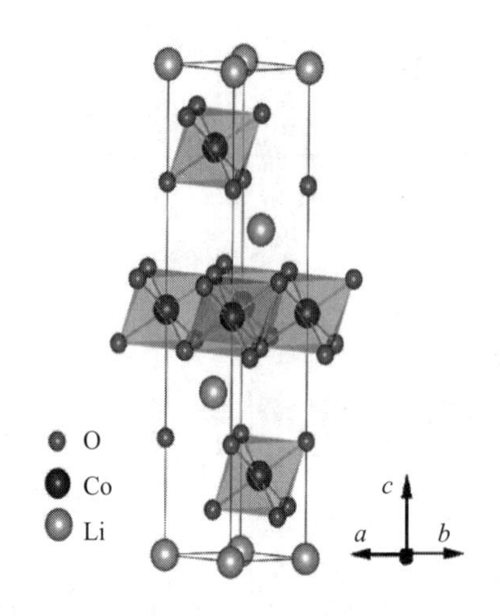

图 1-2 $LiCoO_2$ 的晶体结构模型 [24]

$LiMn_2O_4$ 是具有代表性的尖晶石结构的 LiMO 材料，尖晶石型 $LiMn_2O_4$ 属于立方晶系，Fd3m 空间群，理论比容量为 148mA·h·g^{-1}。$LiMn_2O_4$ 材料具有三维隧道结构，这样的结构有利于 Li^+ 可逆地从尖晶石晶格中脱嵌，而不会引起结构的塌陷，因此 $LiMn_2O_4$ 材料具有优异的倍率性能和稳定性，其晶体结构如图 1-3 所示。但是在使用过程中，$LiMn_2O_4$ 会发生严重的容量衰减，究其原因主要是：

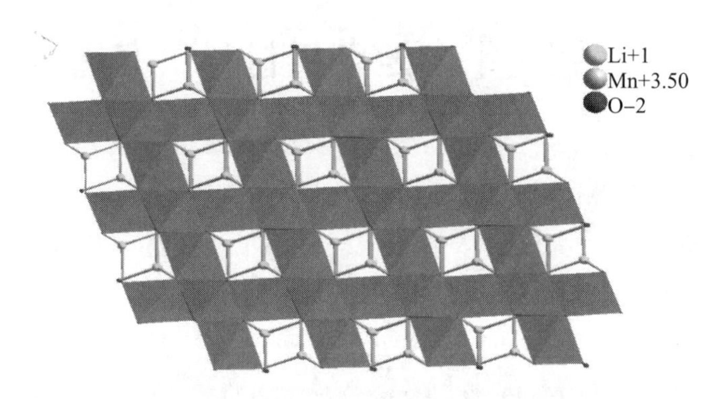

图 1-3 $LiMn_2O_4$ 的晶体结构模型

（1）在放电后期，Mn^{3+} 会发生歧化反应生成 Mn^{2+}，生成的 Mn^{2+} 溶于电解液并且会扩散到负极碳材料表面，导致容量的不可逆损失，如式（1-1）所示：

$$2Mn^{3+}（固）\rightarrow Mn^{4+}（固）+Mn^{2+}（液） \quad （1-1）$$

$$Mn^{2+}+2LiC_6 \rightarrow Mn+2Li^{2+}+C$$

（2）$LiMn_2O_4$ 在循环过程中会发生 Jahn–Teller 效应，Li^+ 在嵌入、脱出过程中导致 $LiMn_2O_4$ 发生结构变化，$[MnO_6]$ 发生歧变，并伴有大的压缩和拉伸应变差，导致材料的性能衰减。

（3）充电过程中生成的 Mn^{4+} 在电解液中不稳定。

（4）使用 $LiFP_6$ 电解质的电解液时，高温下（55~65℃）电解液中少量的 H_2O 与锂盐会生成 HF，生成的 HF 与 $LiMn_2O_4$ 发生反应，导致 Mn^{2+} 溶解，且 $LiMn_2O_4$ 具有催化电解液分解的作用，如式（1–2）所示，这就加剧了材料性能的下降。针对 $LiMn_2O_4$ 出现的这些问题，主要通过掺杂异种元素，如 Ni、Co、Cr、Mg、Al、B 等或表面修饰来稳定其晶体结构并减少与电解液接触面积，抑制表面上锰的溶解。

$$4HF+2LiMn_2O_4 \rightarrow 3\gamma\text{-}MnO_2+MnF_2+2LiF+2H_2O \qquad (1\text{–}2)$$

橄榄石型 $LiFePO_4$ 属于正交晶系，是一种稍微扭曲的六方最密堆积结构，如图 1–4 所示。$LiFePO_4$ 的原物料来源广泛、价格更低廉且无污染，该材料的电压平台较长，平台电压为 3.5 V（vs.Li^+/Li）。由于 P–O 键键强很大，形成的 PO_4 四面体很稳定并且在循环过程中起到很好的结构支撑作用，因此 $LiFePO_4$ 的抗高温和抗过充电性能都很好。同时，由于 $LiFePO_4$ 和完全脱锂状态下的 $FePO_4$ 的结构很相近，在充放电过程中体积变化小，因此 $LiFePO_4$ 具有良好的循环性能。但是 $LiFePO_4$ 存在许多劣势：

（1）电导率低：由于 $LiFePO_4$ 中相邻的 FeO_6 八面体通过共顶点连接，导致电子导电率低，材料的导电性较差；

（2）离子扩散率低：由于 PO_4 四面体位于 FeO_6 八面体之间，阻碍了 Li^+ 的扩散，同时由于 PO_4 四面体非常稳定，使得 Li^+ 移动的自由体积小，脱嵌受到影响。解决这些问题的方法主要有：纳米化、表面包覆导电剂及高价金属离子掺杂等。

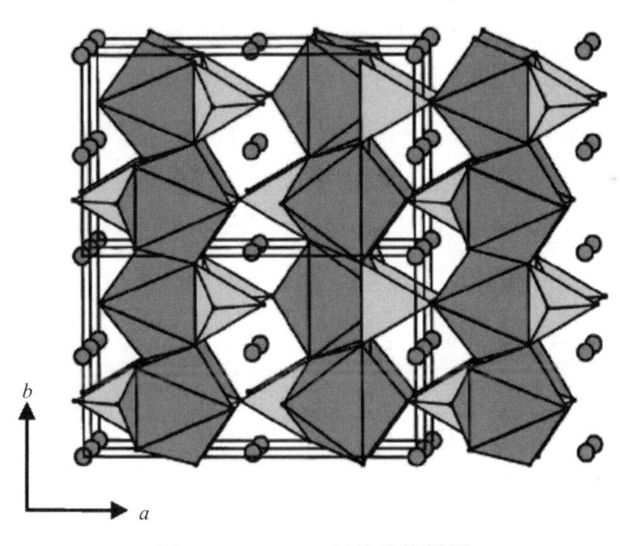

图 1–4　$LiFePO_4$ 晶体结构模型

1.3.2　碳负极材料

负极材料在锂离子电池的发展中也起着举足轻重的作用，并且应满足以下条件：嵌脱 Li 反应具有低的氧化还原电位、Li^+ 嵌入脱出的过程中电极电位变化较小、可逆容量大、脱嵌 Li 过程中结构稳定性好、具有较低的 e^- 和 Li^+ 的阻抗、充放电后材料的化学稳定性好、环境友好、制备工艺简单等。目前商业化的锂离子电池负极材料有：石墨类碳材料（天然石墨、人造石墨）、无定形碳材料（软碳、硬碳）、钛酸锂（$Li_4Ti_5O_{12}$，LTO）及硅基材料，如表 1–2 所示 [26]。

表 1-2 商业化锂离子电池负极材料 [24]

负极材料	比容量 / (mA·h·g⁻¹)	首周效率 (%)	振实密度 (g·cm⁻³)	工作电压 (V)	循环寿命 (次)	安全性能	倍率性能
天然石墨	340~370	90~93	1.6~1.85	0.2	＞1000	一般	差
人造石墨	310~370	90~96	1.5~1.8	0.2	＞1500	良好	良好
软碳	250~300	80~85*	1.3~1.5	0.52	＞1000	良好	优秀
硬碳	250~400	80~85*	1.3~1.5	0.52	＞1500	良好	优秀
LTO	165~170	98~99	1.8~2.3	1.55	＞30000	优秀	优秀
硅基材料	380~950	60~92	0.9~1.6	0.3~0.5	300~500	良好	一般

石墨具有层状结构，20 世纪 50 年代就合成了 Li 的石墨嵌入化合物。1970 年，Dey 等 [27] 发现采用电化学方法，Li^+ 可以在有机电解质溶液中嵌入石墨，1983 年法国 INPG 实验室首次 [28] 在电化学电池中实现了 Li^+ 在石墨中的可逆脱嵌。碳负极材料是目前商业化应用最多的负极材料，碳负极材料有很多种，其中天然石墨和人造石墨有许多类似特征，如成本低、安全无毒等，但是石墨类材料作为锂离子电池负极材料颗粒度较大，在循环过程中表面的晶体结构容易遭到破坏，影响其循环寿命 [29, 30]。尽管石墨（C_6）是目前锂离子电池的首选负极材料，但每个石墨单元只能容纳一个锂原子，从而导致其理论容量低（372mA·h·g^{-1}）。因此，全球范围内正在努力寻找能够与高容量正极材料结合的更高容量的负极材料 [31, 32]。

1.3.3 硅基负极材料

硅基负极材料具有理论比容量高（4200mA·h·g^{-1}）、脱锂电位低（<0.5V）等优势，此外，硅基负极材料的平台电压略高于石墨，在充电过程中较难引起表面析锂，因此相对于石墨负极材料，硅基负极材料安全性能更好，从而成为锂离子电池碳基负极升级换代的极具潜力的选择之一。但硅基材料也存在一些劣势：硅是半导体材料，自身导电率较低；在充放电过程中，Li^+ 的嵌入和脱出会导致材料发生 300% 以上的体积膨胀与收缩，造成材料粉化、结构坍塌，最终导致活性物质脱落，大大降低电池的循环性能。由于巨大的体积变化导致严重裂纹，硅基材料在电解液中较难形成稳定的固体电解质界面膜 (SEI 膜)，新鲜的硅表面暴露在电解液中持续产生 SEI 膜，而且持续生成的 SEI 膜将不断消耗正极材料中的锂源，加剧了容量衰减。

1999 年，Li 等 [33] 首次报导了纳米硅颗粒可以有效提升循环性能，循环 10 次后容量依旧能保持在 1700mA·h·g^{-1}，并且用 Si 纳米线对室温下 Li^+ 嵌入硅中的反应机理做研究后发现，Li^+ 的嵌入破坏了硅的晶体结构，形成了非晶态的 Li–Si 合金 [34]。2003 年，Limthongkul 等 [35] 再次证实了 Li^+ 的嵌入会导致晶态硅形成非晶态。在 2004 年，Dahn

等[36]利用原位和非原位的 XRD 研究了循环过程中硅的结构变化，发现 Li^+ 嵌入导致了晶态硅非晶化，而且硅负极材料在循环过程中体积变化大，颗粒粉化严重，导致硅基负极循环性能较差[37]。因此，提升硅基负极材料的抗裂强度，抑制或缓解其在充放电过程中出现裂纹是目前硅基负极材料的研究重点。硅基负极材料的另一个研究难点是不稳定的 SEI 膜，商用电解液电化学窗口有限制，对于放电电压小于 1.2V vs. Li^+/Li 的材料，材料表面在放电时能否形成稳定的 SEI 膜很关键。由于硅基负极材料放电电压低，且在循环过程中体积膨胀严重导致不断产生裂纹，新鲜的硅表面暴露在电解液中持续产生 SEI 膜。面对这些问题，研究者们提出了解决方案，比如减小颗粒尺寸[38–42]、表面修饰[43, 44]、形貌和结构设计[42, 45]、SEI 膜调控[46]、电解液和添加剂[47–49]等来改善硅基负极材料的电化学性能。Li 等[50]使用多层石墨烯笼来封装 Si 微粒（1~3 μm），如图 1–5 所示，在恒流充放电期间，石墨烯笼作为缓冲体，使得微粒在笼内膨胀和断裂，同时保持颗粒和电极层上的电接触。此外，化学惰性使石墨烯笼形成稳定的固体电解质界面，最小化了锂离子的不可逆消耗，并在早期循环中迅速提高了库仑效率。实验结果显示，即使在稳定循环要求很严格的全电池电化学测试中，石墨烯笼状 Si 微粒也可实现稳定的循环（100 次循环后，容量保持率为 90%）。

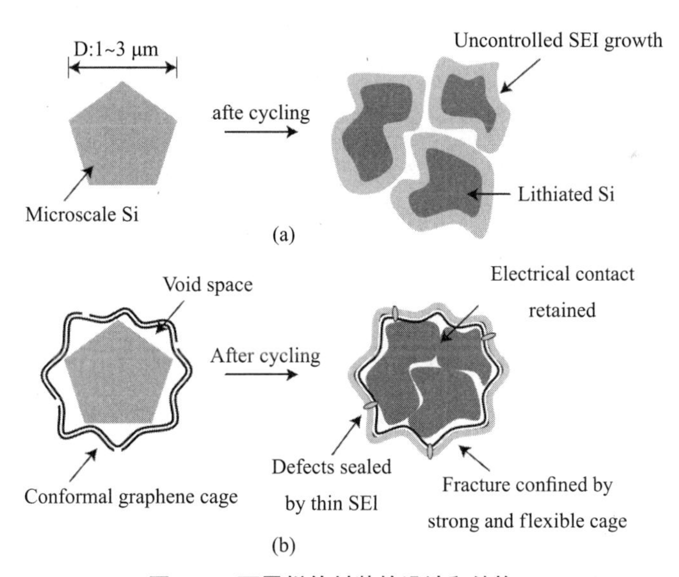

图 1–5 石墨烯笼封装的设计和结构

Duc Tung Ngo 等[51]提出了一种采用 SiO_2@C 作为前驱体，通过 Mg 热还原法制备 Si@SiC 复合物的方法，如图 1–6 所示。由于 SiO_2 与 Mg 之间极高的放热反应，伴随着碳的存在，可以自发生成 Si。合成的 Si@SiC 由 SiC 和 Si 纳米晶组成，通过调节前驱体的碳含量来调节 Si@SiC 中 SiC 的含量。所制备的电极材料首次放电容量为 $1642mA \cdot h \cdot g^{-1}$，以 0.1C 的倍率在 200 个循环后的容量保持率为 53.9%。Si@SiC 材料优异的电化学性能归因于 SiC 相，其作为缓冲层，稳定了 Si 活性相的纳米结构并增强了电极的导电性。

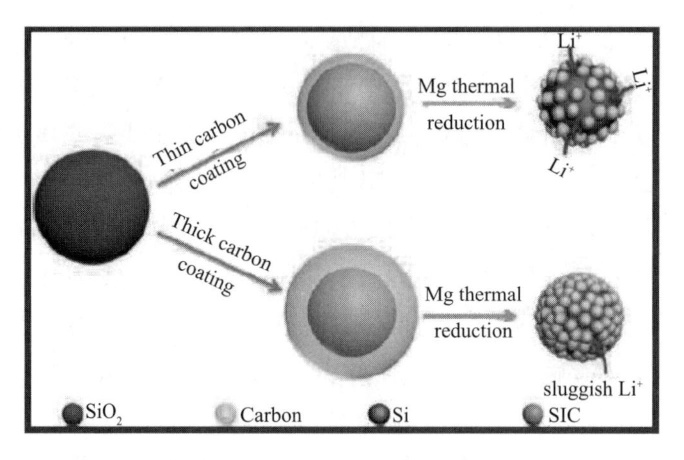

图 1-6 不同碳含量的 SiO_2@C 前驱体合成 Si@SiC 的示意图

1.3.4 锡基负极材料

单质锡材料、锡氧化物材料、锡合金材料及锡基复合氧化物材料等均属于锡基负极材料。1995 年，Fuji Photo Film 公司提出无定形锡基复合负极材料[52]，纳米尺寸的 Li_xSn 产物分散在无定形的惰性氧化物介质中，因此该材料循环性能良好[52–54]。这一重要发现对后期高容量合金负极材料的研究提供了很有价值的参考依据。2005 年，SONY 公司将合金类负极材料中高比容量 SnCoC 产业化，使得 SnCoC 成为首个产业化的合金类负极材料，该材料与石墨负极相比体积容量可以提升 50%[55]。2011 年，SONY 公司再次宣布使用锡基非晶材料作负极材料，这种材料制备的电池充电性能好，可以实现快速充电，同时该材料在低温时性能良好，但是锡基材料在合金化和去合金化过程中体积效应严重，导致粉化失效，针对这一缺陷，对于锡基负极材料主要采取以下几种改性方法：①纳米化，将活性材料纳米化，制备成纳米颗粒，从而降低电极材料在脱嵌锂过程中的宏观体积变化；②合金化，与活性 / 非活性物质形成金属间化合物；③复合体，与其他材料形成复合物，包括制备复合态的氧化物或与一些主体框架材料相复合，如各种纳米碳材料；④特殊结构体，通过特定的制备方法，合成具有特殊结构的锡基负极材料（核壳结构或多孔的）[56–61]。

Duck Hyun Youn 等[62] 使用简单的设备、低成本前驱体在 300℃通过 $SnCl_4$ 与次氮基三乙酸混合水解，然后在 650℃下热解复合 SnO_2 的方法，制备了分散在氮掺杂碳中的尺寸为 3.5nm 的 Sn 纳米颗粒复合物，如图 1–7 所示。用该复合材料制成的电极材料在 0.2 $A \cdot g^{-1}$ 电流密度下第 200 次循环时的容量为 660 $mA \cdot h \cdot g^{-1}$，在第 400 次循环时的容量为 630 $mA \cdot h \cdot g^{-1}$。电流密度为 1 $A \cdot g^{-1}$ 时，容量为 435 $mA \cdot h \cdot g^{-1}$。Beibei Jiang 等[63] 研究发现，控制良好的纳米结构和高比例 Sn/Li_2O 界面对提高 SnO_2 基电极的库仑效率和循环性能是至关重要的。该课题组采用聚多巴胺（PDA）包覆 SnO_2 纳米晶体，得到了由数百个沿着棒状方向生长的 PDA 包覆“玉米状”SnO_2 纳米颗粒（直径约 5nm）组成的 PDA 包覆 SnO_2 纳米晶体，如图 1–8 所示。该研究采用合理设计的羟基丙基纤维素接枝聚丙烯酸（HPC–g–PAA）为模板，采用 PDA 包覆，构建钝化固相电解质界面（SEI）层膜。玉米状纳米结构和保护性 PDA 涂层有助于提升包覆 PDA 的 SnO_2 电极的倍率性能，超过 300 个循环之后，该电极材料依旧具有优异的稳定性和高的 $Sn \rightarrow SnO_2$ 可逆性。

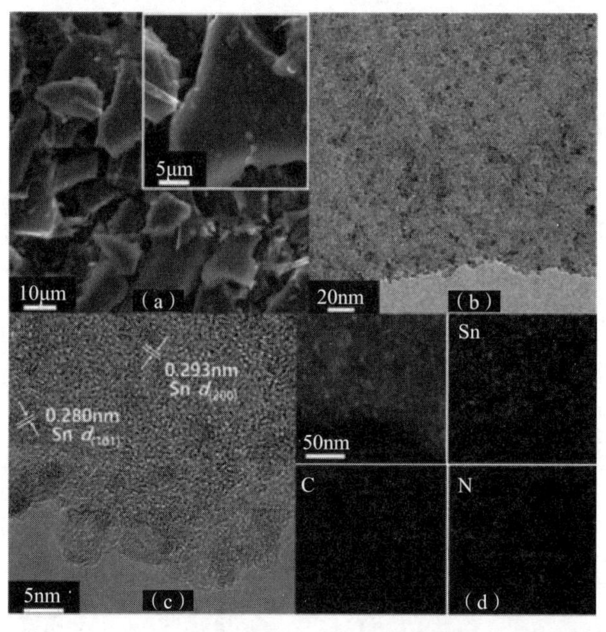

图 1-7　(a)Sn/NC 的 SEM 图，(b) 和 (c) Sn/NC 的 TEM 图，(d) 标记的样品中 Sn，C 和 N 元素的面扫图

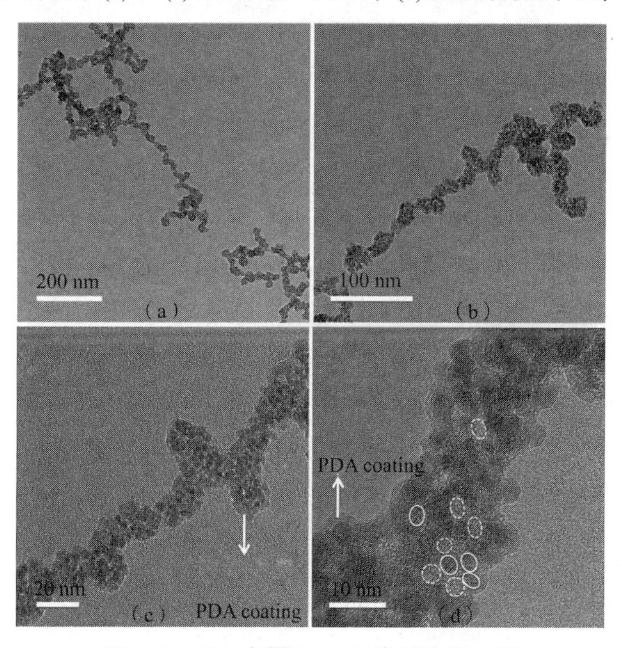

图 1-8　PDA 包覆 SnO_2 纳米晶体的 T 图

1.3.5　钛基负极材料

钛基化合物主要以二氧化钛（TiO_2）和钛酸锂（$Li_4Ti_5O_{12}$）为主，TiO_2 具有成本低、环境友好、结构稳定性好等优点，此外，TiO_2 在电解 / 脱锂过程中电化学性能稳定，并且可以避免引起安全问题的锂枝晶。然而，由于 Li^+ 扩散缓慢和电子传输不良，TiO_2 在高

倍率充电 / 放电时发生大极化阻碍了在 LIBs 中的实际应用。为了缓解动力学缓慢的问题，已经研究了许多方法，例如设计颗粒形态和尺寸、相组成、氧空位和表面改性以通过增强离子扩散和电子传导来提高电池性能[64, 65]。Cai 等[66]成功地合成了具有杂化的锐钛矿 / 非晶相的多孔核桃状核壳结构 TiO_2/C 材料，如图 1–9 所示。该材料通过碱性溶剂热工艺制备而成，使用 TiO_2/ 油胺混合物球体作为前驱体并进行后处理。多孔核壳纳米结构、杂化锐钛矿 / 非晶相以及有利的 Ti — C 键的协同作用赋予了 TiO_2 杂化材料超快速的 Li^+ 扩散和电子传输速率以及增强的锂储存能力。TiO_2 材料在高容量方面性能优异（1C 时容量约为 177 mA · h · g^{-1}，1C=170 mA · g^{-1}），良好的倍率性能（100 C 时容量为 62 mA · h · g^{-1}）和优异的循环稳定性（10C 时循环 10000 次后容量为 83 mA · h · g^{-1}，每循环容量衰减 0.002%）。

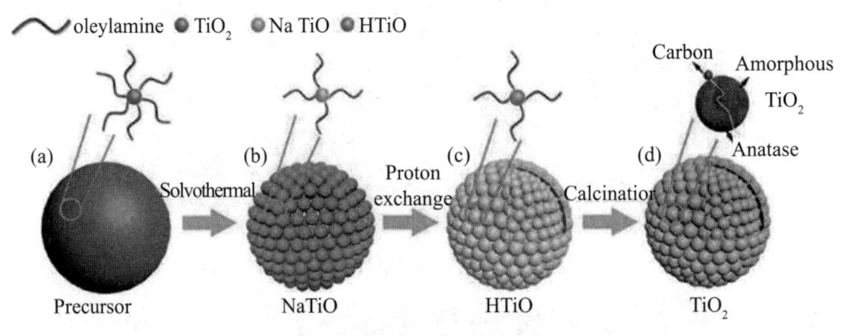

图 1–9　多孔核壳 TiO_2 的合成示意图

1956 年，G.H.Jnoke 首次报道了具有尖晶石结构的钛酸锂（$Li_4Ti_5O_{12}$）[67]。1983 年 Murphy 等将其用作锂离子电池正极材料进行研究[68]，但因其电位偏低且比能量也较低（理论比容量为 175mA · h · g^{-1}），因此未能引起广泛的关注。1996 年，Zaghib 首次提出采用 $Li_4Ti_5O_{12}$ 材料用作锂离子电池的负极材料[69]。尖晶石型钛酸锂在充放电过程中有特殊的性质，其晶体结构能保持高度的稳定性，即“零应变”材料，而且嵌锂电位高（1.55V vs. Li/Li^+），不与常用电解液反应，避免枝晶析出，安全性高。此外，充放电平台稳定，充电结束时电压变化显著，可作为充电结束的指示，重要的是 $Li_4Ti_5O_{12}$ 材料在常温下的化学扩散系数比碳基负极材料大一个数量级（$2 \times 10^{-8}cm^2 \cdot s^{-1}$），而且库仑效率高[70–72]。但是 $Li_4Ti_5O_{12}$ 材料依旧存在一些瓶颈有待突破，如 $Li_4Ti_5O_{12}$ 材料导电性很差（10^{-9} s · cm^{-1}），几乎是绝缘体，因此大倍率充放电性能较差，理论容量低，振实密度低。针对 $Li_4Ti_5O_{12}$ 材料的这些缺陷，学者们提出了许多改进方法：掺杂改性、表面包覆等，这也成为 $Li_4Ti_5O_{12}$ 材料今后的研究重点[73–78]。

Hao Ge 等[79]报道了简单的一步水热法制备石墨烯表面分散良好的中孔 $Li_4Ti_5O_{12}$（LTO）颗粒组成的纳米复合负极材料，如图 1–10 所示。一个重要的反应步骤是在合成过程中葡萄糖作为新的连接剂和还原剂，可以有效防止 LTO 颗粒的聚集，并在纳米复合材料中产生介孔结构。而且，在水热过程中，GO 被葡萄糖上的羟基还原为 rGO。与之前报道的 LTO/ 石墨烯电极相比，新制备的 LTO/rGO 纳米复合材料具有介孔特性，并且能提供额外的表面锂储存能力，优于用于 LIB 的传统的基于 LTO 的材料。这些独特的性能可以显著改善其电化学性能，特别是纳米复合材料负极在 0.5C 下具有 193 mA·h·g^{-1} 的超高可逆容量，并且在 1.0~2.5V 能够在 30C 下保持 168 mA·h·g^{-1} 的容量。

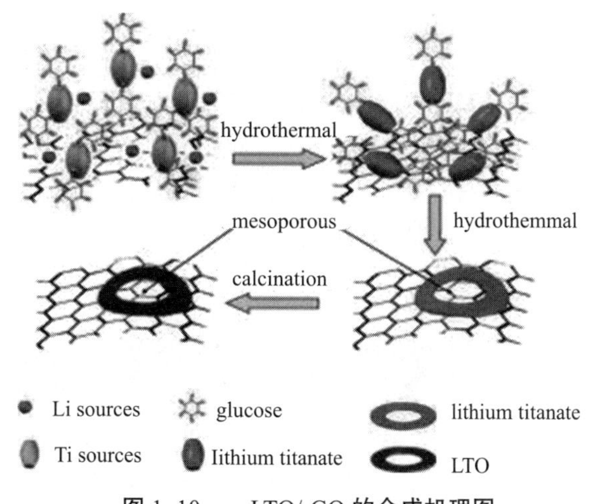

图 1-10 g-LTO/rGO 的合成机理图

1.3.6 过渡金属化合物负极材料

起初，锂二次电池都用负极提供锂源，比如用金属锂或锂合金作为负极材料，TiS_2、MoS_2、V_2O_5 等作为正极材料。负极材料曾考虑用过渡金属氧化物，如 Li_xMoO_2、$LiWO_2$、$Li_6Fe_2O_3$、$LiNb_2O_5$ 等 [80, 81]。但是这些材料都有致命的缺点，如价格昂贵、能量密度低、Li^+ 的扩散速率慢、无法高倍率充放电等，因此这材料都没有得到长足发展，渐渐被淘汰。随着对锂离子电池研究的深入，采用正极作为锂源，碳作为负极材料的锂离子电池逐渐发展起来。由于碳负极具有一些劣势，对不含锂源的过渡金属氧化物负极材料的研究越来越多。过渡金属氧化物负极材料具有较高的可逆容量和良好的倍率性能，是一种非常有潜力的负极材料。然而过渡金属氧化物也存在一些需要改进的地方：①过渡金属氧化物与电解液在接触界面上会发生反应，形成 SEI 膜，不可逆地消耗一定的锂，而且由于首次放电结束后生成的过渡金属和 Li_2O 在首次充电过程中并不能完全转化成 M_xO_y，因此过渡金属氧化物材料首次充放电不可逆容量较大；②过渡金属氧化物材料的导电性差，导致该材料的循环稳定性差；③氧化物与锂反应后容易发生粉化，使活性颗粒之间、活性颗粒与集流体之间失去电接触，导致容量衰减；④反应生成的金属纳米颗粒在多次循环后团聚严重，能参与电极反应的活性物质逐渐减少，容量不断下降。这几大缺点限制了其应用 [19, 82]。提高过渡金属氧化物材料的导电性并且抑制材料颗粒在循环过程中发生粉化和团聚是解决上述缺陷的有效途径。对此，改性方法主要有：制备具有特殊形貌的纳米结构材料、纳米复合材料（碳材料复合、与金属复合、与导电聚合物复合）[83–90]。

Long Liu 等 [91] 开发了纳米级柯肯达尔效应辅助方法，通过使用废海藻生物质作为新的前体，简单和可扩展地合成三维（3D）Fe_2O_3 中空纳米颗粒 (NPs)/ 石墨烯气凝胶，如图 1-11 所示。平均壳层厚度为 6 nm 的 Fe_2O_3 中空纳米粒子分布在三维石墨烯气凝胶上，并作为间隔物使相邻的石墨烯纳米片分离。石墨烯 $-Fe_2O_3$ 气凝胶表现出较高的倍率性能（在 5 A · g^{-1} 时容量为 550 mA · h · g^{-1}）和优异的循环稳定性（在 0.1 A · g^{-1} 电流密度下循环 300 次后容量为 729 mA · h · g^{-1}）。

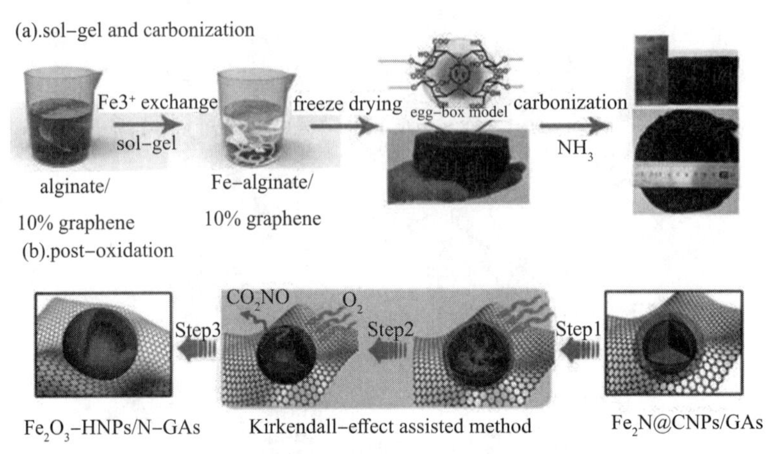

图 1-11　Fe_2O_3-HNPs/N-GAs 的合成示意图

Shan Zhu 等[90] 报道了超薄纳米片诱导制备三维介孔 Co_3O_4 的方法，如图 1-12 所示。制备过程引入了三维 N 掺杂的碳并通过浸渍过程吸附金属钴离子。然后，这个碳基体作为牺牲模板，N 掺杂效应和超薄膜对控制三维 Co_3O_4 的形成起着关键的作用。所得材料由纳米粒子构成且呈现出三维互连结构，具有大比表面积和大量中孔。基于这种独特的结构特征，Co_3O_4 具有优越的电化学性能：容量高（0.1 A · g^{-1} 时容量为 1033 mA · h · g^{-1}）、寿命长、稳定性好（5 A · g^{-1} 时可以稳定循环 700 次）。此外，该方法被证实对于合成其他过渡金属氧化物（包括 Fe_2O_3、ZnO、Mn_3O_4、$NiCo_2O_4$ 和 $CoFe_2O_4$）均是有效的。

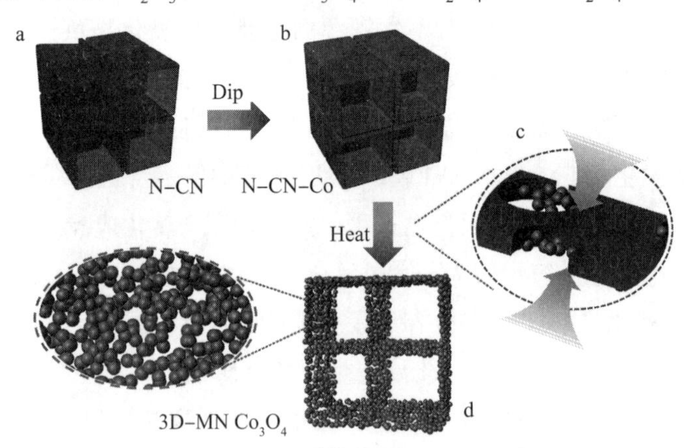

图 1-12　3D-MN Co_3O_4 的合成示意图

1.4　钼基负极材料国内外研究现状

钼基氧化物负极材料具有结构多变、种类丰富、理论比容量高等优点，有望成为下一代高性能的锂离子电池负极材料。

1.4.1　钼基氧化物电极材料

钼基氧化物电极材料包括 MoO_2、MoO_3、水合 Mo 基氧化物等。通常，金属氧化物基负极材料的储锂机制可以分为三种类型：嵌入机制、合金 – 去合金机制和转换反应机制 [92]。有文献报道，前过渡金属氧化物，如 TiO_2、V_2O_5 和 MoO_2 是通过嵌入机制储锂，而其他金属氧化物如 CoO、MnO 和 Fe_2O_3 是通过转换反应机制储锂 [93–97]，它们的锂循环反应的差异可能与金属 – 氧键强度有关。金属氧化物中的转化反应需要在界面处进行不均匀的电荷转移，Li^+ 和 O^{2+} 处于固态，M–O 键断裂。前过渡金属的 M–O 键较强，例如 MoO_2 中 Mo–O 键的离解能为 678 kJ · mol^{-1}，而 CoO 中 Co–O 键的离解能为 368 kJ · mol^{-1}，因此，室温下 MoO_2 遵循嵌入反应机制，而不会发生键的断裂 [98]。MoO_2 金属电阻率低（块体材料在 300K 时电阻率为 $8.8 \times 10^{-5}\Omega \cdot cm$）、熔点高、化学稳定性优异 [99]。由于其有效的电荷传输性能，在 LIB、超级电容器、固态燃料电池、催化、传感器、记录介质和电致变色显示器中已被广泛研究 [100, 101]。

事实上，早在 30 年前就有人研究了 MoO_2 的嵌锂机制 [102]，然而，由于块体 MoO_2 的动力学不稳定，其电化学 Li 储存性能几乎不受关注。到目前为止，已经提出了好几种无定形和结晶 MoO_2 负极的 Li 循环机理，但其中一些仍然存在争议。实际上，MoO_2 材料的晶体尺寸和结晶度决定了具体的电化学反应，因此，给定的机理都不是绝对适用于 MoO_2 基电极中的所有情况。如下是四种代表性的 MoO_2 锂循环机制：①单电子嵌入 [94]：块体或微米级的 MoO_2 通常通过插入型反应容纳 Li，理论容量为 209 mA · h · g^{-1}；②四电子转换：Oh 和他的同事们研究发现纳米尺度的 MoO_2 通常遵循四电子转化机制，理论容量为 838 mA · h · g^{-1} [103]；③偶联嵌入转化反应 [104]；④结构缺陷诱导储 Li^+（无序 Li_xMoO_2）[98]。

随着近几十年纳米材料合成的快速发展，各种基于 MoO_2 的纳米结构材料被广泛研究并且为锂离子电池的高容量负极提供了候选材料。如预期的那样，减少 MoO_2 的粒度将增强转化反应的动力学，这不仅由于纳米级 MoO_2 增强了异质电荷转移以及固态 Li^+ 和 O^{2-} 扩散，而且减弱了 Mo–O 键强度。除了热电化学活化或纳米化之外，增加缺陷位点是提高 MoO_2 基电极材料电化学性能的另一种有效方法。迄今为止，已经报道了很多合成方法用于制备纳米 MoO_2 材料，例如水热 – 溶剂热法、磁控溅射法、电化学沉积法、热蒸发法、纳米焙烧和热还原法等。其中，制备的纳米 MoO_2 材料包括纳米颗粒 [105]、纳米片 [106]、纳米棒 [107]、中空球 [108]、介孔结构 [109] 和分级结构 [110]。特别是分级纳米结构的制备由于具有非常高的活性表面 / 界面和优异的稳定性引起了研究者极大的兴趣。具有分级纳米结构的电极材料由于具有纳米尺寸效应和分级结构的高稳定性而表现出特殊的性质。黄云辉等报道了一种两步法用于生长分级纳米结构的“纤维素”MoO_2 作为无黏合剂的 LIB 负极材料 [110]，具体方法如下：首先，通过在空气中的热处理将含有磷钼酸（PMA）的棉布片转变成结晶分级 MoO_3。然后，600℃下在（5%）H_2/Ar 气氛中热还原

获得分级 MoO_2 纳米颗粒，由纤维素 MoO_2 制成的电极在 200 mA·g^{-1} 下可以提供 719.1 mA·h·g^{-1} 的比容量。Zhao 等 [111] 报道了一种无模板的一步溶剂热法合成相互连接的核–壳 MoO_2 分层微胶囊，纳米结构的 MoO_2 胶囊具有核–壳结构，且具有中空腔，多孔壳和互连壁，该材料在 1C 时第一次放电中表现出较高的比容量（749.3 mA·h·g^{-1}），在 50 次循环后仍具有 623.8 mA·h·g^{-1} 的高可逆容量。介孔 MoO_2 材料也是 LIB 中潜在的电极材料，由于介孔结构具有纳米尺度的壁（$<$ 10 nm），可以降低 Li^+ 和 e^- 的固态扩散距离，有效地促进溶剂化的 Li^+ 通过孔通道（$>$ 2 nm），从而提高容量 [112]。Hu 等人 [113] 通过纳米注入法合成具有三维（3D）双连续立方对称介孔 MoO_2，填充有 PMA 的介孔二氧化硅模板在少量的 H_2（10% H_2 + 90% Ar）气氛中在 500~700℃进行热处理，随后通过 HF 除去模板，得到具有介孔结构的电极材料，如图 1–13 所示，电化学测试表明，这种由介孔 MoO_2 制成的电极具有典型的低电阻率的金属导电性，并且在电流密度下为 C/20（41.9 mA·g^{-1}）时 30 次循环依旧保持高达 750 mA·h·g^{-1} 的可逆容量。然而，这些 MoO_2 基纳米结构是无碳的，MoO_2 纳米晶体没有得到保护，在连续的 Li^+ 嵌入脱出循环中，特别是对于超细 Mo 和 Li_2O 的转化反应，整个电极的结构稳定性不佳，从而导致容量衰减迅速。

图 1–13　不同放大倍数下介孔 MoO_2 的 TEM 和 SAED 图

为了进一步提高循环性和倍率性能，使用有序介孔碳（OMC）作为制备 MoO_2–OMC 纳米复合材料的纳米反应器和还原剂 [114]，OMC 可以作为连接 MoO_2 纳米粒子的分支，以确保 MoO_2–MoO_2 和 MoO_2–C 的良好电接触，从而增加反应动力。同时，具有机械缓冲功能的 OMC 可以缓解体积膨胀和收缩，并防止 Li^+ 在嵌入脱出过程中 MoO_2 纳米颗粒的聚集。Zhang 等 [107] 使用介孔碳 CMK–3 作为模板和反应物，通过一步碳热还原法合成层状多孔 MoO_2/Mo_2C 异质结。基于文献研究，通过减小颗粒尺寸可以有效提高其电化学性能，然而，MoO_2 的长期 Li 循环性通常较差，10~30 次充放电循环后发生严重的容量衰减，这主要是由于超细颗粒的高活性电极材料的聚集或粉碎、体积变化以及电极和电解质之间强烈的副反应。众所周知，纳米结构 MoO_2 的碳基化合物将有效地提高 Li^+ 插入动力学并提高 Li^+ 的循环性能。迄今为止，已经报道了具有独特结构的各种碳基 MoO_2 纳米复合材料。对于基于转化反应机理的金属氧化物，循环过程中大的体积变化可能导致活性材料的粉化和团聚，从而降低可逆循环容量。许多研究者表明，希望在基于碳的基体上生长小金属氧化物纳米颗粒，以缩短离子的扩散长度并加快电子传输，提升倍率能力和循环寿命 [115]。

在各种碳质材料中，石墨烯具有优异的导电性，大的表面积，结构柔性和化学稳定性，它可以负载纳米结构电极材料，石墨烯层可以为纳米颗粒提供支撑，并且作为高导电性基质提供良好的接触，而且在充电和放电过程中，石墨烯层能有效地防止体积膨胀收缩和纳米颗粒的聚集。同时，无机纳米结构与石墨烯层的结合可以减少石墨烯片的重新排列，从而保持大的表面积，石墨烯纳米材料的锂储存能力和循环性能都将得到提高。

为了缓冲转化反应产生的体积效应，Yongming Sun 等提出了一种简单的浸渍还原碳化（IRC）方法，用于将超细 MoO_2 纳米颗粒（< 2 nm）填充到碳布中 [116]，所合成的 MoO_2–C 复合材料显示出优异的循环稳定性（600 个循环）和高达 734 $mA \cdot h \cdot g^{-1}$ 的可逆容量。这些研究结果表明，纳米多孔碳基体中的超细 MoO_2 纳米颗粒对电化学反应非常有利，具有大表面积和丰富表面缺陷的 MoO_2 纳米颗粒可以增强非均相电荷转移动力，特别是形成杂化物的纳米多孔材料不仅可以促进锂离子和电子的快速传递，而且可以作为弹性缓冲剂防止机械破坏和体积效应，从而提升反应过程的稳定性。另一个重要的进展是 Bhaskar 等 [117] 通过在 2D 石墨烯支架中均匀地负载 MoO_2 纳米粒子改善其循环性。独特的层状纳米结构和导电基体提供了不间断的传导途径，用于氧化物纳米颗粒和石墨烯之间的快速电荷转移和传输，在 540 $mA \cdot g^{-1}$ 的电流密度下该材料容量为 770 $mA \cdot h \cdot g^{-1}$，并且具有优异的循环性能。

1.4.2　钼基碳化物电极材料

碳化钼是钼碳化合物的统称，是由碳原子填隙式地融入金属钼的晶格中得到的，即体积较小的碳原子占据金属原子密堆积层的空隙。根据碳原子的数目不同，碳化钼可形成变动的非计量间隙化合物，如 MoC、Mo_2C 和 Mo_3C_2 [118, 119]。过渡金属碳化物（TMC）属于间质合金族，都具有非常简单的金属结构，在密集的主体晶格的间隙中有小的碳原子。与其他无机材料不同，这种材料表现出特殊的硬度（> 2000 $kg \cdot mm^2$），高熔点（> 3300K），高导热性，良好的稳定性和耐腐蚀性等。Mo_2C 是一种优良的陶瓷材料，在陶瓷和催化领域应用广泛，此外，在加氢脱硫、氨与肼的分解等方面应用也很广泛。Mo_2C 被认为是贵金属催化剂的最佳替代品，被誉为“准铂催化剂” [120]。

Mo_2C 的存在结构主要有两种：正交相 (α –Mo_2C)、六方相 (β –Mo_2C)。α –Mo_2C 是

高温相，为 ABAB 密堆积结构，低温时六方相可以转变为正交相。正交相中钼原子层仍然具有 ABAB 密堆积结构，但跟六方相不同的是，碳原子均一地分布在八面体位置上。碳化钼 (或钨) 的 XPS 等测试结果表明，电子由金属原子向碳原子转移，碳原子获得电子且周围电子密度略有增加，这样的电子转移减小了金属原子核外 d 电子的填充程度，当金属原子和碳原子形成合金时，金属原子的间距（ M–M ）增加，导致 d 带发生收缩。d 带的收缩导致金属原子核外电子局域化，在催化过程中不易被化学吸附的分子的重叠轨道获得，于是就减小了它们的结合能，因此被化学吸附的分子的活化所需要的能量减小，电化学活性较高。因此，除了作为催化剂使用，TMCs 可以用作 LIB 中的负极材料，这在理论上已被研究。例如，Zhou 等 [121] 已经通过密度泛函理论（ DFT ）计算证明了 Ti_3C_2 的锂储存能力，结果表明，由于其优异的电子导电性、快速的 Li 扩散性和高的理论存储容量，Ti_3C_2 是一种有前途的 LIB 负极材料，这一发现为 TMCs 在 LIB 中应用打开了大门。由于制备碳化物需要苛刻的反应条件，例如合成温度高，传统的方法通常是金属与碳在 1200℃以上的温度下发生反应，这不可避免地导致生成块体 TMC，且电化学性质较差。随着纳米技术的发展，已经开发了多种构建 TMC 纳米结构的方法。Ruirui Li 等 [122] 通过单喷嘴静电纺丝法与后热解法成功地将超细 Mo_2C 纳米粒子封装在一维 N 掺杂的多孔碳纳米纤维中，形成混合物 Mo_2C–NCNFs，电化学测试发现该材料具有优异的储锂性能，可归因于其独特的纳米结构，超细 Mo_2C 纳米颗粒和 N 掺杂碳之间的强相互作用有效地缓解体积变化，抑制 Mo_2C 纳米颗粒的团聚，并为高效电荷转移提供了导电途径。

Beibei Wang 等 [123] 通过简单和环保的渗碳方法在石墨烯（ GR ）上生长 10~40 nm 的 Mo_2C 纳米颗粒，如图 1–14 所示。Mo_2C/GR 混合物的独特结构特征，包括良好的结构稳定性、粒径小和多孔结构，使电子和离子易于接近电极 / 电解质，其作为锂离子电池的负极材料时，电化学测试表明，Mo_2C/GR 化合物表现出比纯 GR 和块体 Mo_2C 电极好得多的锂储存性能。Mo_2C/GR 化合物电化学性质的增强主要归因于 Mo_2C 纳米颗粒与高度导电的 GR 载体之间的协同作用。

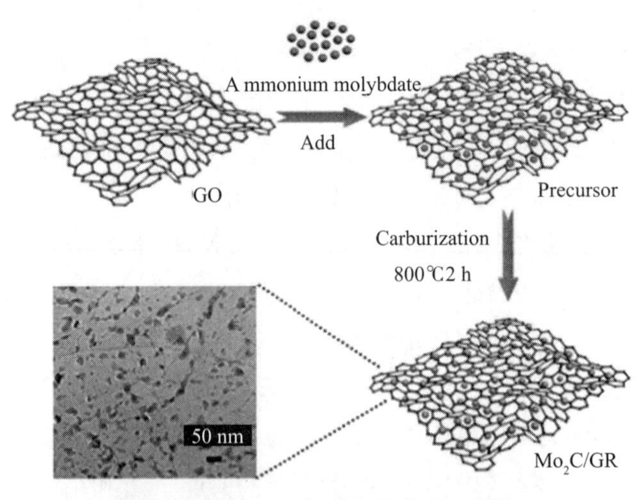

图 1–14　Mo_2C/GR 材料的合成示意图

Hao-Jie Zhang 等[124]首次提出采用非碳材料代替碳，即采用 Mo_2C 代替碳修饰 MoO_2 材料，将具有高导电性的 Mo_2C（$1.02\sim10^2 S\cdot cm^{-1}$）引入多孔 MoO_2/Mo_2C 异质管得到最终纳米复合材料，如图 1–15 所示，在 $200mA\cdot g^{-1}$ 和 $1000\ mA\cdot g^{-1}$ 的电流密度下经过 140 个循环，MoO_2/Mo_2C 异质管的放电容量分别保持在 $790mA\cdot g^{-1}$ 和 $510\ mA\cdot h\cdot g^{-1}$。高导电性和电化学惰性 Mo_2C 的存在降低了电荷传输的阻力，并且在锂化和脱锂时增强了 MoO_2 纳米颗粒的结构稳定性，确保了异质管的优异循环稳定性和高的速率能力，这项工作为碳化钼修饰氧化钼作为高性能锂离子电池的电极材料提供了思路。

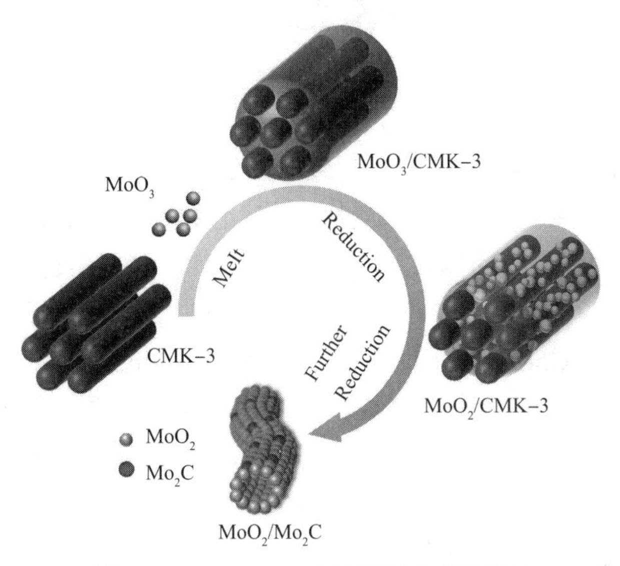

图 1–15　MoO_2/Mo_2C 异质管的合成示意图

1.4.3　钼基氮化物电极材料

与氧化物相比，过渡金属氮化物（Mo_2N、WN 和 TiN）在许多方面性能优异，比如导电性好，强度、硬度和熔点高，耐化学性能好，表现出类 Pt 的电催化活性，尤其是电子导电性和化学稳定性优异的 MoN 近来更是引起了广泛的关注。迄今为止，已经开发出各种金属氮化物作为 LIB 的负极材料，例如 Ni_3N 和 VN，其中 VN 的转化反应发生在比类似氧化物体系更低的电压下。据报道，MoN 对于机械和化学应力是稳定的，并且作为具有临界低温的超导体性质，导电性良好，类似于 VN，预期在高能量密度的负极材料中具有很大应用潜力。

Botao Zhang 等[125]利用简单水热合成法，800℃下在氨气气氛下进行热处理得到氮化钼和氮掺杂的石墨烯纳米片（MoN/GNS）杂化材料，如图 1–16 所示。通过 SEM 和 TEM 发现，直径为 20~40 nm 的 MoN 纳米颗粒均匀负载于 GNS。对 MoN/GNS 作为 LIB 的负极材料的电化学性能研究表明，由于其高效的电子和离子混合导电网络，杂化材料表现出较强的锂储存能力和优异的倍率容量。电化学结果表明，GNS 和 MoN 的重量比对电化学性能有显著影响。Sai-Lin Liu 等[126]报道了一种用于钠离子电池（NIB）的新型负极材料——氮化钼（Mo_2N）。采用水热–热处理法合成了具有多孔纳米带形状的 Mo_2N，显示出“单晶状”的简单立方晶体和高度多孔结构，在 200 次循环后表现出 85%以上的容量保持率和优异的倍率性能。

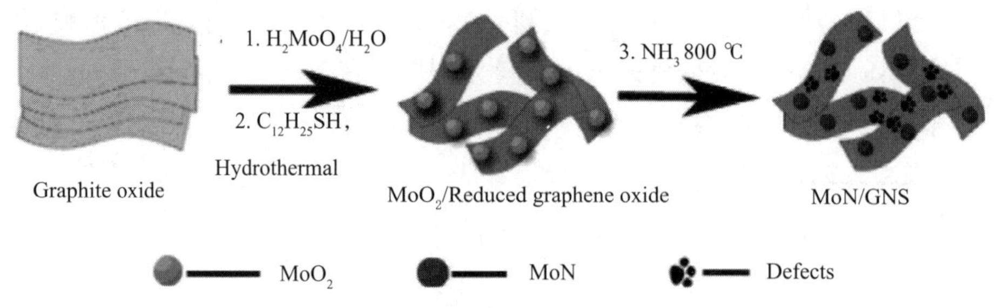

图 1-17　MoN/GNS 材料的合成示意图

另一种电极材料是含氮化合物，包括过渡金属氮化物或氮氧化物，其可以通过金属氧化物与含氮源如 NH_3 和 N_2–H_2 气体混合物或尿素在高温下反应获得。研究表明，氮掺杂是增强电导率的有效方法，过渡金属氮化物或氮氧化物在相对较低的电位窗口上比相关过渡金属氧化物更好。此外，除了高的耐化学性以及硬度、机械强度和熔点高之外，过渡金属氮化物（例如 Mo_2N、WN 和 TiN）也具有高导电性。Liu 等 [127] 报道了用于大规模合成 Mo_2N– 纳米层包覆 MoO_2 中空纳米材料的方法。形成的 Mo_2N– 纳米层包覆 MoO_2 中空纳米材料在 100 次循环后显示出 815 mA・h・g^{-1} 的可逆容量，良好的循环性和高的倍率能力。与其他电极材料中常用的碳纳米涂层相比，Mo_2N 的无碳纳米涂层是有效的，并且可以使电极材料具有更高的表面稳定性和更长的循环寿命。

1.4.4　钼基硫族化合物电极材料

钼基硫族化合物（MoX_2, X ＝S, Se, Te）是属于通式 MX_2 的二维（2D）层状过渡金属二硫属化物。单个三明治结构的 X — Mo — X 层是通过类似于石墨中的弱范德华相互作用而保持在一起的。由于分层结构，材料电导率具有很强的各向异性。MoX_2 还具有独特的光学、电化学和机械特性 [128,129]，被广泛用在润滑 [130]、电子晶体管 [131]、电池 [132]、光伏 [133] 和催化 [134] 等不同领域。

MoS_2 是一种有吸引力的离子插层材料，它具有丰富的插层化学和结构特性。1980 年，Moli Energy 将 MoS_2 应用于锂电商业化正极材料并申请专利 [135,136]。然而，作为正极材料的 MoS_2 的锂化电压低于其他商业正极材料如 $LiCoO_2$，因此降低了全电池的能量密度。而且使用 MoS_2 作为正极、Li 作为负极的二次 Li/MoS_2 电池易于从负极生长 Li 枝晶，这导致严重的安全问题和差的循环性。相比之下，MoS_2 正在成为热门的 LIB 的负极材料。特别是多种纳米结构的出现使得越来越多的 MoS_2 纳米材料和 MoS_2 纳米复合材料被用作高性能负极材料。有文献证明，纳米化和与碳材料复合是改善 MoS_2 基电极材料的电化学性能的两种有效方法。迄今为止，已经深入探索了具有不同几何形状和形态的 MoS_2 纳米材料，如纳米片、纳米管、纳米花和分级管状结构，以增强其循环稳定性 [137–140]。然而，这些纳米结构在连续充放电循环后会被破坏。有报道证明，石墨烯是提高 MoS_2 性能最重要的支撑之一。此外，无定形碳、碳纳米管、碳纤维和聚苯胺纳米线等作为弹性缓冲载体

也可以增强 MoS_2 基负极材料的稳定性 [128, 138, 141–143]。

MoS_2 作为负极材料的 Li 循环机理迄今尚未得到很好的解释，特别是低于 1.1 V vs.Li/Li^+。Stephenson 等 [144] 最近的综述详细讨论了 MoS_2 中的 Li 嵌入反应。通常，Li^+ 插入 MoS_2 中是发生在 0~3 V vs. Li/Li^+ 的电压范围内。在 1.1~3.0V 的电压范围内 Li^+ 插入是可逆的，电化学反应可以描述为：$MoS_2 + x Li^+ + x e^- \rightarrow Li_xMoS_2$（1.1 V vs. Li/$Li^+$；$0 \leqslant x \leqslant 1$）。上述反应的理论放电容量计算为 167 mA·h·g^{-1}（对应于 $LiMoS_2$）。当电压平台低于 1.1 V 时，会发生一次或多次歧化反应，以及中间亚稳态硫化物种类的存在，完全转化反应（$MoS_2 + 4Li^+ + 4e^- \rightarrow Mo + 2Li_2S$）的理论比容量为 669 mA·h·$g^{-1}$。Jianyong Xiang[145] 通过化学气相沉积法将三维（3D）石墨烯泡沫（GF）生长在泡沫镍上，然后通过单模微波辅助水热法实现在 GF 上组装的花状 MoS_2 纳米片，如图 1–18 所示。具有高导电网络和互连通道的柔性 MoS_2@GF 电极用于 LIB 和 SIB 均表现出优异的电化学性能，在电流密度为 100 mA·g^{-1} 时，容量可以达到 1400 mA·h·g^{-1}。柔性 MoS_2@GF 电极的优异性能归因于其高导电性、稳定的 3D 结构、快速的电子传输及电解质更有效的渗透和缩短的离子扩散时间。Zhao–Hua Miao[146] 研究了具有层状结构和高理论容量的二硫化钼，在这项研究中，通过冷冻干燥 $(NH_4)_2MoS_4$ 和多巴胺混合溶液并煅烧，开发了一种简单可扩展的方法，通过多巴胺诱导形态转化的作用实现了分级 MoS_2/ 碳复合纳米片的自组装，其中超薄的几层 MoS_2 纳米片均匀地嵌入 N 掺杂的碳框架（表示为 MoS_2@NCF）中。复合材料中嵌入的小于 5 层的 MoS_2 纳米片（约 5 nm），当作为可再充电 LIB 的负极材料进行测试时，所获得的 MoS_2@NCF 纳米片表现出优异的电化学性能：高比容量（电流密度为 1 A·g^{-1} 时容量为 839.2 mA·h·g^{-1}），高初始库仑效率（85.2%）和优异的倍率性能（电流密度为 4 A·g^{-1} 时容量为 702.1 mA·h·g^{-1}）。在独特的层级结构中，几层的 MoS_2 均匀分散到碳框架中，扩展层间距增加且电子传导性的协同效应增强，这样的结构有利于提高电化学性能，同时，这项工作为 MoS_2 与碳质材料的复合提供了一个简单有效的策略，以显著提高其电化学性能。

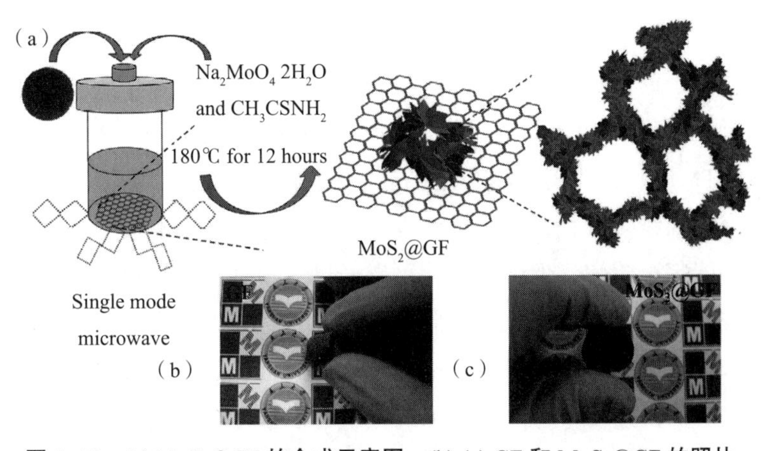

图 1–18　(a) MoS_2@GF 的合成示意图；(b) (c) GF 和 MoS_2@GF 的照片

$MoSe_2$ 与 MoS_2 具有相似结构，作为光催化剂的介孔 $MoSe_2$ 在可见光照射下对水溶液中有机化合物的降解显示出很强的光催化活性，但是很少报道 $MoSe_2$ 的电化学储锂性能。有研究发现，介孔 $MoSe_2$ 的倍率性能比用类似方法合成的介孔 MoS_2 好，这使其成为锂离子电池有前景的负极材料。纳米碳杂交是改善 $MoSe_2$ 纳米材料性能的有效方法，使 $MoSe_2$ 纳米材料也可能在光电子学、催化和感测领域找到新的应用[147-149]。

Xu Zhao[150] 已经合成了一种由 MoO_2 纳米颗粒嵌入 $MoSe_2$ 纳米片（MoO_2@$MoSe_2$）的无碳纳米复合材料。在这种复合材料中，$MoSe_2$ 纳米片为 MoO_2 纳米粒子提供了一个柔性基底，而 MoO_2 纳米颗粒充当间隔物以将期望的活性表面保留在电解质中。此外，$MoSe_2$ 与 MoO_2 界面的异质结引入自建电场，促进了锂离子的嵌入脱出过程，这种层状复合材料在电流密度为 2000 $mA \cdot g^{-1}$ 时，400 次循环后的可逆容量为 520.4 $mA \cdot h \cdot g^{-1}$，这种高循环稳定性和优异的倍率性能归因于两种材料在纳米级别的协同组合。

层状过渡金属二硫属元素（TMD）由于边缘处暴露活性位点且沿着片材的优异的电子迁移率，被认为是很有潜力的析氢反应（HER）的候选材料。Xiaoshuang Chen 等[151] 通过 CVD 技术在导电性碳布基材上成功地生长了具有垂直取向结构的三维 $MoS_{2(1-x)}Se_{2x}$ 纳米片，由于 Se 的半径较大，会导致晶格发生轻微变形，并在基面上产生极化电场，导致吸附分子出现良好的断裂。在所有测试的催化剂中，$Mo(S_{0.53}Se_{0.47})_2$ 纳米片表现出最低的 Tafel 斜率（55.5 $mV \cdot dec^{-1}$），10 $mA \cdot cm^{-2}$ 时的最小超电势（183 mV），最高的电导率。而且该 $Mo(S_{0.53}Se_{0.47})_2$ 合金的循环稳定性很好，2000 次循环后依旧可以保持活性。该实验证明，$MoS_{2(1-x)}Se_{2x}$ 纳米材料具有很好的电化学活性，而且对于硫化钼体系，硒的加入具有积极作用，这也为我们后续的实验提供了很好的思路。

1.4.5 钼基磷化物电极材料

对于硫族化合物已经做过介绍，而廉价的金属磷化物（TPM）通常用作加氢脱硫（HDS）的优异催化剂，因为它们在 HDS 反应中可逆结合和解离 H_2。密度泛函理论研究已经预测，MoP 可以引入一种良好的“H 传递”系统，其在一定覆盖范围内表现出几乎为零的 H 结合能。此外，MoP 由于金属性质和良好的导电性而呈现出高的电催化活性[152,153]。MoP 催化剂作为非 Pt 催化剂具有很大的潜力[154]。正因为 TPM 具有优异的催化性能，而且相对于商业碳材料具有非常高的体积容量和重量容量，一些研究者们试图将 MoP 材料用作锂离子电池负极材料，以此提升其电化学活性[155]。然而，由于 Li_xM、Li_xP 和 Mo 的形成，TMP 中的锂离子耦合电荷转移反应引起超过 300%的大的不可逆体积变化，这会加速聚集和粉化过程并且造成活性材料与集电器之间电接触的损失，虽然这种剧烈的体积变化不能完全缓解，但体积变化可以通过使用具有更优化的纳米结构和多孔或分层结构的 TMP 来减小。将金属磷化物缩小到纳米尺度被证明是一个有效的策略，因为与块体材料相比，纳米结构材料可以增加电极 – 电解质接触面积并且缩短固态扩散路径，从而获得电子和离子的快速转移，因此纳米磷化物可以提升其电化学性能。

迄今为止，已经通过一些常规方法（包括水热–溶剂热法[156]、高能机械球磨法[157]和含磷前体的高温分解法[158]等）合成了金属磷化物，如纳米粒子[159]、纳米片[160]、纳米棒[156]和中空球体[161]等各种纳米结构。磷化钼用作 LIB 负极材料的研究很少，具有代表性的是 Gumjae Park[162]通过简单的机械研磨法合成 $Mo_{0.8}Si_{0.2}P_2$，以提高 MoP_2 的电化学性能。

研究发现，Si 离子被成功地掺杂并且很好地分散在原始的分层 MoP_2 上，且没有任何结构变化，$Mo_{0.8}Si_{0.2}P_2$ 负极的电化学性能显著提高，其初始充电容量为 783 mA · h · g^{-1}，循环保持率为 93.2%，在第一次放电过程中，当 $Mo_{0.8}Si_{0.2}P_2$ 负极中锂嵌入时，硅部分分解，并在 $Mo_{0.8}Si_{0.2}P_2$ 结构中分散良好。$Mo_{0.8}Si_{0.2}P_2$ 中部分分解的 Si 用作电化学合金材料，用于增加可逆容量，而 $Mo_{0.8}Si_{0.2}P_2$ 作为具有锂嵌入反应的主体材料，可以防止分解硅的聚集。然而，在 TMP 用作 LIB 负极材料的研究中必须解决其实际应用中诸如容量低、容量衰减快和循环稳定性差等重大挑战。Xia Wang 等[155]展示了一种用于合成新型三维多孔钼磷化物 @ 碳化合物（3D 多孔 MoP@C）的方法，进行退火处理后所得到的混合物为 3D 互连的有序多孔结构，而且具有相对大的表面积，如图 1–19 所示。受益于微结构和组分的优势，3D 多孔 MoP@C 混合物在比容量、循环稳定性和长循环寿命方面显示出优异的锂储存性能。作为 LIB 的负极材料，它具有稳定的循环性能，具有高达 1028 mA · h · g^{-1}的高可逆容量（100 次循环后，电流密度为 100 mA · g^{-1}）。通过原位 XRD、HRTEM、SAED 和 XPS 分析，发现 3D 多孔 MoP@C 杂化物遵循 Li^+ 插层反应机理（$MoP + xLi^+ + e^- \leftrightarrow Li_xMoP$）。

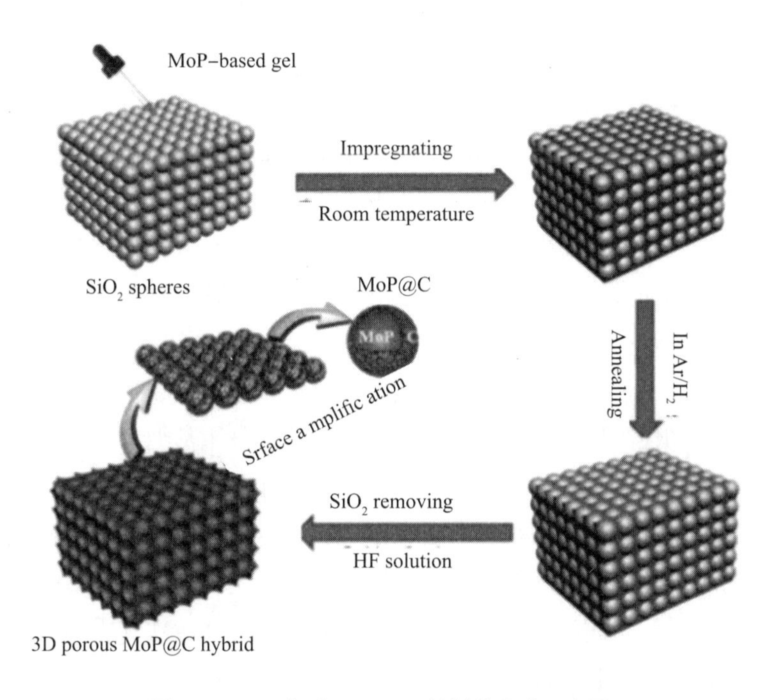

图 1–19　3D 多孔 MoP@C 材料的合成示意图

1.5 选题意义及研究内容

1.5.1 选题意义

随着人口的快速增长，对能源的消耗迅猛增加，人们对能源的需求也日益增长，这就导致化石燃料快速消耗，激化了环境问题的爆发。在新能源的开发和利用方面，我们面临两个艰巨的任务。首先，绿色无污染，天然可再生的可再生能源（包括太阳能、风能和潮汐能等）受季节和天气的影响非常大，具有明显的间歇性的缺点，如果想充分利用这类能持续提供电能的资源，需要配备合适的能源储存装置，而先进能源储存装置发展比较缓慢，不能满足当前的需求，因此，开发高稳定性、长寿命、环境适应性强的适用于可再生能源电能储存的电池材料是一个重要的挑战；其次，为了尽快减少石油的使用量，全世界都在大力推广绿色的纯电动汽车或者混合动力汽车。虽然燃料电池可以提供较大的能量密度，但是目前电催化及贮氢方面的技术还不够成熟，而且制备燃料电池的原料非常昂贵，这些因素在很大程度上限制了其应用。在可预见的将来，具有高能量密度、功率密度和循环寿命的锂离子动力电池将成为电动汽车首选的供能装置。因此，锂离子电池将会得到更为广泛的研究和发展。

目前对锂离子电池的研究主要是对其电极材料的研究，负极材料方面商业化的主要是碳材料，但是碳材料理论容量较低，在循环过程中可能在碳电极表面析出金属锂与电解质反应生成可燃气体，存在安全隐患；硅基负极材料理论容量很高，但是在循环过程中很不稳定，出现粉化现象，循环性能较差；钼基电极材料具有独特的物理化学性质，如导电性好、机械及热稳定性高、循环稳定性好及比容量高等优点，但是也存在一些缺点，如体积效应严重。目前对于钼系电极材料的改性研究主要集中于两方面：一方面是纳米化，制备纳米尺度的电极材料，如纳米球、纳米线、纳米片、纳米多孔材料等，通过缩短锂离子及电子的传输距离达到提高电化学性能的目的；另一方面是和碳材料复合，包括石墨烯、碳纳米管等，碳材料的加入可以进一步提升其导电性能，而且碳材料韧性比较好，可以缓解在循环过程中产生的体积效应。

本书题设计合成了一系列二维层状钼基电极材料，创新点在于通过设计新颖的合成方法，巧妙地将具有韧性、导电性良好的二维层状石墨烯与钼基纳米电极材料结合，其优势在于：①纳米材料缩短了电子和锂离子的传输路径，有利于电极在大电流密度下充放电；②增加了电极与电解液的接触面积；③缓和了充放电过程中锂离子嵌入脱出所造成的体积变化；④纳米材料高的表面能或缺陷能显著影响电池反应的理论电压，使电极反应可以在较宽的电压窗口内进行。同时，石墨烯的加入也起到了提高活性物质导电性，稳定活性物质结构，维护活性物质间和活性物质与集流器间电接触的作用。因此，本书期望通过二维层状钼基电极材料的设计合成，有效提高钼基电极材料导电性，提升其电子传输速率，有效减少钼基电极材料在循环过程中的体积膨胀效应，提高其循环性能。

1.5.2 主要研究内容

本书主要研究内容包括以下几个方面：

（1）以二维层状 meso-MoO_2/rGO 电极材料为初始研究目标，以 KIT-6/rGO 为模板，以钼酸铵为钼源，设计合成了二维层状 meso-MoO_2/rGO 电极材料，通过调控填充比例等实验条件，成功制备了 meso-MoO_2/rGO 电极材料，并且探讨了纳米 MoO_2 与块体 MoO_2 电极材料的不同的储锂机制及石墨烯对电极材料电化学性质的影响。

（2）在合成 meso-MoO_2/rGO 电极材料的基础上，加入葡萄糖作为碳源，通过控制实验条件，成功制备了 meso-Mo_2C/rGO 电极材料；之后，通过调控煅烧温度，得到了 meso-Mo_2C-MoC/rGO 电极材料，并探讨了 Mo_2C-MoC 异质结中 Mo^{3+}/Mo^{2+} 的比值对电极材料导电性及电化学性质的影响。

（3）以含氮电极材料为研究目标，首先将 meso-MoO_2/rGO 电极材料在氨气气氛中进行处理，通过控制处理温度及时间，得到 MoN@MoO_2/rGO 电极材料；在此基础上，又做了改进实验，采用乙二胺和多巴胺对 KIT-6/rGO 模板进行氮修饰，得到氮掺杂的 meso-*N*-MoS_2/rGO 电极材料，并探讨了氮的加入对材料电化学性质的影响。

（4）以含磷电极材料为研究目标，首先以磷酸氢二铵为磷源，通过控制合成条件得到了 meso-MoP/rGO 电极材料；在此基础上，又做了改进实验，以次磷酸钠为磷源，在氮气保护下，通过控制磷化时间和温度，得到了 meso-MoP-MoS_2/rGO 电极材料，并且探讨了磷的加入对材料电化学性质的影响。

（5）以三明治结构的 MoS_2 为研究对象，以硫脲为硫源，钼酸铵为钼源，硒粉为硒源，采用不同硒引入方法，通过控制硒粉的含量，合成了不同硒量的 meso-$MoS_{2(1-x)}Se_{2x}$/rGO 电极材料，石墨烯作为柔性导电载体，MoS_2 纳米颗粒在其上垂直生长，这种独特的结构可以为电子提供有效的多向传输路径，从而大大提高材料的导电性。通过对所合成材料的系统测试，研究了硒加入对 MoS_2 电极材料电化学性质的影响，并且探讨了其影响机理。

参考文献

[1] PLACKE T, KLOEPSCH R, DÜHNEN S, et al. Lithium ion, lithium metal, and alternative rechargeable battery technologies: the odyssey for high energy density [J]. Journal of Solid State Electrochemistry, 2017, 21(7): 1939–1964.

[2] PATEL P. Improving the lithium-ion battery [J]. ACS Central Science, 2015, 1(4): 161–

162.

[3] HANNAN M A, LIPU M S H, HUSSAIN A, et al. A review of lithium–ion battery state of charge estimation and management system in electric vehicle applications: Challenges and recommendations [J]. Renewable and Sustainable Energy Reviews, 2017, 78:834–854.

[4] XU K. Electrolytes and interphases in Li–ion batteries and beyond [J]. Chemical Reviews, 2014, 114(23): 11503–11618.

[5] BRESSER D, PASSERINI S, SCROSATI B. Leveraging valuable synergies by combining alloying and conversion for lithium–ion anodes [J]. Energy & Environmental Science, 2016, 9(11): 3348–3367.

[6] CHOI J W, AURBACH D. Promise and reality of post–lithium–ion batteries with high energy densities [J]. Nature Reviews Materials, 2016, 1(4): 16013.

[7] REDDY M V, SUBBA RAO G V, CHOWDARI B V. Metal oxides and oxysalts as anode materials for Li–ion batteries [J]. Chemical Reviews, 2013, 113(7): 5364–5457.

[8] DI LECCE D, VERRELLI R, HASSOUN J. Lithium–ion batteries for sustainable energy storage: recent advances towards new cell configurations [J]. Green Chemistry, 2017, 19(15): 3442–3467.

[9] GREY C P, TARASCON J M. Sustainability and in situ monitoring in battery development [J]. Nature Materials, 2016, 16(1): 45–56.

[10] LARCHER D, TARASCON J M. Towards greener and more sustainable batteries for electrical energy storage [J]. Nature Materials, 2015, 7(1): 19–29.

[11] LI W, LI M, ADAIR K R, et al. Carbon nanofiber–based nanostructures for lithium–ion and sodium–ion batteries [J]. Journal of Materials Chemistry A, 2017, 5(27): 13882–13906.

[12] YOSHINO A. The birth of the lithium–ion battery [J]. Angewandte Chemie International Edition, 2012, 51(24): 5798–5800.

[13] 李泓 . 锂离子电池基础科学问题 (XV) ——总结和展望 [J]. 储能科学与技术 , 2015(3): 306–318.

[14] 张国安 . 锂离子电池特性研究 [J]. 电子测量技术 , 2014(10): 41–45.

[15] THACKERAY M M, WOLVERTON C, ISAACS E D. Electrical energy storage for transportation–approaching the limits of, and going beyond, lithium–ion batteries [J]. Energy & Environmental Science, 2012, 5(7): 7854–7863.

[16] MIZUSHIMA K，JONES P C，WISEMAN P J, et al. Li_xCoO_2（$0 < x < 1$）：A new cathode material for batteries of high energy density[J]. Solid State Ionics, 1981, 3(4):171–174.

[17] YAZAMIR, TOUZAIN P H. A reversible graphite-lithium negative electrode for electrochemical generators[J]. Journal of Power Sources, 1983,9(3),365-371.

[18] T. NAGAURA, K. TAZAWA, Lithium-ion rechargeable battery[J]. Progress in Batteries & Solar Cells, 1990, 9, 209-217.

[19] 罗飞，褚赓，黄杰，等．锂离子电池基础科学问题（Ⅷ）——负极材料 [J]. 储能科学与技术，2014, 3(2): 146-163.

[20] ZHANG Z J, CHOU S L, GU Q F, et al. Enhancing the high rate capability and cycling stability of $LiMn_2O_4$ by coating of solid-state electrolyte $LiNbO_3$ [J]. ACS Applied Materials & Interfaces, 2014, 6(24): 22155-22165.

[21] JIANG C, TANG Z, WANG S, et al. A truncated octahedral spinel $LiMn_2O_4$ as high-performance cathode material for ultrafast and long-life lithium-ion batteries [J]. Journal of Power Sources, 2017, 357(31):144-148.

[22] LI X, SHAO Z, LIU K, et al. Influence of synthesis method on the performance of the $LiFePO_4$/C cathode material [J]. Colloids and Surfaces A: Physicochemical and Engineering Aspects, 2017, 529(20):850-855.

[23] SUBRAMANIAN V. Synthesis and electrochemical properties of submicron $LiNi_{0.5}Co_{0.5}O_2$ [J]. Solid State Ionics, 2004, 175(1-4): 315-318.

[24] BALENDHRAN S, WALIA S, NILI H, et al. Two-dimensional molybdenum trioxide and dichalcogenides [J]. Advanced Functional Materials, 2013, 23(32): 3952-3970.

[25] ZHANG W J. Structure and performance of $LiFePO_4$ cathode materials: A review [J]. Journal of Power Sources, 2011, 196(6): 2962-2970.

[26] 周恒辉，慈云祥，刘昌炎．锂离子电池电极材料研究进展 [J]. 化学进展，1998, 10(1): 87-96.

[27] DEY A N, SULLIVAN B P. The electrochemical decomposition of propylene carbonate on graphite [J]. Journal of the Electrochemical Society, 1970, 117(2): 563-571.

[28] YAZAMI R, TOUZAIN P. A reversible graphite-lithium negative electrode for electrochemical generators [J]. Journal of Power Sources, 1983, 9(3): 365-371.

[29] 李春鸿．锂离子二次电池用碳负极材料 [J]. 电池，1998, 28(3): 132-134.

[30] WANG K, JIN Y, SUN S, et al. Low-cost and high-performance hard carbon anode materials for sodium-ion batteries [J]. ACS Omega, 2017, 2(4): 1687-1695.

[31] WANG C M, LI X, WANG Z, et al. In situ TEM investigation of congruent phase transition and structural evolution of nanostructured silicon/carbon anode for lithium ion batteries [J]. Nano Letters, 2012, 12(3): 1624-1632.

[32] 吴宇平，万春荣，姜长印，等．锂离子二次电池碳负极材料的改性 [J]. 电化学，1998, 15(3): 286-292.

[33] LI H, HUANG X, CHEN L, et al. A high capacity nano-Si composite anode material for lithium rechargeable batteries [J]. Electrochem. Solid-State Letters, 1999, 11(2), 547–549.

[34] HONG L, HUANG X, CHEN L, et al. The crystal structural evolution of nano-Si anode caused by lithium insertion and extraction at room temperature [J]. Solid State Ionics, 2000, 135(1–4): 181–191.

[35] LIMTHONGKUL P, JANG Y I, DUDNEY N J, et al. Electrochemically-driven solid-state amorphization in lithium-silicon alloys and implications for lithium storage [J]. Acta Materialia, 2003, 51(4): 1103–1113.

[36] HATCHARD T D, DAHN J R. In situ XRD and electrochemical study of the reaction of lithium with amorphous silicon [J]. Journal of the Electrochemical Society, 2004, 151(6): A838–A842.

[37] BOUKAMP B A, LESH G C, HUGGINS R A. All-Solid lithium electrodes with mixed-conductor matrix [J]. Journal of the Electrochemical Society, 1981, 128(4): 725–729.

[38] ZHANG X W, PATIL P K, WANG C, et al. Electrochemical performance of lithium ion battery, nano-silicon-based, disordered carbon composite anodes with different microstructures [J]. Journal of Power Sources, 2004, 125(2): 206–213.

[39] CHAN C K, RUFFO R, HONG S S, et al. Structural and electrochemical study of the reaction of lithium with silicon nanowires [J]. Journal of Power Sources, 2009, 189(1): 34–39.

[40] MCDOWELL M T, LEE S W, RYU I, et al. Novel size and surface oxide effects in silicon nanowires as lithium battery anodes [J]. Nano Letters, 2011, 11(9): 4018–4025.

[41] ZANG J L, ZHAO Y P. Silicon nanowire reinforced by single-walled carbon nanotube and its applications to anti-pulverization electrode in lithium ion battery [J]. Composites Part B, 2012, 43(1): 76–82.

[42] JIA H, GAO P, YANG J, et al. Novel three-dimensional mesoporous silicon for high power lithium-ion battery anode material [J]. Advanced Energy Materials, 2011, 1(6): 1036–1039.

[43] XU W, VEGUNTA S S S, FLAKE J C. Surface-modified silicon nanowire anodes for lithium-ion batteries [J]. Journal of Power Sources, 2011, 196(20): 8583–8589.

[44] YOSHIO M, WANG H Y, FUKUDA K, et al. Carbon-coated Si as a lithium-ion battery anode material [J]. Journal of the Electrochemical Society, 2002, 149(12): A1598–A1603.

[45] FU K, YILDIZ O, BHANUSHALI H, et al. Aligned carbon nanotube-silicon sheets:

a novel nano–architecture for flexible lithium ion battery electrodes [J]. Advanced Materials, 2013, 25(36): 5109–5114.

[46] SONG S W. Self–organized artificial SEI for improving the cycling ability of silicon–based battery anode materials [J]. Bulletin of the Korean Chemical Society, 2013, 34(4): 1296–1299.

[47] CHAKRAPANI V, RUSLI F, FILLER M A, et al. Quaternary ammonium ionic liquid electrolyte for a silicon nanowire–based lithium ion battery [J]. Journal of Physical Chemistry C, 2011, 115(44): 22048–22053.

[48] PROFATILOVA I A, STOCK C, SCHMITZ A, et al. Enhanced thermal stability of a lithiated nano–silicon electrode by fluoroethylene carbonate and vinylene carbonate [J]. Journal of Power Sources, 2013, 222(2): 140–149.

[49] LEUNG K, REMPE S B, FOSTER M E, et al. Modeling electrochemical decomposition of fluoroethylene carbonate on silicon anode surfaces in lithium ion batteries [J]. Journal of the Electrochemical Society, 2014, 161(3): A213–A221.

[50] LI Y, YAN K, LEE H W, et al. Growth of conformal graphene cages on micrometre–sized silicon particles as stable battery anodes [J].Nature Energy, 2016, 1(2): 15029.

[51] NGO D T, LE H T T, PHAM X M, et al. Facile synthesis of Si@SiC composite as an anode material for lithium–ion batteries [J]. ACS Applied Materials & Interfaces, 2017, 9(38): 32790–32800.

[52] IDOTA Y, KUBOTA T, MATSUFUJI A, et al. Tin–based amorphous oxide: a high–capacity lithium–ion–storage material [J]. Science, 1997, 276(5317): 1395–1397.

[53] COURTNEY I A, DAHN J R. Key factors controlling the reversibility of the reaction of lithium with SnO_2 and Sn_2BPO_6 glass [J]. Journal of the Electrochemical Society, 1997, 144(9): 2943–2948.

[54] LI H. Direct imaging of the passivating film and microstructure of nanometer–scale SnO anodes in lithium rechargeable batteries [J]. Electrochemical & Solid State Letters, 1998, 1(6): 241–243.

[55] MORRISON D. New materials extend Li–ion performance [J]. Power Electronics Technology, 2006, 32(1): 50–52.

[56] DAI R, SUN W, LV L P, et al. Bimetal–organic–framework derivation of ball–cactus–like Ni–Sn–P@C–CNT as long–cycle anode for lithium–ion battery [J]. Small, 2017, 13(27): 1700521.

[57] HAN Q, YI Z, CHENG Y, et al. Gd–Sn alloys and Gd–Sn–graphene composites as anode materials for lithium–ion batteries [J]. New Journal of Chemistry, 2017, 41(16): 7992–7997.

[58] LIU H, HU R, HUANG C, et al. Toward cyclic durable core/shell nanostructure of Sn–C composite anodes for stable lithium storage by simulating its lithiation–induced internal strain [J]. Journal of Alloys and Compounds, 2017, 704(15):348–358.

[59] MAO M, YAN F, CUI C, et al. Pipe–wire TiO_2–Sn@carbon nanofibers paper anodes for lithium and sodium ion batteries [J]. Nano Letters, 2017, 17(6): 3830–3836.

[60] SHI X, SONG H, LI A, et al. Sn–Co nanoalloys embedded in porous N–doped carbon microboxes as a stable anode material for lithium–ion batteries [J]. Journal of Materials Chemistry A, 2017, 5(12): 5873–5879.

[61] YING H, ZHANG S, MENG Z, et al. Ultrasmall Sn nanodots embedded inside N–doped carbon microcages as high–performance lithium and sodium ion battery anodes [J]. Journal of Materials Chemistry A, 2017, 5(18): 8334–8342.

[62] YOUN D H, HELLER A, MULLINS C B. Simple synthesis of nanostructured Sn/ nitrogen–doped carbon composite using nitrilotriacetic acid as lithium–ion battery anode [J]. Chemistry of Materials, 2016, 28(5): 1343–1347.

[63] JIANG B, HE Y, LI B, et al. Polymer–templated formation of polydopamine–coated SnO_2 nanocrystals: anodes for cyclable lithium–ion batteries [J]. Angewandte Chemie International Edition, 2017, 56(7): 1869–1872.

[64] ARAVINDAN V, LEE Y S, YAZAMI R, et al. TiO_2 polymorphs in ‘rocking–chair’ Li–ion batteries [J]. Materials Today, 2015, 18(6): 345–351.

[65] CAO F F, GUO Y G, WAN L J. Better lithium–ion batteries with nanocable–like electrode materials [J]. Energy & Environmental Science, 2011, 4(5): 1634–1642.

[66] CAI Y, WANG H E, ZHAO X, et al. Walnut–like porous core/shell TiO_2 with hybridized phases enabling fast and stable lithium storage [J]. ACS Applied Materials & Interfaces, 2017, 9(12): 10652–10663.

[67] JONKER G H. Magnetic compounds with perovskite structure Ⅳ conducting and non–conducting compounds [J]. Physica, 1956, 22(6): 707–722.

[68] FERG E, GUMMOW R J, DEKOCK A, et al. Spinel anodes for lithium–ion batteries [J]. Journal of the Electrochemical Society, 1994, 141(141): L147–L150.

[69] ZAGHIB K, ARMAND M, GAUTHIER M. Electrochemistry of anodes in solid–state Li–ion polymer batteries [J]. Journal of Neurochemistry, 1998, 145(9): 3135–3140.

[70] ZHAO L, HU Y S, LI H, et al. Porous $Li_4Ti_5O_{12}$ coated with N–doped carbon from ionic liquids for Li–ion batteries [J]. Advanced Materials, 2011, 23(11): 1385–1388.

[71] YU L, WU H B, LOU X W. Mesoporous $Li_4Ti_5O_{12}$ hollow spheres with enhanced lithium storage capability [J]. Advanced Materials, 2013, 25(16): 2296–2300.

[72] CHEN C, LIU X, AI C, et al. Enhanced lithium storage capability of $Li_4Ti_5O_{12}$ anode

material with low content Ce modification [J]. Journal of Alloys and Compounds, 2017, 714:71–78.

[73] GIEU JB, WINKLER V, COURRèGES C, et al. New insights into the characterization of the electrode/electrolyte interfaces within $LiMn_2O_4/Li_4Ti_5O_{12}$ cells, by X–ray photoelectron spectroscopy, scanning Auger microscopy and time–of–flight secondary ion mass spectrometry [J]. Journal of Materials Chemistry A, 2017, 5(29): 15315–15325.

[74] LIU J, SONG K, VAN AKEN P A, et al. Self–supported $Li_4Ti_5O_{12}$–C nanotube arrays as high–rate and long–life anode materials for flexible Li–ion batteries [J]. Nano Letters, 2014, 14(5): 2597–2603.

[75] SHEN L, UCHAKER E, ZHANG X, et al. Hydrogenated $Li_4Ti_5O_{12}$ nanowire arrays for high rate lithium–ion batteries [J]. Advanced Materials, 2012, 24(48): 6502–6506.

[76] WANG S, YANG Y, QUAN W, et al. Ti^{3+} free three–phase $Li_4Ti_5O_{12}/TiO_2$ for high–rate lithium–ion batteries: capacity and conductivity enhancement by phase boundaries [J]. Nano Energy, 2017, 32:294–301.

[77] XU F, YU F, LIU C, et al. Hierarchical carbon cloth supported $Li_4Ti_5O_{12}$@$NiCo_2O_4$ branched nanowire arrays as novel anode for flexible lithium–ion batteries [J]. Journal of Power Sources, 2017, 354:85–91.

[78] YI T–F, YANG S–Y, XIE Y. Recent advances of $Li_4Ti_5O_{12}$ as a promising next generation anode material for high power lithium–ion batteries [J]. Journal of Materials Chemistry A, 2015, 3(11): 5750–5777.

[79] GE H, HAO T, OSGOOD H, et al. Advanced mesoporous spinel $Li_4Ti_5O_{12}$/rGO composites with increased surface lithium storage capability for high–power lithium–ion batteries [J]. ACS Applied Materials & Interfaces, 2016, 8(14): 9162–9169.

[80] LAZZARI M, SCROSATI B. A cyclable lithium organic electrolyte cell based on two intercalation electrodes [J]. Journal of The Electrochemical Society, 1980,127(3):773–774.

[81] PIETRO B D, PATRIARCA M, SCROSATI B. On the use of rocking chair configurations for cyclable lithium organic electrolyte batteries [J]. Journal of Power Sources, 1982, 8(2): 289–299.

[82] 王传宝 , 孔继周 , 张仕玉， 等 . 锂离子电池过渡金属氧化物负极材料改性技术的研究进展 [J]. 材料导报 , 2012, 26(4): 36–48.

[83] WU Z S, REN W, WEN L, et al. Graphene anchored with CO_3O_4 nanoparticles as anode of lithium–ion batteries with enhanced reversible capacity and cyclic performance [J]. Acs Nano, 2010, 4(6): 3187–3194.

[84] WANG Y F, ZHANG L J. Simple synthesis of CoO–NiO–C anode materials for lithium–ion batteries and investigation on its electrochemical performance [J]. Journal of Power Sources, 2012, 209(7): 20–29.

[85] XIA Y, ZHANG W, XIAO Z, et al. Biotemplated fabrication of hierarchically porous NiO/C composite from lotus pollen grains for lithium–ion batteries [J]. Journal of Materials Chemistry, 2012, 22(18): 9209–9215.

[86] RAHMAN M M, CHOU S L, ZHONG C, et al. Spray pyrolyzed NiO–C nanocomposite as an anode material for the lithium–ion battery with enhanced capacity retention [J]. Solid State Ionics, 2010, 180(40): 1646–1651.

[87] BAO L, LI T, CHEN S, et al. 3D graphene frameworks/Co_3O_4 composites electrode for high–performance supercapacitor and enzymeless glucose detection [J]. Small, 2017, 13(5): 1602077.

[88] WU X, HAN Z, ZHENG X, et al. Core–shell structured Co_3O_4@$NiCo_2O_4$ electrodes grown on flexible carbon fibers with superior electrochemical properties [J]. Nano Energy, 2017, 31:410–417.

[89] XU S, HESSEL C M, REN H, et al. α –Fe_2O_3 multi–shelled hollow microspheres for lithium ion battery anodes with superior capacity and charge retention [J]. Energy & Environmental Science, 2014, 7(2): 632–637.

[90] ZHU S, LI J, DENG X, et al. Ultrathin–nanosheet–induced synthesis of 3D transition metal oxides networks for lithium ion battery anodes [J]. Advanced Functional Materials, 2017, 27(9): 1605017.

[91] LIU L, YANG X, LV C, et al. Seaweed–derived route to Fe_2O_3 hollow nanoparticles/N–doped graphene aerogels with high lithium-ion storage performance [J]. ACS Applied Materials & Interfaces, 2016, 8(11): 7047–7053.

[92] POIZOT P, LARUELLE S, GRUGEON S, et al. Nano–sized transition–metal oxides as negative–electrode materials for lithium–ion batteries [J]. Nature, 2000, 6803(407):496–499.

[93] CHEN C, HU X, WANG Z, et al. Controllable growth of TiO_2–B nanosheet arrays on carbon nanotubes as a high–rate anode material for lithium–ion batteries [J]. Carbon, 2014, 69(4): 302–310.

[94] CHAN C K, PENG H, TWESTEN R D, et al. Fast, completely reversible Li insertion in vanadium pentoxide nanoribbons [J]. Nano Letters, 2007, 7(2): 490–495.

[95] WEI L, HU X, SUN Y, et al. Controlled synthesis of mesoporous MnO/C networks by microwave irradiation and their enhanced lithium–storage properties [J]. ACS Applied Materials & Interfaces, 2013, 5(6): 1997–2003.

[96] SUN Y, HU X, LUO W, et al. Reconstruction of conformal nanoscale MnO on graphene as a high-capacity and long-life anode material for lithium ion batteries [J]. Advanced Functional Materials, 2013, 23(19): 2436–2444.

[97] LIU B, HU X, XU H, et al. Encapsulation of MnO nanocrystals in electrospun carbon nanofibers as high-performance anode materials for lithium-ion batteries [J]. Scientific Reports, 2014, 4(2010): 4229.

[98] KU J H, JI H R, SUN H K, et al. Reversible lithium storage with high mobility at structural defects in amorphous molybdenum dioxide electrode [J]. Advanced Functional Materials, 2012, 22(17): 3658–3664.

[99] ROGERS D B, SHANNON R D, SLEIGHT A W, et al. Crystal chemistry of metal dioxides with rutile-related structures [J]. Inorganic Chemistry, 1969, 8(4): 841–849.

[100] OH Y, VRUBEL H, GUIDOUX S, et al. Electrochemical reduction of CO_2 in organic solvents catalyzed by MoO_2 [J]. Chemical Communications, 2014, 50(29): 3878–3881.

[101] KWON B W, ELLEFSON C, BREIT J, et al. Molybdenum dioxide-based anode for solid oxide fuel cell applications [J]. Journal of Power Sources, 2013, 243(6): 203–210.

[102] SUN Y, HU X, LUO W, et al. Self-assembled hierarchical MoO_2/graphene nanoarchitectures and their application as a high-performance anode material for lithium-ion batteries [J]. ACS Nano, 2011, 5(9): 7100–7107.

[103] KU J H, JUNG Y S, LEE K T, et al. Thermo electrochemically activated MoO_2 powder electrode for lithium secondary batteries [J]. Journal of the Electrochemical Society, 2014, 156(8): A688–A693.

[104] ZHANG H J, SHU J, WANG K X, et al. Lithiation mechanism of hierarchical porous MoO_2 nanotubes fabricated through one-step carbothermal reduction [J]. Journal of Materials Chemistry A, 2013, 2(1): 80–86.

[105] LIU Y, ZHANG H, PAN O, et al. One-pot hydrothermal synthesized MoO_2 with high reversible capacity for anode application in lithium-ion battery [J]. Electrochimica Acta, 2013, 102(21): 429–435.

[106] ZHANG H, ZENG L, WU X, et al. Synthesis of MoO_2 nanosheets by an ionic liquid route and its electrochemical properties [J]. Journal of Alloys & Compounds, 2013, 580(8): 358–362.

[107] ZHANG H J, WANG K X, WU X Y, et al. MoO_2/Mo_2C heteronanotubes function as high-performance li-ion battery electrode [J]. Advanced Functional Materials, 2014, 24(22): 3399–3404.

[108] ZHANG X, SONG X, GAO S, et al. Facile synthesis of yolk-shell MoO_2 microspheres

with excellent electrochemical performance as a Li–ion battery anode [J]. Journal of Materials Chemistry A, 2013, 1(23): 6858–6864.

[109] FANG X, GUO B, SHI Y, et al. Enhanced Li storage performance of ordered mesoporous MoO_2 via tungsten doping [J]. Nanoscale, 2012, 4(5): 1541–1544.

[110] SUN Y, HU X, YU J C, et al. Morphosynthesis of a hierarchical MoO_2 nanoarchitecture as a binder–free anode for lithium–ion batteries [J]. Energy & Environmental Science, 2011, 4(8): 2870–2877.

[111] ZHAO X, CAO M, LIU B, et al. Interconnected core–shell MoO_2 microcapsules with nanorod–assembled shells as high–performance lithium–ion battery anodes [J]. Journal of Materials Chemistry, 2012, 22(26): 13334–13340.

[112] JIAO F, BAO J, HILL A H, et al. Synthesis of ordered mesoporous Li–Mn–O spinel as a positive electrode for rechargeable lithium batteries [J]. Angewandte Chemie International Edition, 2008, 47(50): 9711–9716.

[113] SHI Y, GUO B, CORR S A, et al. Ordered mesoporous metallic MoO_2 materials with highly reversible lithium storage capacity [J]. Nano Letters, 2009, 9(12): 4215–4220.

[114] ZHOU Y, LEE I, LEE C W, et al. Ordered mesoporous carbon–MoO_2 nanocomposite as high performance anode material in lithium–ion batteries [J]. Bulletin of the Korean Chemical Society, 2014, 45(13): 146–149.

[115] ZOU F, HU X, QIE L, et al. Facile synthesis of sandwiched Zn_2GeO_4–graphene oxide nanocomposite as a stable and high–capacity anode for lithium–ion batteries [J]. Nanoscale, 2013, 6(2): 924–930.

[116] SUN Y, HU X, LUO W, et al. Ultrafine MoO_2 nanoparticles embedded in a carbon matrix as a high–capacity and long–life anode for lithium–ion batteries [J]. Journal of Materials Chemistry, 2011, 22(2): 425–431.

[117] BHASKAR A, DEEPA M, RAO T N, et al. Enhanced nanoscale conduction capability of a MoO_2/Graphene composite for high performance anodes in lithium–ion batteries [J]. Journal of Power Sources, 2012, 216(11): 169–178.

[118] 张新，李来平，梁静．碳化钼催化剂的研究进展 [J]. 中国钼业，2010, 34(6): 25–29.

[119] 吴丽平．稀土碳化钼和碳化钼的制备及其性能 [D]. 哈尔滨：哈尔滨工业大学，2007.

[120] WON K, KAH L, CHANG S, et al. A Mo_2C/carbon nanotube composite cathode for lithium–oxygen batteries with high energy efficiency and long cycle life [J]. ACS Nano, 2015, 9(4):4129–4137.

[121] TANG Q, ZHOU Z, SHEN P. Are MXenes promising anode materials for Li–ion

batteries? Computational studies on electronic properties and Li storage capability of Ti_3C_2 and $Ti_3C_2X_2$ (X = F, OH) monolayer [J]. Journal of the American Chemical Society, 2012, 134(40): 16909–16916.

[122] LI R, WANG S, WANG W, et al. Ultrafine Mo_2C nanoparticles encapsulated in N–doped carbon nanofibers with enhanced lithium storage performance [J]. Physical Chemistry Chemical Physics, 2015, 17(38): 24803–24809.

[123] WANG B, WANG G, WANG H. Hybrids of Mo_2C nanoparticles anchored on graphene sheets as anode materials for high performance lithium–ion batteries [J]. Journal of Materials Chemistry A, 2015, 3(33): 17403–17411.

[124] ZHANG H–J, WANG K–X, WU X–Y, et al. MoO_2/Mo_2C heteronanotubes function as high–performance Li–ion battery electrode [J]. Advanced Functional Materials, 2014, 24(22): 3399–3404.

[125] ZHANG B, CUI G, ZHANG K, et al. Molybdenum nitride/nitrogen–doped graphene hybrid material for lithium storage in lithium–ion batteries [J]. Electrochimica Acta, 2014, 150(150):15–22.

[126] LIU S–L, HUANG J, LIU J, et al. Porous Mo_2N nanobelts as a new anode material for sodium–ion batteries [J]. Materials Letters, 2016, 172:56–59.

[127] LIU J, TANG S, LU Y, et al. Synthesis of Mo_2N nanolayer coated MoO_2 hollow nanostructures as high–performance anode materials for lithium–ion batteries [J]. Energy & Environmental Science, 2013, 6(9): 2691–2697.

[128] CHOI M, KOPPALA S K, YOON D, et al. A route to synthesis molybdenum disulfide–reduced graphene oxide (MoS_2–RGO) composites using supercritical methanol and their enhanced electrochemical performance for Li–ion batteries [J]. Journal of Power Sources, 2016, 309:202–211.

[129] LEE W S, PENG E, LOH T A, et al. Few–layer MoS_2–anchored graphene aerogel paper for free–standing electrode materials [J]. Nanoscale, 2016, 8(15): 8042–8047.

[130] CHHOWALLA M, AMARATUNGA G A J. Thin films of fullerene–like MoS_2 nanoparticles with ultra–low friction and wear [J]. Nature, 2000, 407(6801): 164–167.

[131] CHANG K, CHEN W. Single–layer MoS_2/graphene dispersed in amorphous carbon: Towards high electrochemical performances in rechargeable lithium ion batteries [J]. Journal of Materials Chemistry, 2011, 21(43): 17175–17184.

[132] JEFFERY A A, RAO S R, RAJAMATHI M. Preparation of MoS_2–rcduced graphene oxide (rGO) hybrid paper for catalytic applications by simple exfoliation–costacking [J]. Carbon, 2017, 112:8–16.

[133] FENG J, QIAN X, HUANG C W, et al. Strain–engineered artificial atom as a broad–

spectrum solar energy funnel [J]. Nature Photonics, 2012, 6(12): 865–871.

[134] KARUNADASAH I, MONTALVO E, SUN Y, et al. A molecular MoS_2, edge site mimic for catalytic hydrogen generation [J]. Science, 2012, 335(6069): 698–702.

[135] IMANISHI N, KANAMURA K, TAKEHARA Z I. Synthesis of MoS_2 thin film by chemical vapor deposition method and discharge characteristics as a cathode of the lithium secondary battery [J]. Journal of the Electrochemical Society, 1992, 139(8): 2082–2086.

[136] CHEN Y, SONG B, TANG X, et al. Ultrasmall Fe_3O_4 nanoparticle/MoS_2 nanosheet composites with superior performances for lithium ion batteries [J]. Small, 2014, 10(8): 1536–1543.

[137] CHE Z, LI Y, CHEN K, et al. Hierarchical MoS_2@RGO nanosheets for high performance sodium storage [J]. Journal of Power Sources, 2016, 331:50–57.

[138] GEORGE C, MORRIS A J, MODARRES M H, et al. Structural evolution of electrochemically lithiated MoS_2 nanosheets and the role of carbon additive in Li–ion batteries [J]. Chemistry of Materials, 2016, 28(20): 7304–7310.

[139] JUNG J W, RYU W H, YU S, et al. Dimensional effects of MoS_2 nanoplates embedded in carbon nanofibers for bifunctional Li and Na insertion and conversion reactions [J]. ACS Applied Materials & Interfaces,2016, 8(40): 26758–26768.

[140] LIU S, SHEN B, NIU Y, et al. Fabrication of WS_2–nanoflowers@rGO composite as an anode material for enhanced electrode performance in lithium–ion batteries [J]. Journal of Colloid and Interface Science, 2017, 488:20–25.

[141] DOAN–NGUYEN V V T, SUBRAHMANYAM K S, BUTALA M M, et al. Molybdenum polysulfide chalcogels as high–capacity, anion–redox–driven electrode materials for Li–ion batteries [J]. Chemistry of Materials, 2016, 28(22): 8357–8365.

[142] LIU Y, WANG X, SONG X, et al. Interlayer expanded MoS_2 enabled by edge effect of graphene nanoribbons for high performance lithium and sodium ion batteries [J]. Carbon, 2016, 109:461–471.

[143] SHYYKO L O, KOTSYUBYNSKY VO, BUDZULYAK IM, et al. MoS_2/C multilayer nanospheres as an electrode base for lithium power sources [J]. Nanoscale Research Letters, 2016, 11(1): 243.

[144] STEPHENSON T, LI Z, OLSEN B, et al. Lithium–ion battery applications of molybdenum disulfide (MoS_2) nanocomposites [J]. Energy & Environmental Science, 2013, 7(1): 209–231.

[145] XIANG J, DONG D, WEN F, et al. Microwave synthesized self–standing electrode of MoS_2 nanosheets assembled on graphene foam for high–performance Li–ion and Na–

ion batteries [J]. Journal of Alloys and Compounds, 2016, 660:11–16.

[146] MIAO Z H, WANG P P, XIAO Y C, et al. Dopamine–induced formation of ultrasmall few–layer MoS_2 homogeneously embedded in N–doped carbon framework for enhanced lithium–ion storage [J]. ACS Applied Materials & Interfaces, 2016, 8(49): 33741–33748.

[147] CHOI S H, KANG Y C. Fullerene–like $MoSe_2$ nanoparticles–embedded CNT balls with excellent structural stability for highly reversible sodium–ion storage [J]. Nanoscale, 2016, 8(7): 4209–4216.

[148] CHU H, LIU X, LIU B, et al. Hexagonal 2H–$MoSe_2$ broad spectrum active photocatalyst for Cr(Ⅵ) reduction [J]. Scientific Reports, 2016, 6:35304.

[149] DUAN X, WANG C, PAN A, et al. Two–dimensional transition metal dichalcogenides as atomically thin semiconductors: opportunities and challenges [J]. Chemical Society Reviews, 2015, 44(24): 8859–8876.

[150] ZHAO X, SUI J, LI F, et al. Lamellar $MoSe_2$ nanosheets embedded with MoO_2 nanoparticles: novel hybrid nanostructures promoted excellent performances for lithium–ion batteries [J]. Nanoscale, 2016, 8(41): 17902–17910.

[151] CHEN X, WANG Z, QIU Y, et al. Controlled growth of vertical 3D $MoS_{2(1-x)}Se_{-2x}$ nanosheets for an efficient and stable hydrogen evolution reaction [J]. Journal of Materials Chemistry A, 2016, 4(46): 18060–18066.

[152] DENG C, DING F, LI X, et al. Templated–preparation of a three–dimensional molybdenum phosphide sponge as a high performance electrode for hydrogen evolution [J]. Journal of Materials Chemistry A, 2016, 4(1): 59–66.

[153] MCENANEY J M, CROMPTON J C, CALLEJAS J F, et al. Amorphous molybdenum phosphide nanoparticles for electrocatalytic hydrogen evolution [J]. Chemistry of Materials, 2014, 26(16): 4826–4831.

[154] WU A, TIAN C, YAN H, et al. Hierarchical MoS_2@MoP core–shell heterojunction electrocatalysts for efficient hydrogen evolution reaction over a broad pH range [J]. Nanoscale, 2016, 8(21): 11052–11059.

[155] WANG X, SUN P, QIN J, et al. A three–dimensional porous MoP@C hybrid as a high–capacity, long–cycle life anode material for lithium–ion batteries [J]. Nanoscale, 2016, 8(19): 10330–10338.

[156] DOAN–NGUYEN V V, ZHANG S, TRIGG E B, et al. Synthesis and X–ray characterization of cobalt phosphide (Co_2P) nanorods for the oxygen reduction reaction [J]. ACS Nano, 2015, 9(8): 8108–8115.

[157] QIAN J, XIONG Y, CAO Y, et al. Synergistic Na–storage reactions in Sn_4P_3 as a high–

capacity, cycle–stable anode of Na–ion batteries [J]. Nano Letters, 2014, 14(4): 1865–1869.

[158] TIAN J, LIU Q, ASIRI A M, et al. Self–supported nanoporous cobalt phosphide nanowire arrays: an efficient 3D hydrogen–evolving cathode over the wide range of pH 0—14 [J]. Journal of the American Chemical Society, 2014, 136(21): 7587–7590.

[159] LI W, CHOU S L, WANG J Z, et al. $Sn_{4+x}P_3$@amorphous Sn–P composites as anodes for sodium–ion batteries with low cost, high capacity, long life, and superior rate capability [J]. Advanced Materials, 2014, 26(24): 4037–4042.

[160] LU Y, TU J, XIONG Q, et al. Large–scale synthesis of porous Ni_2P nanosheets for lithium secondary batteries [J]. Crystengcomm, 2012, 14(24): 8633–8641.

[161] YANG D, ZHU J, RUI X, et al. Synthesis of cobalt phosphides and their application as anodes for lithium–ion batteries [J]. ACS Applied Materials & Interfaces, 2013, 5(3): 1093–1099.

[162] PARK G, SIM S, LEE J, et al. Effect of silicon doping on the electrochemical properties of MoP_2 nano–cluster anode for lithium–ion batteries [J]. Journal of Alloys and Compounds, 2015, 639(3):296–300.

第 2 章　材料的制备与表征

2.1　试剂与仪器

2.1.1　实验试剂（表 2–1）

表 2–1　实验试剂

试剂名称	试剂来源	级别
无水乙醇（C_2H_6O）	天津市风船化学试剂科技有限公司	分析纯
石墨粉（Graphite Powder）	北京百灵威科技有限公司	99%
浓硫酸（H_2SO_4）	天津市北联精细化学品开发有限公司	98%
磷酸（H_3PO_4）	天津市瑞金特化学品有限公司	98%
氢氧化钠（NaOH）	北京化学试剂公司	分析纯
盐酸（HCl）	天津市北联精细化学品开发有限公司	36.5%
硅酸四乙酯（TEOS）	阿拉丁	分析纯
正丁醇	阿拉丁	分析纯
P123	Sigma	分析纯
钼酸铵（$H_{24}Mo_7N_6O_{24}\cdot 4H_2O$）	阿拉丁	分析纯
硫脲（CH_4N_2S）	阿拉丁	分析纯
硫粉（Sulphur）	阿拉丁	99%
硒粉（Selenium）	阿拉丁	99.9%
磷酸氢二铵 $(NH_4)_2HPO_4$	北京新光化学试剂厂	分析纯
葡萄糖	北京化学试剂公司	分析纯
锂片	深圳市科晶智达科技有限公司	99.9%
隔膜（Celgard 2325）	深圳市科晶智达科技有限公司	—
电解液（EC–DMC）	深圳市科晶智达科技有限公司	—
N– 甲基吡咯烷酮（NMP）	阿拉丁	99.9%
PVDF	深圳市科晶智达科技有限公司	≥ 99.5%
乙炔黑	深圳市科晶智达科技有限公司	≥ 99.5%

2.1.2 实验仪器（表 2-2）

表 2-2 实验仪器

仪器名称	型号	仪器来源
电热鼓风烘箱	SY101BS-0	天津市三水科学仪器有限公司
高速离心机	H-1650	湖南湘仪实验室仪器开发有限公司
电子天平	CP224C	奥豪斯仪器（上海）有限公司
管式炉	SGL-1700	中国科学院上海光学精密机械研究所
磁力搅拌器	S5-2	巩义市予华仪器有限责任公司
超声发生器	DF-101S	巩义市予华仪器有限责任公司
电化学工作站	CHI7601	上海辰华仪器有限公司
手套箱	Lab2000	伊特克斯惰性气体系统（北京）有限公司
蓝电测试系统	CT2001A	武汉市蓝电电子股份有限公司
冲片机	MRX-CP60	深圳市铭锐祥自动化设备有限公司
扣式电池封口机	MRX-SF120	深圳市铭锐祥自动化设备有限公司

2.2 材料的合成

2.2.1 石墨烯的合成

石墨烯是通过改进的 Hummers 法制备的。具体来说，在冰浴条件下，将 1g 石墨粉加入 250mL 的圆底烧瓶，之后加入 120mL 浓硫酸（98%）及 13.3mL 磷酸。然后缓慢加入 5 g 高锰酸钾并搅拌 30min，之后升温到 35℃搅拌 30min，接着升温到 50℃搅拌 12h。最后，将所得溶液缓慢倒入 150mL 水和 10mL H_2O_2 的混合溶液中终止反应。分别采用浓盐酸、水和乙醇洗涤数遍，冷冻干燥得到石墨烯备用。

2.2.2 KIT-6/rGO 模板的合成

KIT-6/rGO 模板的合成参考文献报道方法并进行适当改进，具体如下：将 6g P123，6 g 正丁醇（99.4%），11.8g 浓盐酸（35%），1g GO 和 217mL 去离子水加入 500mL 的圆底烧瓶，35℃搅拌 24h，之后加入 12.9g TEOS（99%），接着在 35℃条件下继续搅拌 24h，随后 80℃回流 12h，将产物抽滤，用去离子水和乙醇洗数遍，在 80℃条件烘干后在 400℃条件下煅烧 3h，得到 KIT-6/rGO 模板，备用。KIT-6 模板的合成与 KIT-6/rGO 模板的合成方法基本一致，只是不加 GO。

2.3　材料的表征与测试

2.3.1　材料的表征

利用 PANalytical Empyrean XRD 系统记录样品的粉末 X 射线衍射（XRD）图谱，扫描速率为 0.026°·s^{-1}，扫描范围为 2θ=10°~70°，使用 CuKα 辐射（λ = 1.5406Å）。通过场致发射扫描电子显微镜（FE-SEM）（Hitachi S-4800）和场致发射透射电子显微镜（Tecnai F20, TEM）在 120kV 的加速电压下表征样品的形状和尺寸。采用具有 Al Ka（1486.67eV）激发源的 XSAM800 X 射线光电子能谱仪（XPS）分析样品的表面元素组成和价态。使用 Brunauere-Emmette-Teller ASAP 2020 Brunauer-Emmett-Teller（BET）分析仪进行样品表面特性分析。利用 532nm 激光的 RENISHAW inVia 显微拉曼光谱仪进行样品拉曼光谱的表征。采用德国 Bruker 公司 TENSOR-27 型傅里叶变换红外光谱仪进行红外测试，测试过程中将样品与 KBr 混合，研磨压片，并迅速采集数据。

2.3.2　电化学性能的测试

电极的制备：所合成的材料、乙炔黑 (AB) 和聚偏氟乙烯 (PVDF) 分别作为活性物质、导电剂和黏结剂，其比例为 80：10：10，采用有机溶剂 1- 甲基 -2 吡咯烷酮（NMP）分散剂，其中 PVDF/NMP =0.02~0.05，配成料浆并且搅拌一段时间后均匀涂布在铜箔上，而后于真空烘箱中 90℃真空干燥 12h，制成极片。从干燥好的极片中敲取直径为 14 mm 的圆形极片，压片后作为电极片备用。

模拟电池装配：将制备的电极为研究电极，锂片为对电极，隔膜选用聚丙烯隔膜，加入电解液 $LiPF_6$/EC（碳酸乙烯脂）和 DMC（碳酸二甲酯）（体积比为 1：1），在装配过程中加入弹片和垫片使得各部分紧密接触，在手套箱中组装成 CR2025 扣式电池，如图 2-1 所示。

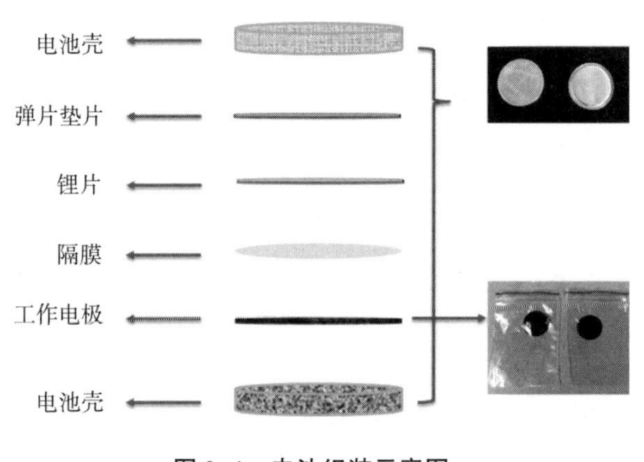

图 2-1　电池组装示意图

电池的测试：采用 LAND–BT2013A 电池测试系统，室温下以不同电流密度对电极材料进行充放电、循环性能和倍率性能的测试，测试电压范围为 0.01~3 V，充放电电流的计算方法如下：（极片质量–铜箔质量）× 活性物质所占百分比 × 充放电电流密度。采用 Zennium 电化学工作站（Zahner, Germany）进行交流阻抗测试（EIS），测试频率为 10kHz 到 100MHz，振幅 10mV。采用辰华电化学工作站测试循环伏安曲线，扫描速率为 0.1mV · s^{-1}，扫描范围为 0.01~3V。

第3章　二维层状介孔 MoO_2/rGO 电极材料的可控构筑、结构调控及电化学性能研究

3.1　引言

锂离子电池（LIBs）作为一种清洁的可再生能源，在电化学储能方面扮演着重要角色[1]，由于其具有能量密度高、循环寿命长和价格低廉等优点，LIBs 在电动汽车（EVs）和混合动力汽车（HEVs）等很多领域得到了广泛应用[2,3]。目前，LIBs 商业化负极材料主要是石墨基电极材料，但是该类电极材料理论比容量（372mA・h・g^{-1}）较低，限制了其进一步的应用[4]。相对于理论比容量较低的碳基材料，过渡金属氧化物由于质量容量和体积容量均较高，逐渐受到了极大的关注[5-9]。其中，二氧化钼（MoO_2）作为一种重要的过渡金属氧化物，具有价态多变和电化学活性高等优点，被认为是一种很有前景的锂离子电池负极材料[10,11]。然而，同其他过渡金属氧化物类似，MoO_2 电极材料在充放电过程中也存在体积效应严重、容量衰减快等问题[12,13]。据文献报道，MoO_2 电极材料的储锂机制主要有两种，对于体相或微米级 MoO_2，其充放电过程中主要发生嵌入反应，两个 Li^+ 参与反应，其理论比容量可达 209mA・h・g^{-1}[14]。对于纳米级 MoO_2，其反应机理更倾向于转换反应，四个 Li^+ 参与反应，因此相对于体相 MoO_2，纳米 MoO_2 的理论容量更高（838 mA・h・g^{-1}）[15]。然而，纳米 MoO_2 通常会发生团聚现象，而严重的团聚现象会导致其活性位点减少，还会增加锂离子及电子的传输路径，从而导致其电化学性能不理想。为了解决这些问题，研究者们提出了很多方案，大致可以分为以下两类：一是将纳米 MoO_2 颗粒负载于某种载体，减轻其团聚现象并且缓解体积效应[16,17]。石墨烯具有导电性好、柔韧性好和化学稳定性高等优点，将纳米 MoO_2 颗粒分散于石墨烯载体上可缓解其团聚并且增加导电性。基于上述考虑，文献报道了许多纳米 MoO_2/ 石墨复合电极材料（MoO_2/G）[18-20]，这些复合材料具有优异的电化学性能。例如 Sun 等[21]通过溶液法及后续还原处理，合成了具有自组装分层结构的 MoO_2/G 复合电极材料，该电极材料经 70 次循环后容量为 597.9 mA・h・g^{-1}，库伦效率为 98%。Bhaskar 等[22]将 MoO_2 纳米颗粒均匀地负载到二维石墨烯骨架上，该材料具有很好的循环性能，1000 次循环后可逆容量保持在 550mA・h・g^{-1}。二是构建有序介孔结构[23-27]，具有这种结构的材料孔壁厚度一般小于

10nm，这样可以缩短固态 Li^+ 和 e^- 的传输距离，而且介孔孔道（＞2nm）可以缩短溶剂 Li^+ 的扩散距离，因此具有介孔结构的材料是一种非常有前景的 LIBs 电极材料[28-31]。Shi 等首次报道了高度有序介孔 MoO_2 的合成方法，该方法以钼酸铵为前躯体，介孔 KIT-6 为硬模板，用 H_2 含量为 10% 的还原性气体进行热处理，得到了具有连续孔道结构 MoO_2 电极材料，介孔结构加速了 Li^+ 在电解液中的扩散，而且有效地缓解了嵌锂及脱锂过程中的体积效应[32-34]。

本章以制备具有二维层状介孔结构的 MoO_2/rGO 为目标，在二维层状石墨纳米片上原位组装介孔 KIT-6，制备了二维层状介孔 KIT-6/rGO，以其为模板、钼酸铵为前躯体，采用纳米浇筑方法设计合成了二维层状介孔 meso-MoO_2/rGO 复合电极材料。所合成的二维层状介孔 meso-MoO_2/rGO 复合电极材料具有独特孔道结构，二维石墨烯纳米片层可以作为高效导线框架，增加电极材料的导电性；同时，基于 KIT-6 模板反复制创造的介孔孔道结构可以缩小固态传输距离（Li^+ 和 e^-），而且二维石墨烯片层和介孔结构均可以有效地缓解充放电过程中 Li^+ 嵌入和脱出过程产生的体积效应，因而所得二维层状介孔 meso-MoO_2/rGO 复合电极材料具有优异的电化学性能。

3.2 材料的制备

以 KIT-6/rGO 为模板、$(NH_4)_6Mo_7O_{24}\cdot 4H_2O$ 为钼源，通过纳米浇筑方法将钼源渗入 KIT-6 模板的介孔孔道，合成了 meso-MoO_2/rGO 电极材料。具体合成过程如下：将 0.2g KIT-6/rGO 模板和 0.2g$(NH_4)_6Mo_7O_{24}\cdot 4H_2O$ 加入 30mL 去离子水中，室温搅拌 24h 后放入 50℃真空烘箱烘干。接着 600° C 煅烧 6h，升温速度为 2° C · min^{-1}，保护气为 10% 的 H_2 和 9 % 的 Ar。为了验证不同填充比例对产物的影响，合成了不同质量比的样品，$(NH_4)_6Mo_7O_{24}\cdot 4H_2O$ 和 KIT-6 模板质量比分别为 2∶1、1∶1 和 1∶2，分别标记为 meso-MoO_2/rGO(2∶1), meso-MoO_2/rGO(1∶1) 和 meso-MoO_2/rGO(1∶2)。在煅烧过程中，Mo^{6+} 被还原为 Mo^{4+}，得到了单斜相的 MoO_2。最终，KIT-6 模板用 NaOH (2 M) 刻蚀去除，用水和乙醇离心洗涤直至中性。合成对比样品 meso-MoO_2 时，采用 KIT-6 模板代替 KIT-6/rGO 模板，而合成对比样品 MoO_2/rGO 时，不添加任何模板，其他条件不变。

3.3 结果与讨论

3.3.1 KIT-6 及 KIT-6/rGO 模板的表征

图 3-1 为对所合成石墨烯、KIT-6/rGO 及 KIT-6 模板进行的 TEM 和小角 XRD 表征结果。从图 3-1（a）可以看到，所合成的石墨烯片很大且片层很薄，存在明显的褶皱。

通过在石墨烯上组装 KIT–6 获得的 KIT–6/rGO 模板的 TEM 表征如图 3–1（c）和（d）所示，从图 3–1（c）中可以清楚地看到，KIT–6/rGO 模板孔结构规整排列，而且保留了石墨烯的褶皱结构。从图 3–1（d）放大的 TEM 图中可以看到，这些孔道具有不同的方向（图中红色的虚线和圆圈所示）。相对比，如图 3–1（e）和（f）所示，无石墨烯存在的 KIT–6 模板也显示出具有沿不同方向规整排列的孔道，但是没有褶皱存在。图 3–1（b）为 KIT–6/rGO 及 KIT–6 模板的小角 XRD 图，结果表明在 1° 附近有衍射峰出现，证明 KIT–6 模板中有规整介孔存在。

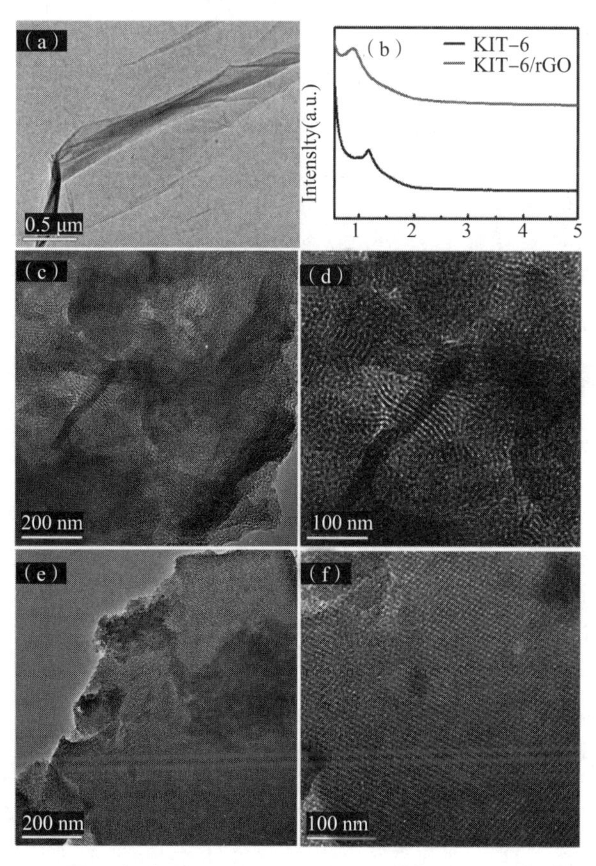

图 3–1　（a）石墨烯的 TEM 图，（b）KIT–6/rGO 及 KIT–6 模板的 SAXRD 图，（c）和（d）KIT–6/rGO 模板的 TEM 图，（e）和（f）KIT–6 的 TEM 图

对 KIT–6/rGO 及 KIT–6 模板进行氮气吸脱附测试，结果如图 3–2 所示。测试结果显示，KIT–6/rGO 及 KIT–6 模板的氮气吸脱附曲线均属于Ⅳ型等温线，在相对压力（P/P_0）为 0.4~1.0 时，曲线特征是典型的有序介孔材料的吸附曲线，如图 3–2（a）所示。其中 KIT–6/rGO 模板的比表面积最大，为 $829.2m^2 \cdot g^{-1}$，而 KIT–6 模板的比表面积为 $654.5m^2 \cdot g^{-1}$，具体数据如表 3–1 所示。KIT–6/rGO 模板的比表面积较大，一方面是由于介孔材料本身具有较大的比表面积；另一方面可能是由于二维层状石墨烯存在导致比表面积增加。以上结果表明，所合成的 KIT–6/rGO 和 KIT–6 模板具有规整的孔道结构和二维片层结构，且比表面积较大。

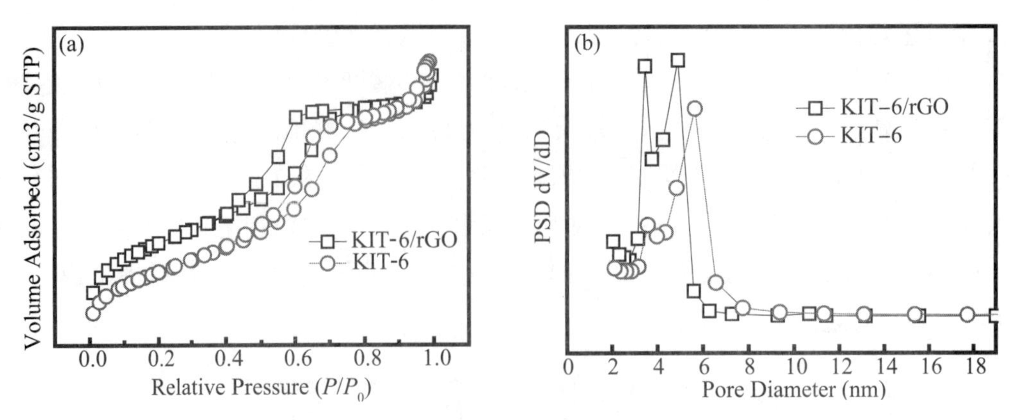

图 3-2　KIT-6 及 KIT-6/rGO 模板的 (a) 氮气吸脱附曲线和 (b) 孔径分布图

表 3-1　KIT-6 及 KIT-6/rGO 模板的 BET 和 BJH 数据表

Sample	S_{BET} ($m^2 \cdot g^{-1}$)	D_p (nm)	V_P ($cm^3 \cdot g^{-1}$)
KIT-6/rGO	829.2	3.9	0.8
KIT-6	654.5	5.0	0.8

3.3.2 Meso-MoO_2/rGO 电极材料的合成过程

图 3-3 是 meso-MoO_2/rGO 电极材料的合成示意图。首先，通过改进的 Hummers 法合成石墨烯，之后通过改进文献中的方法，以 TEOS 为硅源、P123 为模板导向剂，在二维石墨烯片层上原位组装介孔 KIT-6 制备 KIT-6/GO 模板 [35]。之后通过浸渍法在 KIT-6 介孔模板中填入一定量 $(NH_4)_6Mo_7O_{24} \cdot 4H_2O$ 前驱体，接着在还原气氛下 600℃煅烧以去除 P123，同时将 GO 还原为 rGO，最后用 2M NaOH 去除 KIT-6 模板，从而得到二维层状介孔 meso-Mo_2O/rGO 电极材料。

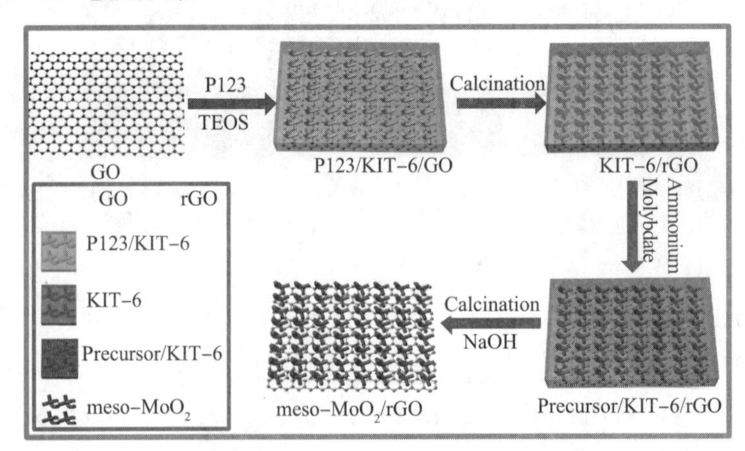

图 3-3　Meso-Mo_2O/rGO 电极材料的合成示意图

合成过程中，我们还对钼前驱体与 KIT-6/rGO 模板用量比例进行了研究，尝试通过调整二者比例，使钼前驱体填充能够到达最优化，同时可以控制产物相结构和介孔结构，提升 meso-MoO_2/rGO 电极材料的电化学性质。图 3-4~ 图 3-8 是钼前驱体与 KIT-6/rGO

模板不同用量比例所得到的 meso-MoO_2/rGO 电极材料的 XRD 图谱、SEM 图和电化学性能结果。从图 3-4 中可以看到，模板用量加大时（KIT-6/rGO 模板与钼前驱体质量比为 2 : 1 时），所得到的 meso-MoO_2/rGO 电极材料 XRD 图谱显示无 MoO_2 的特征峰，说明该比例下所制备样品为无定型状态；而当钼酸铵过量（KIT-6/rGO 模板与钼前驱体质量比为 1 : 2 时），所得样品中出现杂质峰（如图中星号所示），经确认该杂峰为 MoO_3。XRD 结果表明，当钼前驱体与 KIT-6/rGO 模板用量比例为 1 : 1 时，可得到纯相的单斜 MoO_2（JCPDS#86-0315），位于 25.97°、36.96° 及 53.40° 的三个衍射峰分别对应 MoO_2 的（011）（112）和（022）晶面。如图 3-5 所示的 SEM 图表明，meso-MoO_2/rGO(2 : 1) 和 meso-MoO_2/rGO(1 : 1) 中具有石墨烯褶皱存在，且组成片层结构的颗粒都很小，而 meso-MoO_2/rGO(1 : 2) 中样品颗粒较大，说明在合成过程中钼酸铵过量时，过多的钼酸铵没有填充到 KIT-6 模板中，失去了模板的限域效应，因此会出现一些大颗粒。

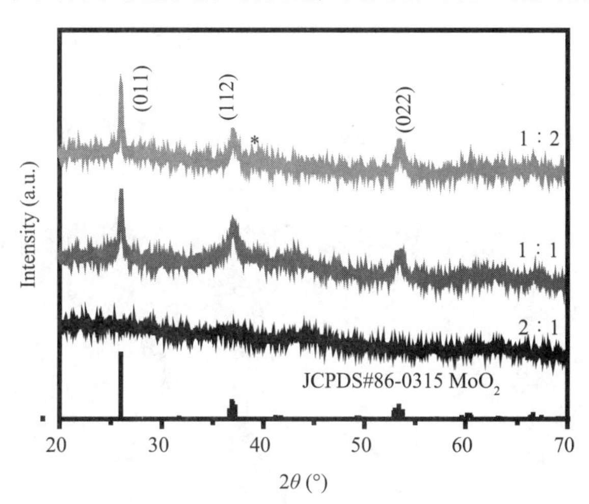

图 3-4　KIT-6/GO 模板和钼酸铵比例分别为 2 : 1、1 : 1、1 : 2 得到的 meso-MoO_2/rGO 电极材料的 XRD 图

图 3.5　KIT-6/GO 模板和钼酸铵比例分别为 2 : 1、1 : 1、1 : 2 得到的 meso-MoO_2/rGO 电极材料的 SEM 图

图 3-6 为 KIT-6 模板 /GO 和钼酸铵比例分别为 2 : 1、1 : 1 和 1 : 2 得到的 meso-MoO_2/rGO 电极材料的 TEM 图。从图 3-6（a）和（b）meso-MoO_2/GO(2 : 1) 的 TEM 图可以看出，meso-MoO_2/rGO 电极材料边缘处有浅色薄片状结构出现，结合 XRD 结果可知，边缘处为石墨烯片层结构。而图 3-6（d）和（f）为 meso-MoO_2/GO(1 : 1) 的 TEM 图，可以看到 meso-MoO_2/GO(1 : 1) 电极材料由很小的纳米颗粒组成，无大颗粒出

现，且图中浅色区域为介孔结构。图 3–6（e）和（f）为 meso–MoO_2/GO(1：2) 电极材料的 TEM 图，由于合成过程中钼酸铵前驱体量较多，部分钼酸铵没有填充到介孔孔道中，在煅烧过程中形成了大颗粒的 MoO_2（图中深色区域）。由图 3–6（c）(f）和（i）所示 HRTEM 图可知，不同比例下得到的 MoO_2 均暴露出（011）晶面。图 3–7 为三个比例条件下 meso–MoO_2/GO 电极材料的电池充放电曲线。从图中可以看到，经 50 次循环后 meso-MoO_2/rGO(1：1) 电极材料的放电容量最高，约为 620mA·h·g^{-1}，meso–MoO_2/rGO(2：1) 和 meso–MoO_2/rGO(1：2) 电极材料经 50 次循环后放电容量分别为 459.1mA·h·g^{-1} 和 261.4mA·h·g^{-1}。图 3–8（a）为三种电极材料的电池循环性能图，可以看到在 50 次循环后，电极材料的容量均没有大幅度衰减，库伦效率比较高。经过交流阻抗测试，如图 3–8（b）所示，meso–MoO_2/rGO 电极材料的电化学阻抗都由一个半圆和一条斜线组成，其中，高频区的半圆代表电荷转移过程中的阻抗，而低频区的斜线是典型的 Warburg 阻抗，与锂离子在固态介质中的传输有关。从图中可以明显地看到，meso–MoO_2/rGO(1：1) 电极材料的半圆直径最小，说明 meso–MoO_2/rGO(1：1) 电极材料的电荷转移阻抗最小，因此该材料导电性较好，电化学性质最佳。基于以上研究，后续实验控制 KIT-6/GO 模板和钼酸铵比例均为 1：1。

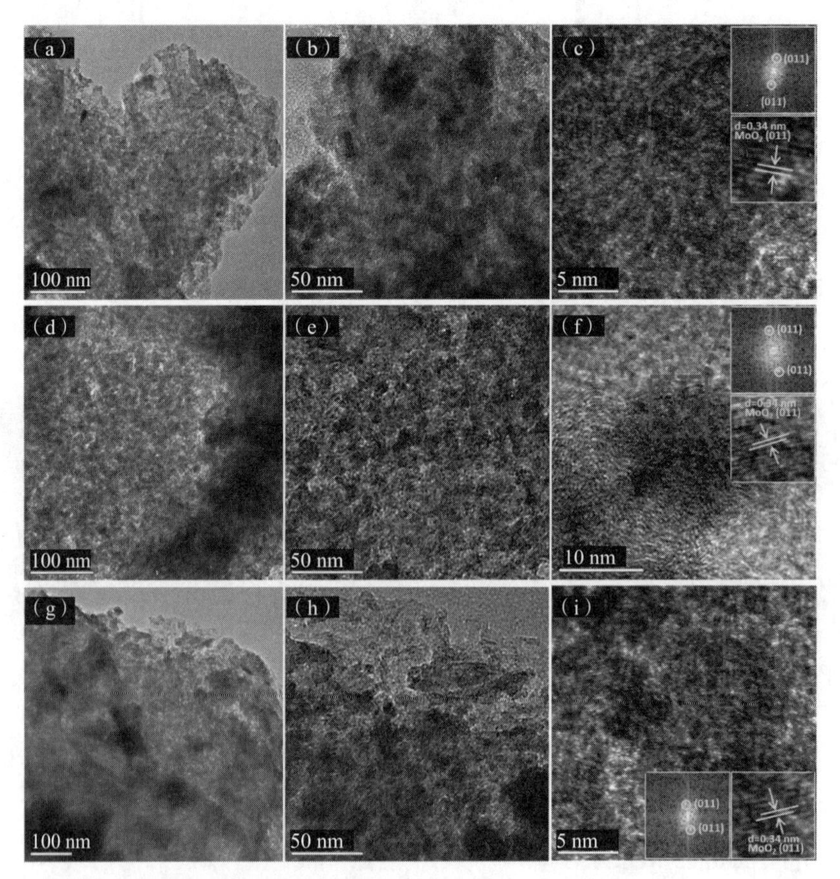

图 3–6　KIT–6/GO 模板和钼酸铵比例分别为 2：1、1：1和 1：2得到的 meso–MoO_2/rGO 电极材料的 TEM 图

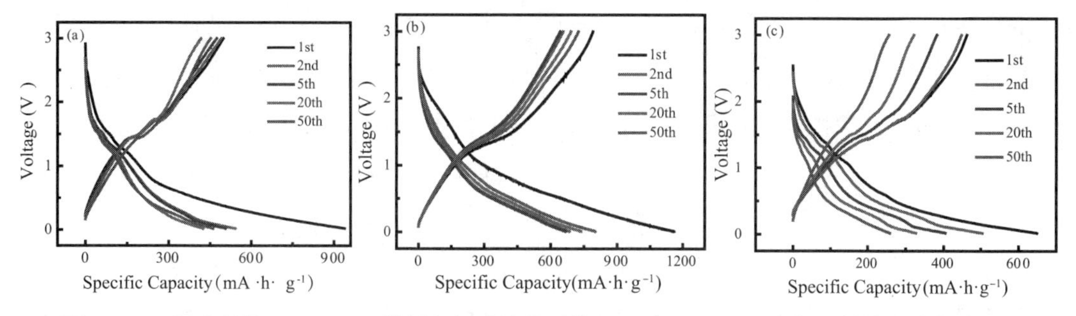

图 3-7　不同比例的 KIT-6/GO 模板和钼酸铵得到的 meso-MoO_2/rGO 电极材料的充放电曲线：(a) 2 ：1，(b) 1 ：1，(c) 1 ：2

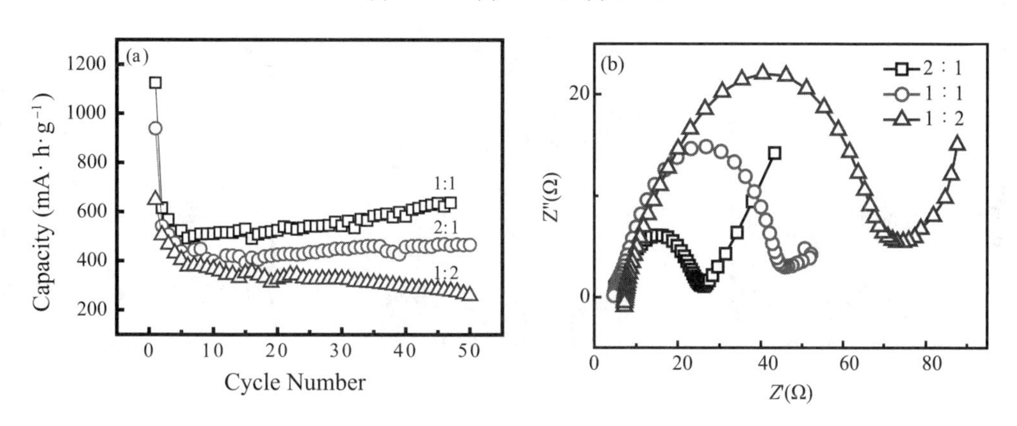

图 3-8　不同比例的 KIT-6/GO 模板和钼酸铵得到的 meso-MoO_2/rGO 电极材料的 (a) 循环性能图和 (b) 交阻抗图

3.3.3　Meso-MoO_2/rGO 电极材料的结构分析

图 3-9（a）是 meso-MoO_2/rGO(1 ：1)、meso-MoO_2 及块状 MoO_2/rGO 的 XRD 图。从图中可以看到，在 2θ 为 25.97°、36.96° 及 53.40° 处有三个明显的衍射峰，分别对应于单斜 MoO_2（JCPDS#86-0135) 的 (011)(112) 及 (022) 晶面，在 XRD 图中没有杂峰出现，所以衍射峰与标准卡片对应良好，与之前文献报道结果一致，说明成功得到了纯相单斜 MoO_2 晶相 [36]。此外，从图中还可以看出 meso-MoO_2/rGO 和 meso-MoO_2 的衍射峰强度相对于块状 MoO_2/rGO 的衍射峰强度要弱，并且有一定的宽化现象，这一特征表明，在合成过程中，KIT-6 模板限制了 MoO_2 的生长。依据谢乐公式计算，meso-MoO_2/rGO(1 ：1)、meso-MoO_2 和 MoO_2/rGO 的晶粒尺寸分别 5.8nm、6.7nm 和 31.2nm。图 3-9（b）是 meso-MoO_2/rGO(1 ：1)、meso-MoO_2 和 MoO_2/rGO 和 rGO 的拉曼光谱，可以看到，在 1371cm^{-1} 和 1597cm^{-1} 处分别有明显的 D 峰和 G 峰，其中 D 峰代表表面缺陷，而 G 峰代表碳原子 sp^2 杂化面内振动。从 rGO 的拉曼谱图可以看到，D 峰强度较 G 峰弱，说明 rGO 的缺陷度较低，这样的 rGO 有利于提升导电性。meso-MoO_2/rGO 和 MoO_2/rGO 也有石墨烯的特征峰，但是与纯 rGO 相比，meso-MoO_2/rGO 和块状 MoO_2/rGO 的 D 峰要强一些，说明负载了 MoO_2 之后的石墨烯的缺陷增多，无序度增加 [37]。通过计算 meso-MoO_2/rGO、块

体 MoO_2/rGO 和 rGO 的 D 峰、G 峰强度比（I_D/I_G）发现，这三个样品的 I_D/I_G 值逐渐减小，说明无序度逐渐减小。图 3-9（c）是 meso-MoO_2/rGO、meso-MoO_2 和块状 MoO_2/rGO 在 100~1100cm^{-1} 范围的拉曼谱，该区域的峰分别对应单斜 MoO_2 的不同弯曲和收缩振动。在 336cm^{-1}、662cm^{-1}、818cm^{-1} 及 991cm^{-1} 处出现的峰分别对应于 O — M — O 弯曲振动，O — M — O 伸缩振动及M = O伸缩振动，300cm^{-1} 以下的峰对应于 MoO_2 的不同伸缩频率。拉曼测试结果表明，成功制得 meso-MoO_2/rGO 电极材料且有石墨烯存在。

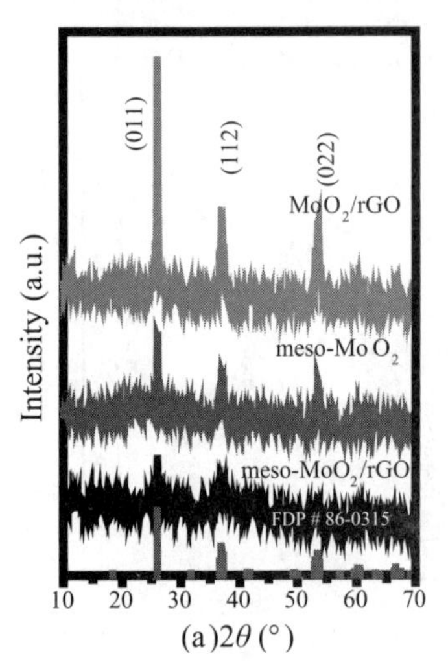

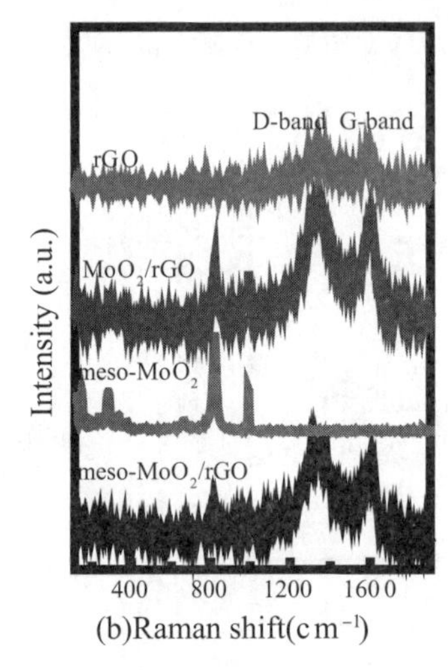

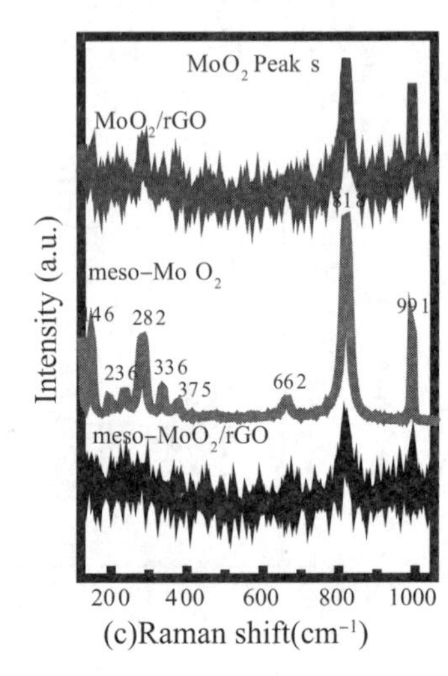

图 3-9　Meso-MoO_2/rGO(1 ∶ 1)、meso-MoO_2 和块状 MoO_2/rGO 的 (a) XRD 图，(b) 和 (c) 拉曼光谱图

3.3.4　Meso-MoO_2/rGO 电极材料的形貌分析

图 3-10 是 meso-MoO_2/rGO(1∶1)、meso-MoO_2 和块状 MoO_2/rGO 的 SEM 图。从图 3-10（a）中可以看到，meso-MoO_2/rGO(1∶1) 没有大的无孔颗粒出现，说明所有的钼酸铵前驱体都成功地填充到了介孔 KIT-6/rGO 模板中，而且在煅烧过程中，这些前驱体全部转变为 meso-MoO_2/rGO。从图 3-10（b）meso-MoO_2 的 SEM 图中并没有看到褶皱状石墨烯的存在，只有均一的有序介孔结构的 meso-MoO_2。作为对比材料，块状 MoO_2 的合成过程并没有加入 KIT-6 模板，该材料的平均颗粒尺寸大约为 80nm，并且这些颗粒负载在石墨烯片上。Meso-MoO_2/rGO(1∶1) 的 EDX 元素分布图如图 3-10（d）~（h）所示，从图中可以看出各组成元素分布均匀。

采用 TEM 对电极材料做了进一步表征。从图 3-11（a）TEM 图中可以看出，meso-MoO_2/rGO(1∶1) 具有二维片层结构，且由小颗粒组成的有规整的介孔孔道均匀地分布在石墨烯片层上。而从图 3-11（b）高倍 TEM 图中可以进一步证明 meso-MoO_2/rGO(1∶1) 上的这些孔道结构具有不同的方向，说明在合成过程中成功复制了模板。而如图 3-11（d）和（e）所示，块状 MoO_2/rGO 的透射电镜显示为由 50~200nm 不规则颗粒组成，边缘处有片层石墨烯存在，说明在没有模板限域效应时，钼酸铵在被还原过程中直接生成大颗粒 MoO_2。高分辨透射电镜 [图 3-11（c）、（f）和（i）] 表征可知，所合成的 MoO_2 均暴露（011）晶面。以上结果表明，目前的合成方法是一种独特的合成不同的石墨烯基介孔材料的方法。

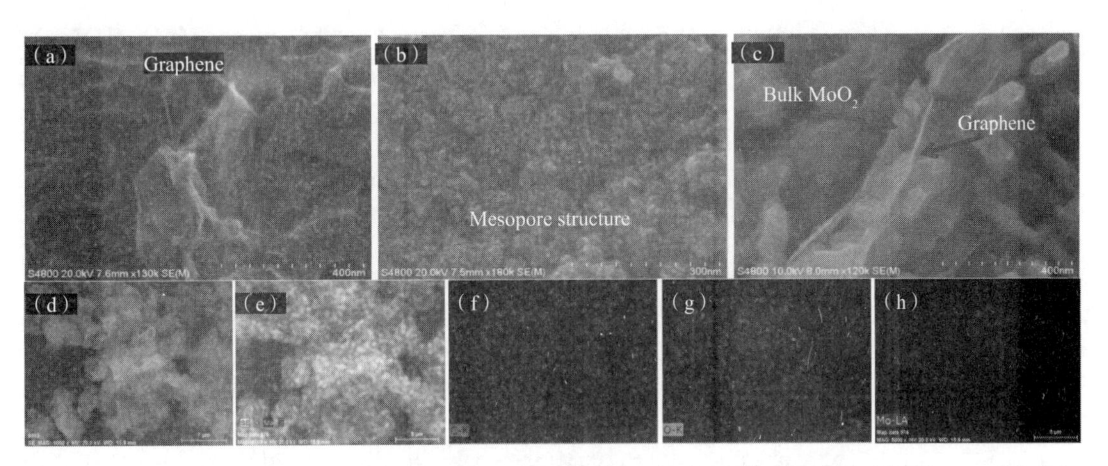

图 3–10　(a)meso–MoO_2/rGO(1 ∶ 1)，(b)meso–MoO_2 和 (c)MoO_2/rGO 的 SEM 图，(d)~(h) meso–MoO_2/rGO(1 ∶ 1) 的元素分布图

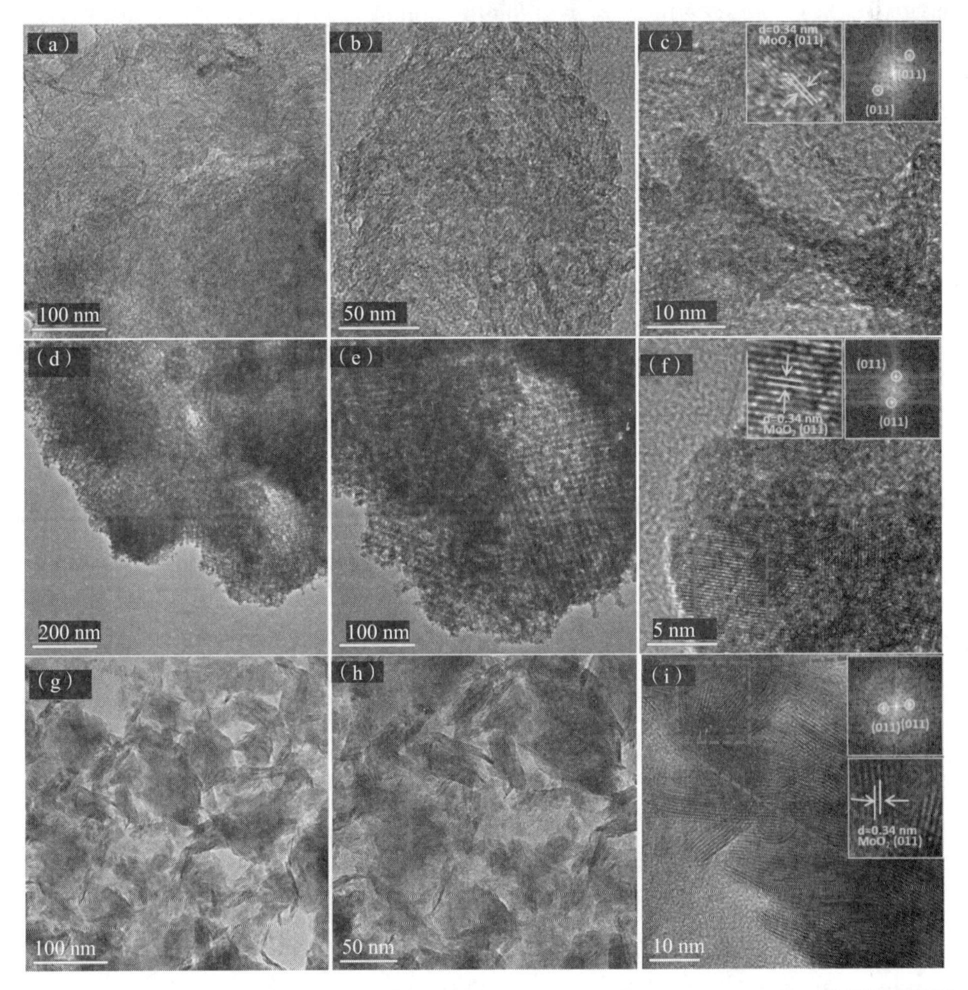

图 3–11　(a)~(c) meso–MoO_2/rGO(1 ∶ 1)，(d)~(f) meso–MoO_2 和 (g)~(i)MoO_2/rGO 的透射电镜图

3.3.5 Meso-MoO_2/rGO 电极材料的孔结构分析

为了进一步研究材料的孔结构，对 meso-MoO_2/rGO(1∶1)、meso-MoO_2 和 MoO_2/rGO 这三种材料分别进行了氮气吸脱附测试，测试结果如图 3-12 所示，meso-MoO_2/rGO(1∶1) 和 meso-MoO_2 电极材料的氮气吸脱附测试结果显示均属于Ⅳ型等温线，在相对压力（P/P_0）为 0.4~1.0 时的曲线特征是典型的有序介孔材料的吸附曲线［图 3.12（a）］，其中 meso-MoO_2/rGO 电极材料的比表面积最大，为 86$m^2 \cdot g^{-1}$，而 meso-MoO_2 及 MoO_2/rGO 电极材料的比表面积分别为 51$m^2 \cdot g^{-1}$ 和 12.3$m^2 \cdot g^{-1}$，具体数据如表 3-2 所示。相对于其他两种材料，meso-MoO_2/rGO(1∶1) 电极材料的比表面积最大，因此可以在电化学反应过程中提供更多的储锂活性位点。此外，meso-MoO_2/rGO(1∶1) 电极材料的孔容为 0.19$cm^3 \cdot g^{-1}$，在这三种电极材料中也是最大的，meso-MoO_2 电极材料的孔容为 0.16$cm^3 \cdot g^{-1}$，而 MoO_2/rGO 电极材料的孔容为 0.07$cm^3 \cdot g^{-1}$，如图 3-12（b）所示。由于 meso-MoO_2/rGO 电极材料具有大比表面积及大孔容，其作为电极材料可以在电化学反应过程中有效地缓解体积效应，而且可以提供更多的活性位点，从而提升材料的循环性能。

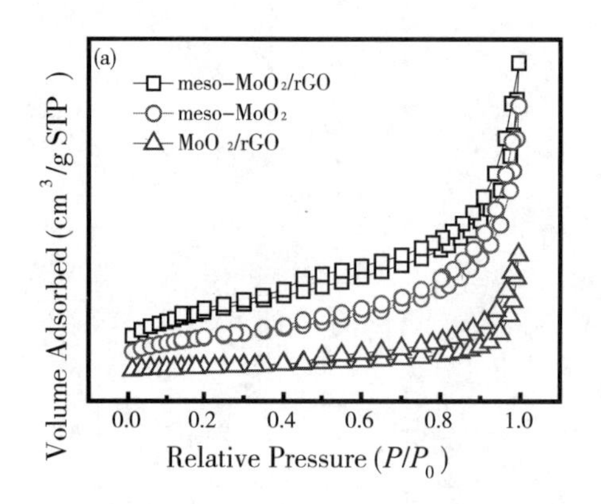

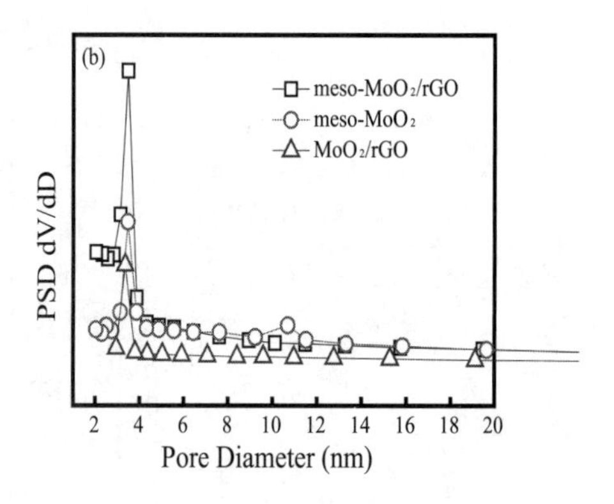

图 3-12　meso-MoO_2/rGO(1∶1)、meso-MoO_2 和 MoO_2/rGO 的 (a) 氮气吸脱附曲线和 (b) 孔径分布图

表 3-2　meso-MoO_2/rGO(1∶1)、meso-MoO_2 和 MoO_2/rGO 的 BET 和 BJH 数据表

样本	S_{BET} ($m^2 \cdot g^{-1}$)	D_p(nm)	V_P ($cm^3 \cdot g^{-1}$)
Meso-MoO_2/rGO(1∶1)	86	3.4	0.19
Meso-MoO_2	51	3.5	0.16
MoO_2/rGO	12.3	3.35	0.07

3.3.6 Meso-MoO_2/rGO 电极材料的表面价态分析

为了进一步研究 meso-MoO_2/rGO 电极材料的化学组成及表面价态，对 meso-MoO_2/rGO(1∶1) 电极材料进行了 XPS 测试，测试结果如图 3-13 所示。图 3-13（a）是 XPS

的全谱图，可以看到有 Mo、C、O 元素存在，这一测试结果与 EDS 元素分布结果一致。图 3.13（b）是 Mo 3d 的高分辨 XPS 图，从图中可以看到，Mo 3d 轨道分裂为高能 Mo $3d_{3/2}$ 和低能 Mo $3d_{5/2}$，在 229.2eV 和 236.1eV 处的两个明显的特征峰分别归属于 Mo^{4+} 的 Mo $3d_{5/2}$ 和 Mo $3d_{3/2}$，这一测试结果表明存在 Mo（Ⅳ）。此外，在 229.7eV 和 235.8eV 处的两个峰分别归属于 Mo（Ⅵ）的 $3d_{5/2}$ 和 $3d_{3/2}$，这是由于介稳 MoO_2 在空气中表面轻微氧化成 MoO_3 造成的[38]。C 1s 的 XPS 图如图 3-13（c）所示，可以看到三个单独的峰，最强峰是石墨烯中 C–C 键的峰，位于 284.7eV，剩下两个相对较弱的峰分别位于 286.1eV 和 288.8eV 处，分别是 C — O — C 和 O — C=O 对应的峰。图 3.13（d）是 O1s 的 XPS 图，533.8eV 和 531.7eV 处的峰，分别是由残余氧与石墨烯中的碳结合形成的 C — O 及 C=O 产生的，而 530.6eV 处出现的峰对应 Mo — O 键。

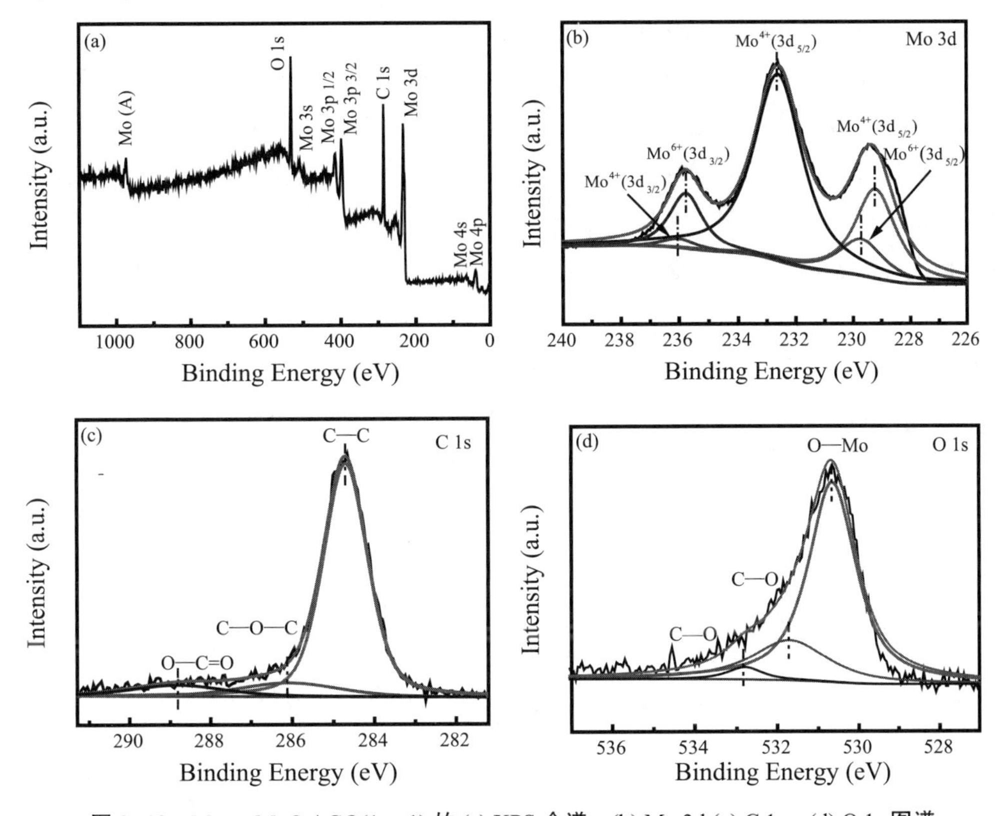

图 3–13　Meso-MoO_2/rGO(1 ∶ 1) 的 (a) XPS 全谱，(b) Mo 3d,(c) C 1s，(d) O 1s 图谱

3.3.7　Meso-MoO_2/rGO 电极材料的电化学性质分析

采用恒电流充放电法对 meso-MoO_2/rGO(1 ∶ 1)、meso-MoO_2 及 MoO_2/rGO 的储锂性能做了研究。图 3-14（a）是这三种电极材料在电流密度为 100mA · g^{-1} 时的首次充电曲线。从图中可以看出，meso-MoO_2/rGO 电极材料的首次放电容量最高，为 1160.6mA · h · g^{-1}，在首次充放电循环中不可逆容量为 31.9%。之所以有不可逆容量产生，是由于在充放电过程中的电解液分解形成 SEI 膜（固体电解质界面）[39]。相比之下，MoO_2/rGO 的放电容量最低，为 242.7mA · h · g^{-1}，meso-MoO_2 的容量介于二

者之间，为 883.4mA・h・g⁻¹。图 3–14（b）是三种电极材料的循环性能图，从图中可以看到，所有材料均有不同程度的容量衰减，相比之下 meso–MoO_2/rGO 的容量保持率最高，而且随着循环次数的增加，可逆容量有缓慢上升的过程，50 次循环后容量达到 801mA・h・g^{-1}，据文献报道，这一现象在其他多孔材料中也经常出现[40,41]。meso–MoO_2/rGO 具有优异的循环性能及容量保持率的原因是 MoO_2 本身具有介孔结构及二维层状石墨烯片层的存在，这样的 meso–MoO_2/rGO 可以促进锂离子在介孔材料孔壁的传输，而且加快了电解液在孔道中的扩散速率，因此其电化学活性较高。从图 3–14（b）还可以看到 meso–MoO_2 和 MoO_2/rGO 的容量衰减很快，50 次循环后容量分别保持在 320mA・h・g^{-1} 和 260mA・h・g^{-1}，这是因为在这两种材料的体积效应严重，在充放电循环过程中出现“粉化”。为了进一步测试材料的倍率性能，将组装好的半电池分别在 100mA・g^{-1}、200mA・g^{-1}、500mA・g^{-1} 及 1000 mA・g^{-1} 电流密度下进行恒电流充放电测试，测试结果如图 3–14（c）所示，随着电流密度的增加，三种材料均出现容量下降的过程，不同的是，经过 1000mA・g^{-1} 循环后，当电流密度再次减小到 100mA・g^{-1} 时，meso–MoO_2/rGO 电极材料的容量依旧可以恢复到 650mA・h・g^{-1}，而其他两种电极材料并没有出现这种容量恢复的现象。这一现象主要是由于 meso–MoO_2/rGO 电极材料具有独特的均一介孔结构，而且石墨烯导电层也为锂离子及电子提供了良好的导电路径，因此该材料倍率性能较佳。图 3–14（d）是对 meso–MoO_2/rGO、meso–MoO_2 和 MoO_2/rGO 这三种材料未进行充放电循环时的电化学阻抗测试。这些曲线都是由一个半圆和一条斜线组成的，其中，高频区的半圆代表电荷转移过程中的阻抗，而低频区的斜线是典型的 Warburg 阻抗，与锂离子在固态介质中传输有关。从图中可以明显地看到，充放电循环 50 次后，meso–MoO_2/rGO(1∶1) 电极材料的半圆直径最小，说明 meso–MoO_2/rGO(1∶1) 电极材料的电荷转移阻抗最小，出现这一现象的原因可以归结为：首先，rGO 作为有效的电荷载体可以加速电子传输；其次，介孔结构的 MoO_2 可以缩短锂离子扩散路径；最后，大的比表面积可以增加电解液与电极的接触面积，因此有利于锂离子嵌入和脱出，从而减小电子传输阻抗。综上所述，meso–MoO_2/rGO(1∶1) 电极材料的电子传输更易，因此该材料的导电性最好，电化学性质也最好。

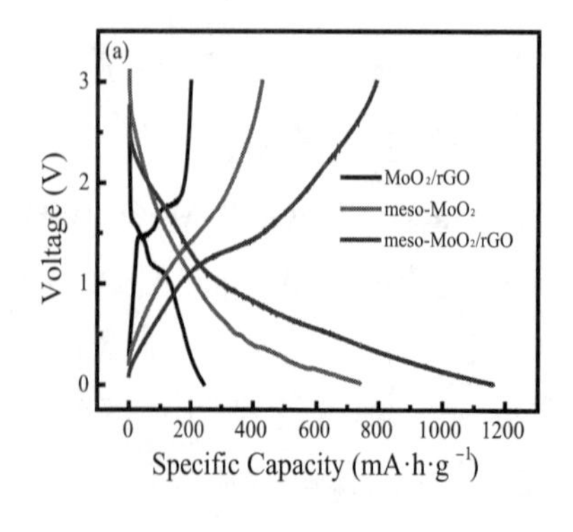

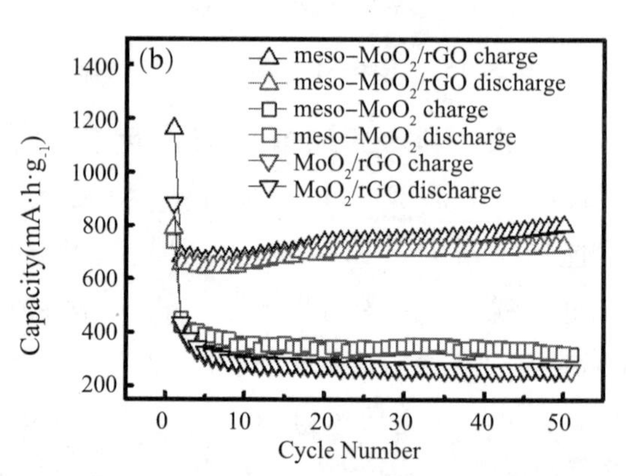

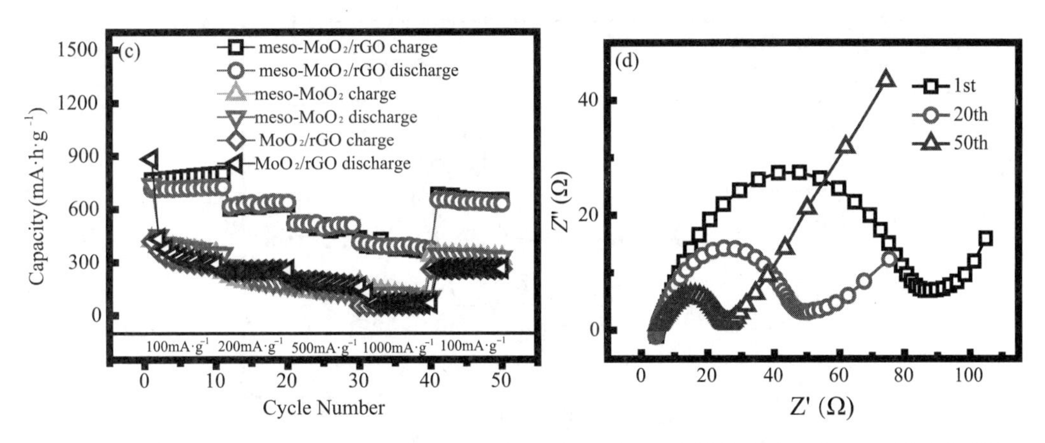

图 3-14　meso-MoO_2/rGO(1 ： 1)、meso-MoO_2 和 MoO_2/rGO 的 (a) 首次充放电曲线，(b) 循环性能图，(c) 倍率性能图，(d) 交流阻抗图

由于不同的充放电机理，meso-MoO_2/rGO(1 : 1) 的容量远远大于 MoO_2/rGO 的容量。样品的充放电曲线和 CV 曲线可以显示充放电机理。较小的容量和较高的放电电压表明充放电可能遵循单电子嵌入机制，相反，较大的容量和较低的放电电压表明遵循四电子转换机制。此外，CV 曲线中的强氧化还原峰和放电和电荷曲线中较长的充电和放电平台也表明，充放电遵循单电子嵌入机制。如图 3-15 所示，在电流密度为 100mA · g^{-1} 的情况下，在 meso-MoO_2/rGO(1 : 1) 电极材料的第 1、第 2 和第 5 次放电和充电曲线中几乎没有充放电平台。而相对比，块体 MoO_2 电极在大约 1.43V 和 1.18V 处出现两个短放电平台，在 1.53V 和 1.78V 处具有两个充电平台，这与 CV 结果很好（图 3-16）。此外，当放电电压低于 1.0V 时，可以发现块体 MoO_2 和 meso-MoO_2/rGO(1 : 1) 之间的差异明显（图 3-15）。对于块体 MoO_2，低于 1.0V 的容量贡献远低于 meso-MoO_2/rGO(1 : 1)。在 3.0~0.01V 的电压范围内，块体 MoO_2 电极的容量约为 240mA · h · g^{-1}，而大部分容量来自 1.0V 以上的反应。这些结果表明，块体 MoO_2 电极遵循可以服从单电子嵌入机制，而 meso-MoO_2/rGO 电极遵循四电子转换机制。

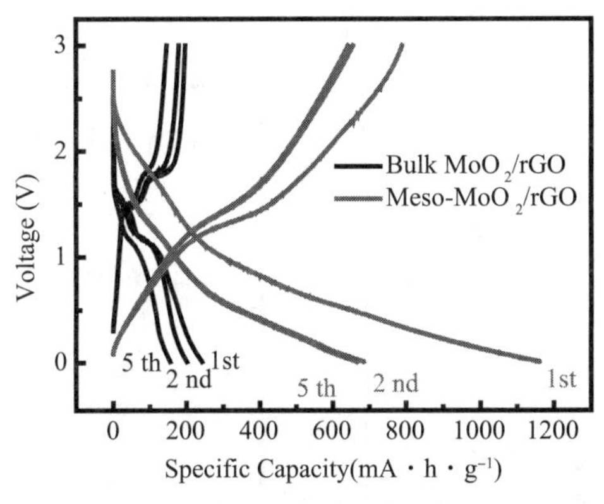

图 3-15　电流密度为 100mA · g^{-1} 时块体 MoO_2/rGO 和 meso-MoO_2/rGO 的第 1、第 2 和第 5 次充放电曲线

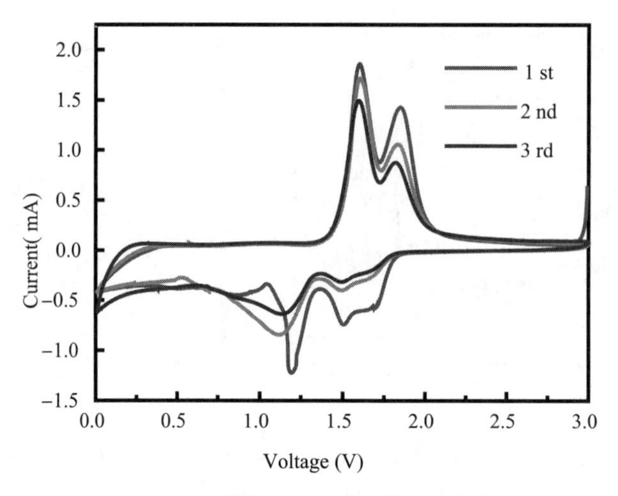

图 3-16　块体 MoO_2/rGO 的 CV 曲线

本节对 meso-MoO_2/rGO 电极材料的储锂性质做了进一步研究，图 3-17(a) 是 meso-MoO_2/rGO(1 : 1) 在不同循环次数下的充放电曲线（1st, 2nd, 5th, 20th 和 50th），从图中可以看到，meso-MoO_2/rGO(1 : 1) 电极材料的首次放电容量及首次充电容量分别为 1160.6mA · h · g^{-1} 和 789.8 mA · h · g^{-1}，首次充放电循环过程中的不可逆容量产生主要是由于一部分锂离子被 MoO_2 晶格捕获，电解液分解形成 SEI 膜。在之后的循环过程中，可逆容量有所上升，且该材料的库伦效率始终保持在 90% 以上 [图 3-17(b)]。对 meso-MoO_2/rGO(1 : 1) 电极材料进行循环伏安测试，测试条件为：扫描速度为 0.1mV · s^{-1}，测试范围为 0.01~3.0V，测试结果如图 3-17(c) 所示，可以看到，由于电解液的还原和钝化膜的形成的，在 0.7V 处有一个不可逆还原峰，这个还原峰随着循环次数的增加而消失。在 1.29 V/1.42 V 处的氧化还原峰是由于在脱嵌锂过程中 Li_xMoO_2 的可逆相转变形成的，从图中还可以看到，第二次及第三次循环伏安曲线重合良好，说明该电极材料在循环过程中可逆性及循环稳定性很好 [11,13]。在表 3-3 中列出了 meso-MoO_2/rGO 电极材料与其他 MoO_2/rGO 电极材料及介孔材料的性质对比情况。

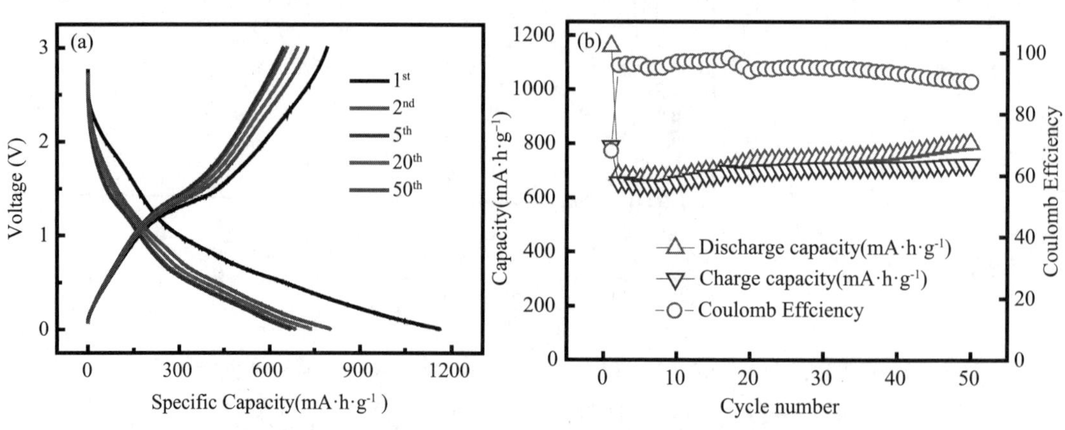

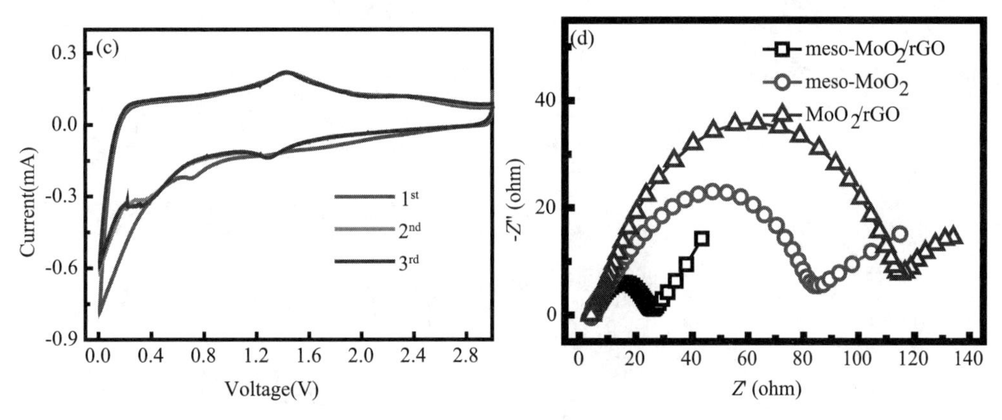

图 3–17 meso–MoO_2/rGO 的 (a) 充放电曲线，(b) 循环性能及库伦效率图，(c) 循环伏安图，(d) 交流阻抗图

为了进一步揭示 meso–MoO_2/rGO 电极材料的动力学性能，对其进行了电化学阻抗测试，测试结果如图 3–18（d）所示，该阻抗图是在半电池在 100mA · g^{-1} 电流密度下循环不同次数后测得的，在阻抗图中，高频区的半圆直径随着循环次数的增加逐渐减小，这一现象在之前也有报道 [42,43]，出现这种情况的原因可能是高度稳定的 SEI 膜及 meso–MoO_2/rGO 电极材料的介孔结构使电解液更容易进入孔道中，促进了电子在纳米微区与电解液界面的传输 [44]，更重要的是，由于介孔结构的材料具有高度结构稳定性，而且可以减轻循环过程中出现的“粉化”现象，因此，在高电密度下充放电时，纳米介孔结构相对于其他结构来说相对稳定，其循环寿命更长。

表 3–3 meso–MoO_2/rGO 与其他 MoO_2 电极材料性能对比表

Samples	Methods	Current density (mA · g^{-1})	Capacity (mA · h · g^{-1})	Cycle number	Ref.
Meso–MoO_2/rGO	Nanocasting	100	801	50	This paper
MoO_2–graphene	Layer–by–layer assembly	47.8	675.9	100	45
MoO_2@C hollow microspheres	Hydrothermal	100	677.4	80	46
MoO_2/graphite	Solvothermal	100	726	30	47
MoO_2/graphene	Solution phase reduction	540	550	1000	22
3D graphene supported MoO_2	chemical vapor deposition	200	986.6	150	48
Ordered mesoporous tungsten–doped MoO_2	Nanocasting	83.8	670	20	15
Mesoporous MoO_2	Nanocasting	C/20	750	30	32

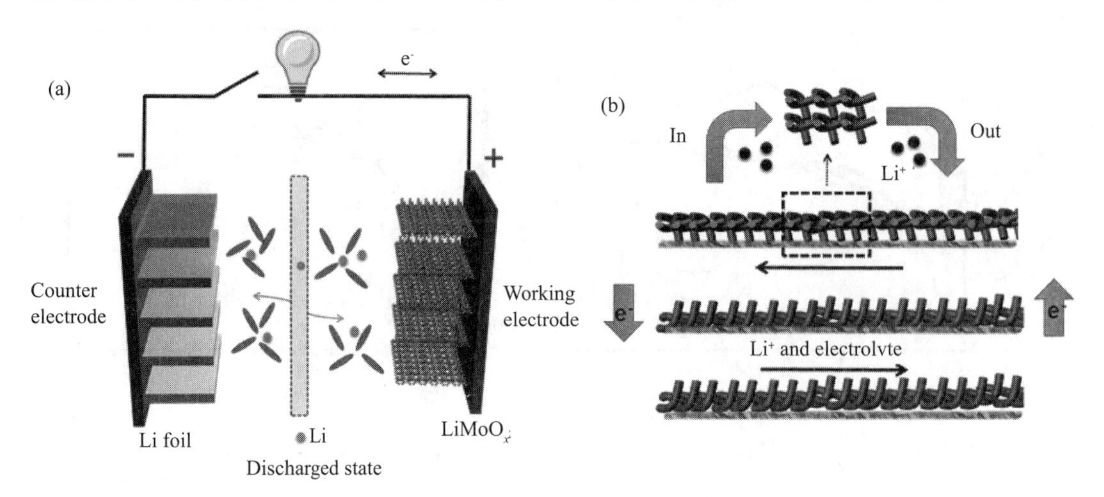

图 3–18　(a) 放电态 meso–MoO_2/rGO 的充放电原理图，(b)Li^+ 和 e^- 的传输路径图

图 3–18 是锂离子电池充放电机理图，在放电过程中，一部分锂离子嵌入 MoO_2 晶格中，形成 $LiMoO_x$ 相；另一部分锂离子嵌入石墨烯活性位点中。meso–MoO_2/rGO 电极材料具有较高的电化学性能是基于其独特的结构特征，该材料的孔径在 3~4 nm，有效地缩短了锂离子扩散路径，而且孔道结构为电子的传输提供了畅通的导电路径。此外，2D 层状石墨烯作为载体加速了锂离子和电子的传输，这些因素均使电极材料在循环过程中产生的体积效应有所缓解，因此对材料倍率性能改善大有益处。

3.4　本章小节

本章以制备具有二维层状介孔结构的 MoO_2/rGO 为目标，在二维层状石墨纳米片上原位组装介孔 KIT–6，制备了二维层状介孔 KIT–6/GO，以其为模板、钼酸铵为前躯体，采用纳米浇筑方法设计合成了二维层状介孔 meso–MoO_2/rGO 复合电极材料。所合成的二维层状介孔 meso–MoO_2/rGO 复合电极材料具有独特孔道结构，二维石墨烯纳米片层可以作为高效导线框架，增加电极材料的导电性；同时，基于 KIT–6 模板反复制创造的介孔孔道结构可以缩小固态传输距离（ Li^+ 和 e^- ），而且二维石墨烯片层和介孔结构均可以有效地缓解充放电过程中 Li^+ 嵌入和脱出所产生的体积效应，因而所得二维层状介孔 meso–MoO_2/rGO 复合电极材料具有优异的电化学性能，其可逆容量高，且倍率性能循环稳定性均较好，在 100mA · g^{-1} 的电流密度下，首次放电容量为 1160.6mA · h · g^{-1}，首次库伦效率为 68%，50 次循环后可逆容量为 1160.6mA · h · g^{-1}，循环后具有良好的结构稳定性。因此，该 meso–MoO_2/rGO 电极材料在商业锂离子电池负极材料方面具有潜在的应用价值。

参考文献

[1] GOODENOUGH J B, PARK K S. The Li-ion rechargeable battery: a perspective [J]. Journal of the American Chemical Society, 2013, 135(4): 1167–1176.

[2] CHOI J W, AURBACH D. Promise and reality of post–lithium–ion batteries with high energy densities [J]. Nature Reviews Materials, 2016, 1(4): 16013.

[3] YANG P, TARASCON J M. Towards systems materials engineering [J]. Nature Materials, 2012, 11(7): 560–563.

[4] GORIPARTI S, MIELE E, DE ANGELIS F, et al. Review on recent progress of nanostructured anode materials for Li–ion batteries [J]. Journal of Power Sources, 2014, 257(3):421–443.

[5] Y LI, B TAN, Y WU, Mesoporous Co_3O_4 nanowire arrays for lithium–ion batteries with high capacity and rate capability [J], Nano Letters, 2008, 8(1):265–270.

[6] DUPONT L, LARUELLE S, GRUGEON S, et al. Mesoporous Cr_2O_3 as negative electrode in lithium batteries: TEM study of the texture effect on the polymeric layer formation [J]. Journal of Power Sources, 2008, 175(1): 502–509.

[7] ZHAO X, XIA D, ZHENG K. Fe_3O_4/Fe/carbon composite and its application as anode material for lithium–ion batteries [J]. ACS Applied Materials & Interfaces, 2012, 4(3): 1350–1356.

[8] YU Z, ZHU S, LI Y, et al. Synthesis of SnO_2 nanoparticles inside mesoporous carbon via a sonochemical method for highly reversible lithium batteries [J]. Materials Letters, 2011, 65(19–20): 3072–3075.

[9] WANG C, YIN L, XIANG D, et al. Uniform carbon layer coated Mn_3O_4 nanorod anodes with improved reversible capacity and cyclic stability for lithium–ion batteries [J]. ACS Applied Materials & Interfaces, 2012, 4(3): 1636–1642.

[10] ZHANG H, WANG K, WU X, et al. MoO_2/Mo_2C heteronanotubes function as high–performance Li–ion battery electrode [J]. Advanced Functional Materials, 2014, 24(22): 3399–3404.

[11] GUO B, FANG X, LI B, et al. Synthesis and lithium storage mechanism of ultrafine MoO_2 nanorods [J]. Chemistry of Materials, 2012, 24(3): 457–463.

[12] CABANA J, MONCONDUIT L, LARCHER D, et al. Beyond intercalation–based Li–ion batteries: the state of the art and challenges of electrode materials reacting through conversion reactions [J]. Advanced Materials, 2010, 22(35): E170–192.

[13] HU X, ZHANG W, LIU X, et al. Nanostructured Mo-based electrode materials for electrochemical energy storage [J]. Chemical Society Reviews, 2015, 44(8): 2376–2404.

[14] CHAN C, PENG H, TWESTEN R, et al. Fast, completely reversible Li insertion in vanadium pentoxide nanoribbons [J]. Nano Letters, 2007(7):490–495.

[15] KU J, JUNG Y, LEE K, et al. Thermo electrochemically activated MoO_2 powder electrode for lithium secondary batteries [J]. Journal of The Electrochemical Society, 2009(156):A688–A693.

[16] TANG Q, SHAN Z, WANG L, et al. MoO_2–graphene nanocomposite as anode material for lithium–ion batteries [J]. Electrochimica Acta, 2012, 79(4):148–153.

[17] ZHANG H, ZENG L, WU X, et al. Synthesis of MoO_2 nanosheets by an ionic liquid route and its electrochemical properties [J]. Journal of Alloys and Compounds, 2013, 580(8):358–362.

[18] GEORGAKILAS V, OTYEPKA M, BOURLINOS A, et al. Functionalization of graphene: covalent and non–covalent approaches, derivatives and applications [J]. Chemical Reviews, 2012, 112(11): 6156–6214.

[19] HAN S, WU D, LI S, et al. Graphene: a two–dimensional platform for lithium storage [J]. Small, 2013, 9(8): 1173–1187.

[20] HUANG X, YIN Z, WU S, et al. Graphene–based materials: synthesis, characterization, properties, and applications [J]. Small, 2011, 7(14): 1876–1902.

[21] CHEN Y, TAN C, ZHANG H, et al. Two–dimensional graphene analogues for biomedical applications [J]. Chemical Society Reviews, 2015, 44(9): 2681–2701.

[22] BHASKAR A, DEEPA M, RAO T, et al. Enhanced nanoscale conduction capability of a MoO_2/Graphene composite for high performance anodes in lithium ion–batteries [J]. Journal of Power Sources, 2012, 216(11):169–178.

[23] KOZIEJ D, ROSSELL M, LUDI B, et al. Interplay between size and crystal structure of molybdenum dioxide nanoparticles — synthesis, growth mechanism, and electrochemical performance [J]. Small, 2011, 7(3): 377–387.

[24] ZHANG H, SHU J, WANG K, et al. Lithiation mechanism of hierarchical porous MoO_2 nanotubes fabricated through one–step carbothermal reduction [J]. Journal of Materials Chemistry A, 2014, 2(1): 80–86.

[25] ZHOU Y, LEE I, LEE C, et al. Ordered mesoporous carbon–MoO_2 nanocomposite as high performance anode material in lithium–ion batteries [J]. Bulletin of the Korean Chemical Society, 2014, 35(1): 257–260.

[26] LIU B, HUO L, SI R, et al. A general method for constructing two–dimensional layered

mesoporous mono–and binary–transition–metal nitride/graphene as an ultra–efficient support to enhance its catalytic activity and durability for electrocatalytic application [J]. ACS Applied Materials & Interfaces, 2016, 8(29): 18770–18787.

[27] HUO L, LIU B, ZHANG G, et al. Universal strategy to fabricate a two–dimensional layered mesoporous Mo_2C electrocatalyst hybridized on graphene sheets with high activity and durability for hydrogen generation [J]. ACS applied materials & interfaces, 2016, 8(28): 18107–18118.

[28] XU K. Electrolytes and interphases in Li–ion batteries and beyond [J]. Chemical Reviews, 2014, 114(23): 11503–11618.

[29] JIAO F, BRUCE P. Mesoporous crystalline β –MnO_2–a reversible positive electrode for rechargeable lithium batteries [J]. Advanced materials, 2007, 19(5): 657–660.

[30] ROLISON D, DUNN B. Electrically conductive oxide aerogels: new materials in electrochemistry [J]. Journal of Materials Chemistry, 2001, 11(4): 963–980.

[31] LOU X, DENG D, LEE J, et al. Thermal formation of mesoporous single–crystal Co_3O_4 nano–needles and their lithium storage properties [J]. Journal of Materials Chemistry, 2008, 18(37): 4397–4401.

[32] YOSHINO A. The birth of the lithium–ion battery [J]. Angewandte Chemie International Edition, 2012, 51(24): 5798–5800.

[33] CHEN A, LI C, TANG R, et al. MoO_2–ordered mesoporous carbon hybrids as anode materials with highly improved rate capability and reversible capacity for lithium–ion battery [J]. Physical Chemistry Chemical Physics : PCCP, 2013, 15(32): 13601–13610.

[34] ZENG L, ZHENG C, DENG C, et al. MoO_2–ordered mesoporous carbon nanocomposite as an anode material for lithium–ion batteries [J]. ACS Applied Materials & Interfaces, 2013, 5(6): 2182–2187.

[35] PALANISAMY K, KIM Y, KIM H, et al. Self–assembled porous MoO_2/graphene microspheres towards high performance anodes for lithium–ion batteries [J]. Journal of Power Sources, 2015, 275:351–361.

[36] BHASKAR A, DEEPA M, NARASINGA RAO T. MoO_2/multiwalled carbon nanotubes (MWCNT) hybrid for use as a Li–ion battery anode [J]. ACS Applied Materials & Interfaces, 2013, 5(7): 2555–2566.

[37] XIE B, CHEN Y, YU M, et al. Hydrothermal synthesis of layered molybdenum sulfide/ N–doped graphene hybrid with enhanced supercapacitor performance [J]. Carbon, 2016, 99:35–42.

[38] XU Z, WANG H, LI Z, et al. Sulfur refines MoO_2 distribution enabling improved lithium–ion battery performance [J]. The Journal of Physical Chemistry C, 2014,

118(32): 18387–18396.

[39] HALL J, MEMBRENO N, WU J, et al. Low–temperature synthesis of amorphous FeP_2 and its use as anodes for Li–ion batteries [J]. Journal of The American Chemical Society, 2012, 134(12): 5532–5535.

[40] HUANG H, ZHU W, TAO X, et al. Nanocrystal–constructed mesoporous single–crystalline Co_3O_4 nanobelts with superior rate capability for advanced lithium–ion batteries [J]. ACS Applied Materials & Interfaces, 2012, 4(11): 5974–5980.

[41] XIAO Y, HU C, CAO M. High lithium storage capacity and rate capability achieved by mesoporous Co_3O_4 hierarchical nanobundles [J]. Journal of Power Sources, 2014, 247(2):49–56.

[42] SHI Z, KANG W, XU J, et al. Hierarchical nanotubes assembled from MoS_2–carbon monolayer sandwiched superstructure nanosheets for high–performance sodium ion batteries [J]. Nano Energy, 2016, 22:27–37.

[43] LIU J, TANG S, LU Y, et al. Synthesis of Mo_2N nanolayer coated MoO_2 hollow nanostructures as high–performance anode materials for lithium–ion batteries [J]. Energy & Environmental Science, 2013, 6(9): 2691–2697.

[44] WANG X, SUN P, QIN J, et al. A three–dimensional porous MoP@C hybrid as a high–capacity, long–cycle life anode material for lithium–ion batteries [J]. Nanoscale, 2016, 8(19): 10330–10338.

[45] XIA F, HU X, SUN Y, et al. Layer–by–layer assembled MoO_2–graphene thin film as a high–capacity and binder–free anode for lithium–ion batteries [J]. Nanoscale, 2012, 4(15): 4707–4711.

[46] LIU X, JI W, LIANG J, et al. MoO_2@carbon hollow microspheres with tunable interiors and improved lithium–ion battery anode properties [J]. Physical Chemistry Chemical Physics, 2014, 16(38): 20570–20577.

[47] XU Y, YI R, YUAN B, et al. High capacity MoO_2/graphite oxide composite anode for lithium–ion batteries [J]. The Journal of Physical Chemistry Letters, 2012, 3(3): 309–314.

[48] HUANG Z, WANG Y, ZHU Y, et al. 3D graphene supported MoO_2 for high performance binder–free lithium ion battery [J]. Nanoscale, 2014, 6(16): 9839–9845.

第4章　二维层状介孔异质结 Mo_2C–MoC/rGO 电极材料的可控构筑、结构调控及电化学性能研究

4.1　引言

LIBs已成功应用于各种便携式电子设备的能源，由于循环寿命长、无记忆效应等优点，LIBs也被视为有前途的电动汽车（EV）和混合电动车（HEV）储能装置[1-3]。在过去几十年中，理论容量较高的金属氧化物在LIBs领域受到了极大的关注[4-7]。二氧化钼（MoO_2）虽然具有许多优异的性质[8-11]，然而 MoO_2 在充放电过程中由于体积变化大和动力学不稳定而发生严重的容量衰退[12, 13]，通常使用分层多孔结构和碳材料包覆来改善 MoO_2 的电化学性能，以适应循环时电极材料的体积变化，提高结构稳定性和循环性[14-17]。此外，具有高导电性碳的表面改性是增强电极材料电化学性能的常见方法，碳包覆的 MoO_2 纳米材料[18-20]能提供比未包覆的 MoO_2 更高的充电、放电容量。然而，这些 MoO_2/碳复合材料中的碳含量难以控制。由于电化学活性炭的含量高，复合材料的比容量通常远远低于 MoO_2 的理论容量[15, 21, 22]。因此，非常需要新的方法来更大程度地提高 MoO_2 的电化学性能。近来，Hao–Jie Zhang 等[23]首次采用导电的 Mo_2C 代替碳材料，制备了 MoO_2/Mo_2C 异质结，高导电性的 Mo_2C 的存在使电荷传输的阻力减小，并且在锂化和脱锂时增强了 MoO_2 纳米颗粒的结构稳定性，确保了 MoO_2/Mo_2C 异质结的优异的循环稳定性和高的倍率性能。经过电化学测试，在 $200mA\cdot h\cdot g^{-1}$ 和 $1000mA\cdot g^{-1}$ 电流密度下循环140次后，MoO_2/Mo_2C 异质结的放电容量分别保持为 $790mA\cdot h\cdot g^{-1}$ 和 $510 mA\cdot h\cdot g^{-1}$。这项工作为制备高性能 MoO_2/Mo_2C 电极材料提供了新思路。由于不同纳米粒子之间的特异性协同作用，异质结受到了广泛的关注[24-26]。Huanlei Lin 等[27]通过控制碳化制备了由纳米颗粒组成的 MoC–Mo_2C 异质结纳米线，该材料具有优异的HER活性和优异的稳定性。这种突出的性能优于大多数目前无贵金属的电催化剂，归因于具有优化电子密度的碳化物表面，并因此促进了HER动力学。具有异质结结构的材料是由两种或两种以上不同组分构成的一种新型材料，具有这种结构的材料各组分的表面均暴露在外，使每种组分都有参与反应的机会；而且各组分均独立地成核并形成纳米颗粒，除兼具各组分

的特性外，其性能更加优异。因此，可以通过调节各组分的含量以及结构，使异质结结构的材料可以在保持单独组分性质的基础上，展现更佳的电化学性质。

在本章中，以高电导率（1.02 × 10^2 S · cm^{-1}）的 Mo_2C 为研究对象，在第一章合成二维层状介孔 MoO_2 的研究基础上，以二维层状介孔 KIT-6/GO 为模板、钼酸铵为钼源前驱体、添加葡萄糖为碳源，通过纳米浇筑方法，结合高温碳化过程，制备了二维层状介孔 Mo_2C/rGO 电极材料，在此基础上，通过调控合成条件，得到了二维层状介孔异质结 Mo_2C–MoC/rGO 电极材料。具有异质结结构的电极材料的循环和倍率性能得到显著提高，在 100mA · g^{-1} 的电流密度下，循环 50 次后，放电容量仍然保持 942.8mA · h · g^{-1}，在锂离子电池电极方面具有极大的应用潜力。

4.2 材料的制备

4.2.1 Meso–Mo_2C/rGO 电极材料的合成

本章在第二章基础上以 KIT–6/rGO 为模板、$(NH_4)_6Mo_7O_{24}$ · $4H_2O$ 为钼源、加入葡萄糖作为碳源，通过纳米浇筑方法合成了 meso–Mo_2C/rGO 电极材料。具体方法如下：0.2g KIT–6/GO 模板和 0.2g $(NH_4)_6Mo_7O_{24}$ · $4H_2O$ 及一定量的葡萄糖，加入 30mL 去离子水中，在室温下搅拌 24h 后放入 50℃真空烘箱烘干。然后在 450° C 条件下煅烧 2h，900℃碳化煅烧 4h，升温速度为 2 ° C · min^{-1}，保护气为氮气。为了验证前驱体和葡萄糖不同比例对产物的影响，合成了 $(NH_4)_6Mo_7O_{24}$ · $4H_2O$ 和葡萄糖质量比分别为 3 : 1、1 : 1 和 1 : 3 的样品，标记为 meso–Mo_2C/rGO(3 : 1)、meso–Mo_2C/rGO(1 : 1) 和 meso–Mo_2C/rGO(1 : 3)。最后，用 NaOH (2M) 去除 KIT–6 模板，所得产物用水和乙醇离心洗涤直到中性。

4.2.2 Meso–Mo_2C–MoC/rGO 异质结的合成

在确定了最佳填充比例后，通过控制碳化温度（800℃、900℃、950℃），制备了 Mo_2C–MoC/rGO 异质结。

4.3 结果与讨论

4.3.1 Meso–Mo_2C/rGO 电极材料的合成

Meso–Mo_2C/rGO 电极材料的合成方法如图 4–1 所示。最初，将有序介孔 KIT–6 原位组装在氧化石墨烯（GO）表面，使用硅酸四乙酯作为硅源、P123 作为模板。将 KIT–6/GO 在一定温度下煅烧以除去 P123，并将 GO 还原成还原石墨烯（rGO）（由于本论文所用模板制备及测试均一致，测试结果第 1 章已有）。在成功制得 KIT–6/GO 模板后，将葡萄糖和钼酸铵填充到 KIT–6/GO 模板介孔结构中，经过充分搅拌、真空烘干得到 Mo_2C 前驱体，之后将前驱体在 N_2 气氛下煅烧并将所得产物进行模板去除处理，最后洗涤烘干，得到 meso–Mo_2C/rGO 电极材料。

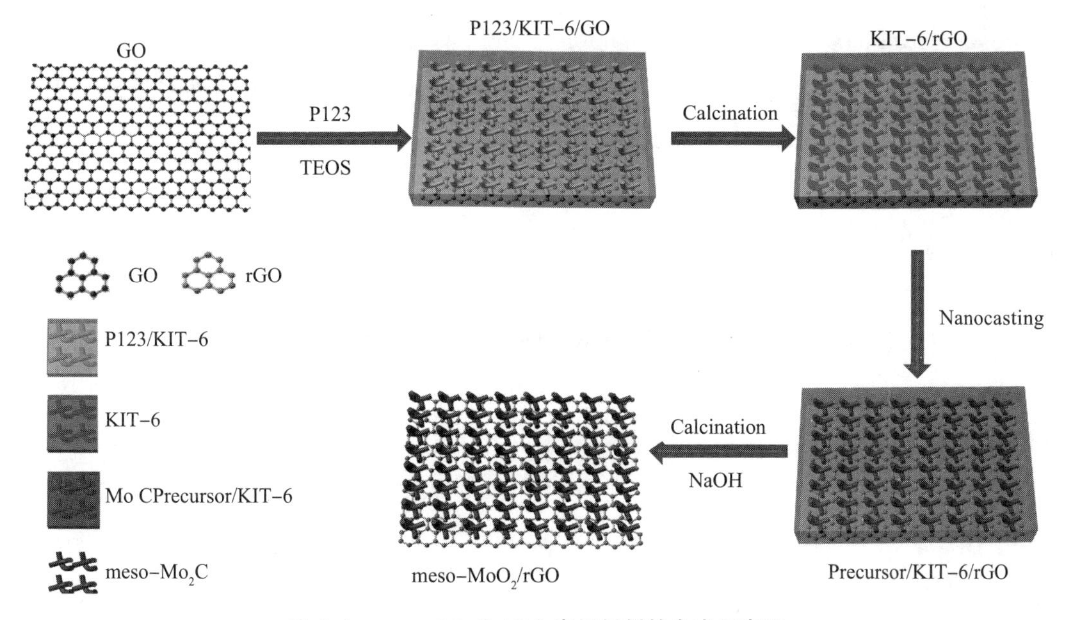

图 4–1　meso–Mo_2C /rGO 电极材料的合成示意图

4.3.2　Meso–Mo_2C/rGO 电极材料的结构分析

使用介孔 KIT–6/GO 为模板，通过纳米浇筑方法成功地合成了 meso–Mo_2C/rGO 电极材料。图 4–2（a）为不同钼酸铵与葡萄糖质量比合成的 meso–Mo_2C/rGO 电极材料的 XRD 图。当钼酸铵与葡萄糖的质量比为 1∶3 时，位于 34.4°、37.9°、39.5°、52.1°、61.7° 和 74.9° 的尖锐衍射峰归属于 Mo_2C 的典型六方晶相（JCPDS # 31–0871）[28]，没有检测到对应于 Mo 金属或 MoO_x 的衍射峰，表明该实验条件对于制备纯相 Mo_2C 非常有效。若钼酸铵含量高，则有 MoO_2 相生成，这是由于过量的钼酸铵直接在还原气氛下被还原为 MoO_2，若葡萄糖含量过高 [meso–Mo_2C/rGO(3∶1)]，XRD 测试结果没有明显衍射峰，说明该条件下没有得到晶相 Mo_2C 而大多数是无定形碳。根据 Scherrer 方程，meso–Mo_2C/rGO(1∶3) 和 meso–Mo_2C/rGO(3∶1) 电极材料中 Mo_2C 纳米晶体的粒径估算分别为 4.2nm 和 4.5nm。图 4–2（b）显示了 meso–Mo_2C/rGO 电极材料的拉曼光谱。图中 1371cm^{-1} 和 1597cm^{-1} 处两个较宽的衍射峰对应于石墨碳的 D 带和 G 带分别归属于 sp^3 缺陷和无序及碳原子 sp^2 杂化面内振动。葡萄糖和钼酸铵的质量比为 1∶1 时，出现了明显的 Mo_2C 的特征峰，葡萄糖和钼酸铵的质量比为 1∶3 时，Mo_2C 的特征峰较弱，而葡萄糖和钼酸铵的质量比为 3∶1 时，则没有出现 Mo_2C 的特征峰 [29]，这一结果与 XRD 结果一致。这说明当葡萄糖和钼酸铵的质量比为 1∶1 时可以得到纯相 Mo_2C 电材材料。

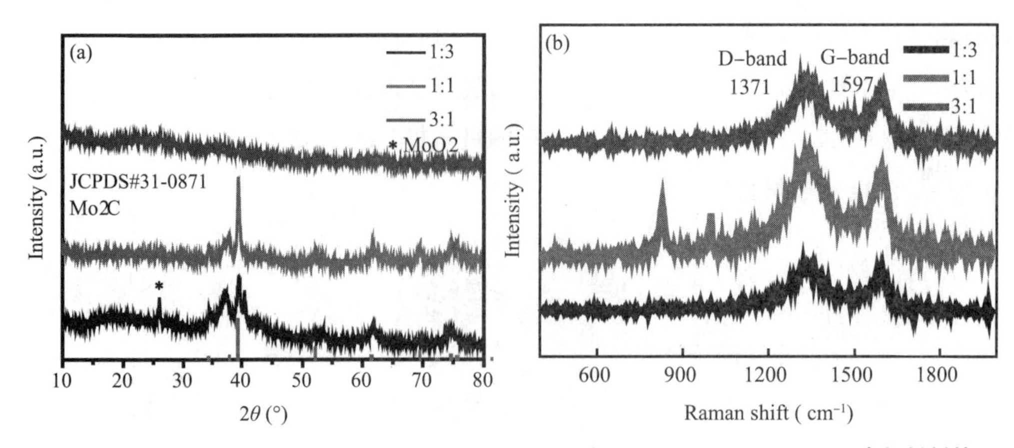

图 4-2　Meso-Mo_2C/rGO(1 ∶ 3)、meso-Mo_2C/rGO(1 ∶ 1) 和 meso-Mo_2C/rGO(3 ∶ 1) 电极材料的 XRD 及拉曼光谱图

4.3.3　Meso-Mo_2C/rGO 电极材料的形貌分析

图 4-3（a）~（c）分别为 meso-Mo_2C/rGO(1∶3)、meso-Mo_2C/rGO(1∶1) 和 meso-Mo_2C/rGO(3∶1) 电极材料的 SEM 图，从中可以看出，由于 KIT-6 模板的存在，得到的 meso-Mo_2C/rGO 电极材料均由非常小的纳米颗粒组成。图 4-3（d）~（f）为 meso-Mo_2C/rGO(1∶1) 对应的元素分布图，Mo、O 和 C 元素在所选择的区域中非常均匀地分散，说明 Mo_2C 纳米颗粒均匀分散在石墨烯上。

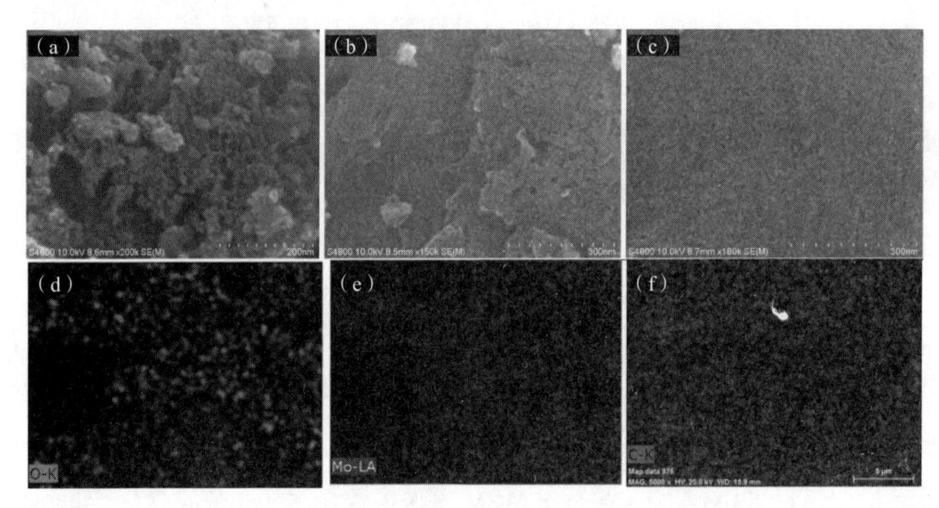

图 4-3　(a) Meso-Mo_2C/rGO(1 ∶ 3)、(b) meso-Mo_2C/rGO(1 ∶ 1) 和 (c) meso-Mo_2C/rGO(3 ∶ 1) 电极材料的 SEM 图和 (d)~(f) meso-Mo_2C/rGO(1 ∶ 1) 对应的元素分布图

如以往文献中讨论过的那样，这种结构可以缩短 Li^+/e^- 扩散路径，防止 Mo_2C 团聚，并且用作负极材料时可保证更好的导电性。图 4-4 系统地研究了三种电极材料的 TEM 和 HRTEM 图。图 4-4（a）（b）（d）（e）所示的不同放大倍数下的 TEM 图像显示出 meso-Mo_2C/rGO(1∶3) 和 meso-Mo_2C/rGO(1∶1) 电极材料由石墨烯片和均匀分散的超小 Mo_2C 纳米颗粒组成。可以看出，由于存在 KIT-6/rGO 模板，Mo_2C 纳米晶体的平均粒径约为 4.5nm，没有观察到较大尺寸的碳化钼存在。其对应的 HRTEM 表征如图 4-4（c）和（f）

所示，晶格间距分别为 0.26nm 和 0.24nm，对应 β –Mo_2C 的（021）和（121）晶面。而图 4–4（g）和（h）为 meso–Mo_2C/rGO(3 ∶ 1) 电极材料在不同放大倍数下的 TEM 图，可以看到很薄的片层和均匀的超小颗粒，结合 XRD 和 SEM 分析可知，该薄层大部分为碳层，其 HRTEM 表征显示 [图 4–4（i）]，只有很少且不明显的晶格条纹存在，对应于 β –Mo_2C 的（121）晶面。

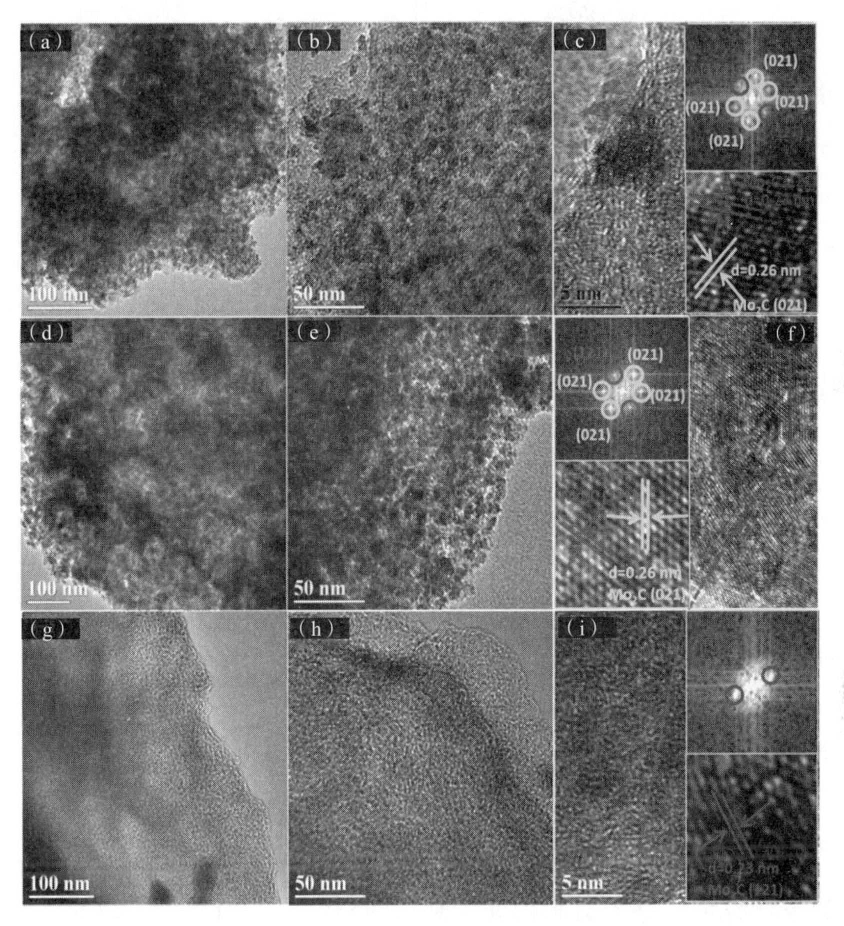

图 4–4　(a)~(c) Meso–Mo_2C/rGO(1 ∶ 3)、(d)~(f) meso–Mo_2C/rGO(1 ∶ 1) 和 (g)~(i) meso–Mo_2C/rGO(3 ∶ 1) 电极材料的 TEM 图

4.3.4　Meso–Mo_2C/rGO 电极材料的孔结构分析

通过 N_2 吸附 / 脱附测试研究了 meso–Mo_2C/rGO 电极材料的表面积和孔隙特征，如图 4–5 所示。所有 meso–Mo_2C/rGO 电极材料在相对压力（P/P_0）从 0.42 到 1.0 的曲线中表现出典型的Ⅳ等温线，表明存在介孔结构 [图 4–5（a）]。图 4–5（b）显示的 BJH 孔径分布曲线进一步证实在 meso–Mo_2C/rGO 电极材料中存在高度均匀的介孔，孔径分布介于 5.5~7.5nm。P/P_0 在 0.8 和 1.0 之间的 H1 型磁滞回线表明存在二维层状 meso–Mo_2C/rGO 电极材料的叠层介孔结构。meso–Mo_2C/rGO(1 ∶ 3)、meso–Mo_2C/rGO(1 ∶ 1) 和 meso–Mo_2C/rGO(3 ∶ 1) 电极材料的比表面积分别为 33.6$m^2 \cdot g^{-1}$、74.5$m^2 \cdot g^{-1}$ 和 36.4$m^2 \cdot g^{-1}$。具

体数据如表 4–1 所示。

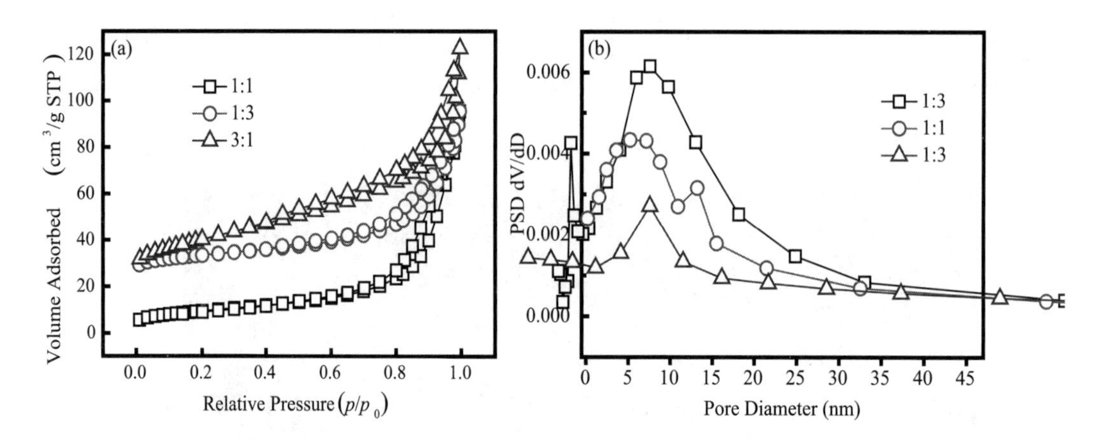

图 4–5 (a) Meso–Mo_2C/rGO(1 ∶ 3)、meso–Mo_2C/rGO(1 ∶ 1) 和 meso–Mo_2C/rGO(3 ∶ 1) 电极材料的 N_2 吸附 / 脱附曲线和 (b) 孔径分布

表 4–1 Meso–Mo_2C/rGO(1 ∶ 3)、meso–Mo_2C/rGO(1 ∶ 1) 和 meso–Mo_2C/rGO(3 ∶ 1) 的 BET 和 BJH 数据表

Sample	S_{BET} ($m^2 \cdot g^{-1}$)	D_p(nm)	V_P ($cm^3 \cdot g^{-1}$)
meso–Mo_2C/rGO(1 ∶ 3)	33.6	7.6	0.12
meso–Mo_2C/rGO(1 ∶ 1)	74.5	6.4	0.12
meso–Mo_2C/rGO(3 ∶ 1)	36.4	7.5	0.09

4.3.5 Meso–Mo_2C/rGO 电极材料的表面价态分析

通过 XPS 分析 Mo_2C 电极材料的化学成分，XPS 全谱图 [图 4–6（a）] 包括位于 230.5eV、289.7eV、389.1eV、413.8eV、531.4eV 处的五个不同的峰，分别为 Mo 3d，C 1s，Mo $3p_{3/2}$，Mo $3p_{1/2}$ 和 O 1s 的特征峰，这一测试结果与 EDS 元素分布结果一致。图 4–6（b）为 Mo 3d 的高分辨率 XPS 光谱，从图中可以看到，Mo 3d 轨道分裂为高能 Mo $3d_{3/2}$ 和低能 Mo $3d_{5/2}$，在 231.9eV 和 236.4eV 处两个明显的峰分别归属于 Mo^{4+} 的 Mo $3d_{5/2}$ 和 Mo $3d_{3/2}$，这一测试结果表明存在 Mo（Ⅳ）。此外，在 229.9eV 和 234.6eV 处的两个峰分别归属于 Mo（Ⅵ）的 Mo $3d_{5/2}$ 和 Mo $3d_{3/2}$，这可能是由于 Mo_2C 在空气中表面轻微氧化或在 XPS 测量过程中的氧化生成氧化态钼（MoO_x）所造成的。对于 O 1s 的三个峰归属于 Mo—O 键（530.5eV）、C—O 和 C=O（531.7eV 和 533.9eV）[图 4–6（c）]。C 1s 高分辨率 XPS 光谱 [图 4–6（d）] 出现的位于 284.8eV、286.2eV 和 288.8eV 处的峰分别归属于 C—C，C—O—C 和 O—C=O 键 [30, 31]。

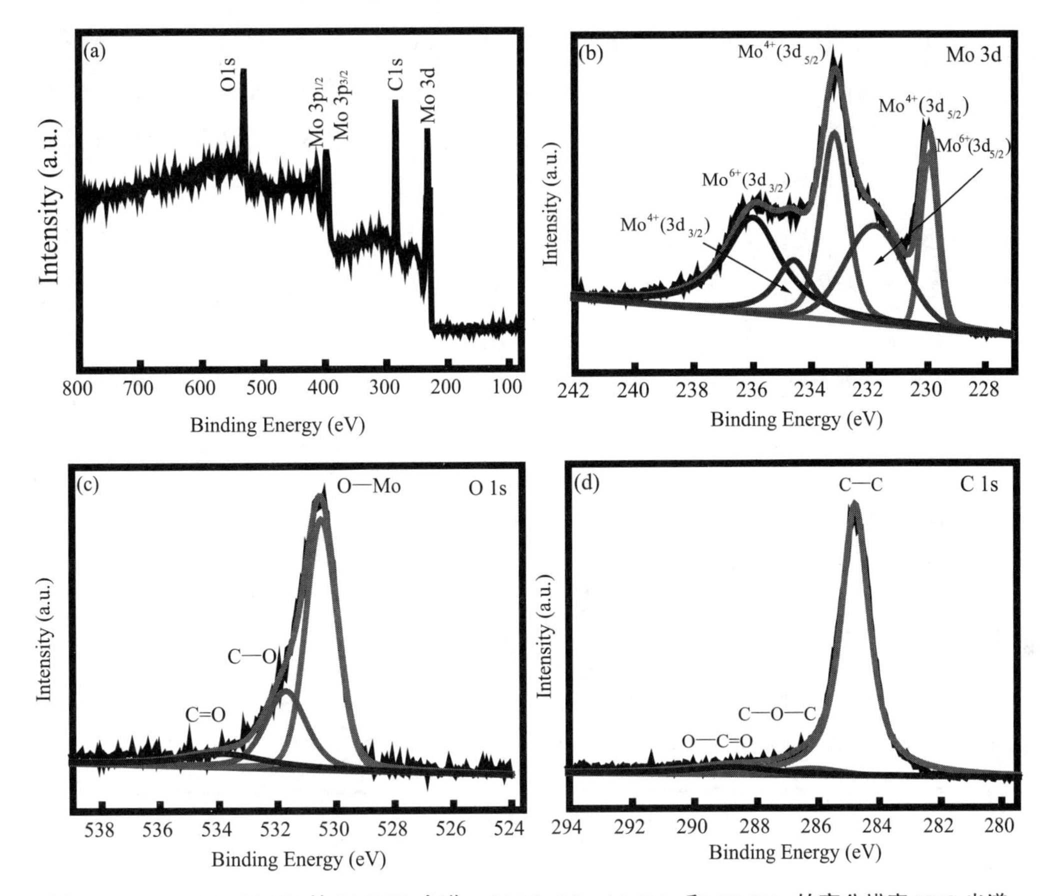

图 4-6　meso-Mo$_2$C/rGO 的 (a) XPS 全谱，(b) Mo 3d、(c) O 1s 和 (d) C 1s 的高分辨率 XPS 光谱

4.3.6　Meso-Mo$_2$C/rGO 电极材料的电化学性质分析

鉴于其独特的结构特征，所得的 meso-Mo$_2$C/rGO(1∶3)、meso-Mo$_2$C/rGO(1∶1) 和 meso-Mo$_2$C/rGO(3∶1) 电极材料在 LIBs 中作为负极材料具有潜在的应用价值。因此，我们测试了其电化学性能。图 4-7（a）~（f）分别为三种电极材料在 0.01~3.0V vs.Li/Li$^+$ 的电位范围内，电流密度为 100mA·g^{-1} 时的第 1 次、第 2 次、第 5 次、第 20 次和第 50 次的充放电曲线、循环性能及库伦效率图。对于 meso-Mo$_2$C/rGO(1∶1) 电极材料，首次放电和充电容量分别为约 797mA·h·g^{-1} 和 609mA·h·g^{-1}，库仑效率为 76.4%，50 次循环后容量依旧保持在 575 mA·h·g^{-1}[图 4-7（c）和（d）]。图 4-8（a）为 meso-Mo$_2$C/rGO(1∶1) 电极材料对应的 CV 曲线，可以看到明显的氧化还原对，而且在第一次循环中位于 0.72V 处的还原峰在随后的循环中消失，这个不可逆峰的形成是由于电解液的还原和钝化膜的形成。

meso-Mo$_2$C/rGO(1∶3) 电极材料初始放电和充电容量分别为 753.7mA·h·g^{-1} 和 400.1mA·h·g^{-1}，循环 50 次后放电容量保持在 488.3mA·h·g^{-1}[图 4-7（a）和（b）]；而 meso-Mo$_2$C/rGO(3∶1) 电极材料虽然首次充放电容量高，但是 50 次循环后容量仅为 373mA·h·g^{-1}[图 4-7（e）和（f）]。与大多数负极材料相似，对于 meso-Mo$_2$C/

rGO(1 ∶ 1) 电极材料第一次循环的大幅度容量衰减和低库伦效率主要归因于电解质的分解和其他不可逆过程，例如形成固体电解质及电极表面的 SEI 膜等。meso-Mo_2C/rGO(3 ∶ 1) 电极材料由于葡萄糖过量，生成了很多无定型碳，活性组成很少，过多的碳会减小材料的电阻 [图 4-8（b）]，同时由于碳材料本身理论容量低，在增加导电性的同时严重破坏了容量。meso-Mo_2C/rGO(1 ∶ 3) 电极材料容量较低的原因是初始钼酸铵过量，导致部分钼酸铵没有与葡萄糖反应生产碳化钼，而是在 N_2 气氛中直接生成 MoO_2，产生的少量 MoO_2 杂相降低了电极材料的导电性，从而影响其电化学性质。

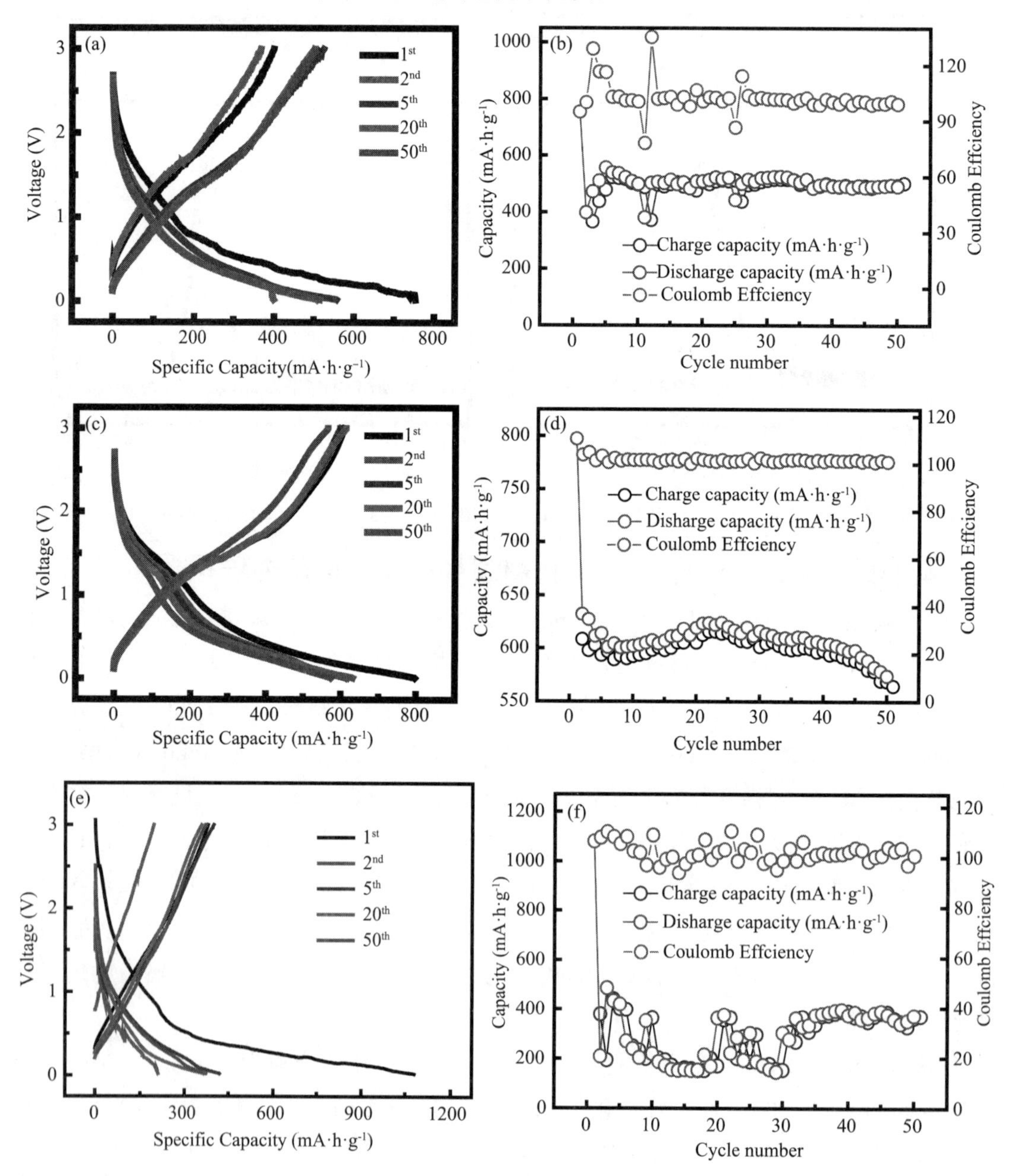

图 4-7 Meso-Mo_2C/rGO(1 ∶ 3)、meso-Mo_2C/rGO(1 ∶ 1) 和 meso-Mo_2C/rGO(3 ∶ 1) 电极材料的充放电曲线 [(a)(c)(e)]，循环性能及库伦效率图 [(b)(d)(f)]

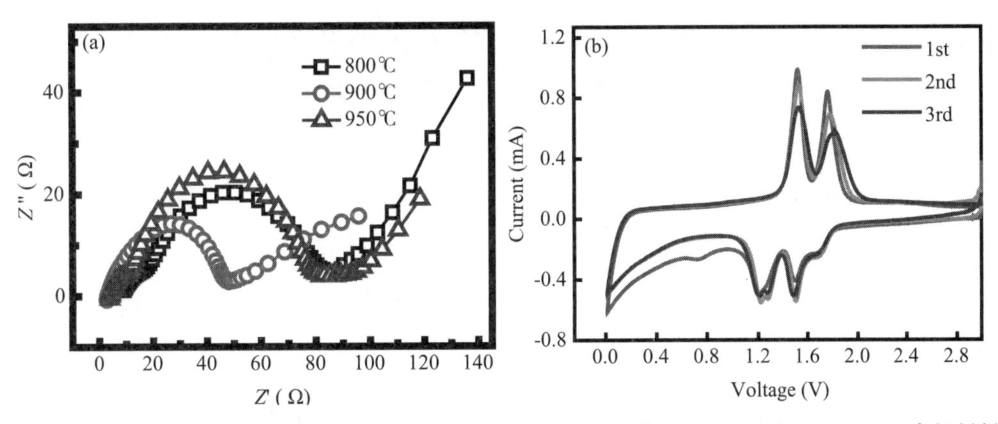

图 4–8　(a) Meso–Mo$_2$C/rGO(1 ∶ 3)、meso–Mo$_2$C/rGO(1 ∶ 1) 和 meso–Mo$_2$C/rGO(3 ∶ 1) 电极材料的交流阻抗和 (b) meso–Mo$_2$C/rGO(1 ∶ 1) 电极材料的 CV 曲线

4.3.7　Meso–Mo$_2$C–MoC 异质结电极材料的结构分析

Hao–Jie Zhang[23] 报道了一种 MoO$_2$/Mo$_2$C 异质结，不同纳米粒子之间的特异性协同作用有效提升了材料的电化学性质。因此，接下来我们设计合成了二维层状介孔异质结 Mo$_2$C–MoC 电极材料，期望通过此独特结构，获得电化学性质优异的电极材料。

图 4–9 为 meso–Mo$_2$C/MoC/rGO 电极材料在 450℃条件下煅烧 2h 后再分别于 800℃、900℃及 950℃碳化得到的电极材料的 XRD 图。从图中可以看到，碳化温度为 800℃时得到的材料基本为 MoO$_2$ 相，36.03°、37.03° 及 53.04° 分别归属于单斜 MoO$_2$（JCPDS#32–0671）的（–111）(–211）和（211）晶面，但是在 43.3° 出现一个杂峰，经过比对，该峰归属于 MoC 相（PDF#06–0546）[32]。上一章制备 MoO$_2$ 的煅烧温度为 600℃，说明在葡萄糖存在的情况下，当碳化温度升高到 800℃时会出现一定量的 MoC 相。当碳化温度升高，至 950℃时，得到了 Mo$_2$C 相，在 34.41°、37.95° 及 39.31° 对应于正交 Mo$_2$C（JCPDS#31–0871）的（002）(200）和（121）晶面，只有在 43.3° 附近出现了微弱的 MoC 相。然而，当碳化温度为 900℃时，得到了 Mo$_2$C/MoC 异质结，如图 4–9 中不同符号标注，说明将碳化温度控制在一定范围内，可以得到 Mo$_2$C–MoC 异质结。经过谢乐公式计算得知，样品颗粒尺寸在 3~6 nm。

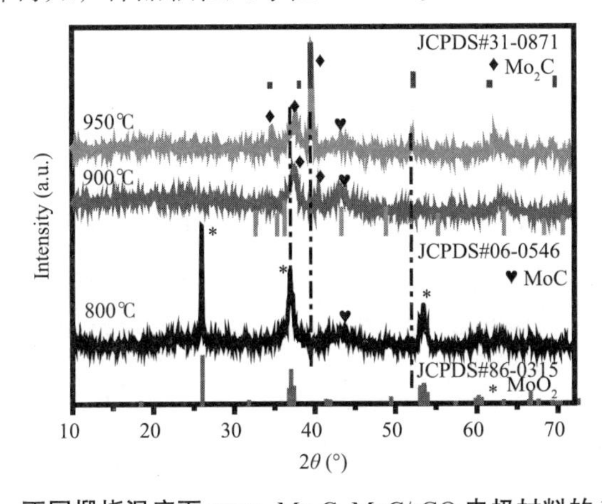

图 4–9　不同煅烧温度下 meso–Mo$_2$C–MoC/rGO 电极材料的 XRD 图

4.3.8 Meso-Mo_2C-MoC 异质结电极材料的形貌分析

对不同碳化温度下得到的 meso-Mo_2C-MoC/rGO 异质结电极材料进行 SEM 表征，结果如图 4-10 所示，从图 4-10（a）~（c）中可以看出，随着碳化温度逐步升高，由于有石墨烯的存在，从 SEM 图中可以看到明显的褶皱石墨烯片层，随着温度的升高，石墨烯片层厚度逐渐增加，这有可能是因为碳化温度升高导致材料部分烧结，石墨烯层发生团聚。图 4-10（d）~（g）是 900℃下碳化得到的 meso-Mo_2C-MoC/rGO 电极材料的元素分布图，从图中可以看到不同颜色代表不同元素，Mo、O、C 元素分布均匀。

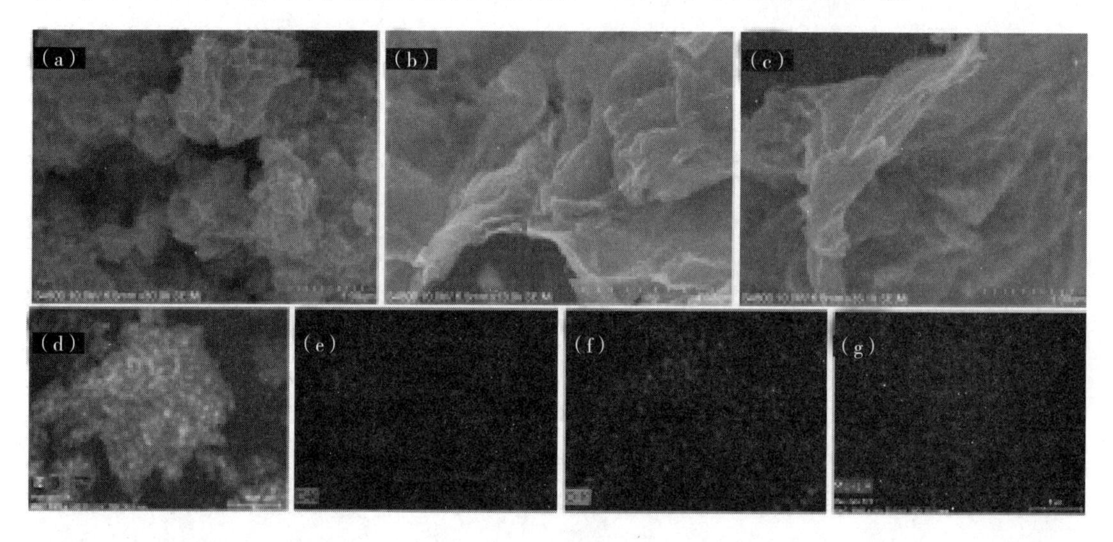

图 4-10 不同煅烧温度下 meso-Mo_2C-MoC/rGO 异质结电极材料的 SEM 图：(a) 800℃，(b) 900℃和 (c) 950℃

Meso-MoO_2-MoC/rGO 异质结电极材料的 TEM 和 HRTEM 图如 4-11 所示。从图 4-11（a）（d）和（g）所示的 TEM 图中可以看出，不同碳化温度制备的 meso-MoO_2-MoC/rGO 电极材料均由石墨烯片和均匀分散的超小纳米颗粒组成。在合成过程中，由于 KIT-6/GO 模板起到了限域效应，Mo_2C 纳米晶的平均粒径约为 4.7nm，没有观察到大尺寸的颗粒。

图 4-11（b）（e）和（h）为放大倍数较高时的 TEM 图，图中交替的暗和光图像表明，在 meso-MoO_2-MoC/rGO 电极材料中存在介孔结构。图 4-11（c）为 800℃下得到的 meso-MoO_2-MoC/rGO 电极材料的 HRTEM 图，其晶格间距 0.25nm 和 0.26nm 分别对应 MoC 的（101）和（-111）晶面。图 4-11（f）为 900℃下得到的 meso-MoO_2-MoC/rGO 电极材料的 HRTEM 图，其晶格间距 0.23nm 和 0.25nm 分别对应于 Mo_2C 的（121）和 MoC（101）晶面。值得注意的是，MoC 和 Mo_2C 之间的界面是清晰可见的，这将有利于表面活性材料的协同作用。图 4-11（i）为 950℃下得到的 meso-MoO_2-MoC/rGO 电极材料的 HRTEM 图，其晶格间距 0.23nm 和 0.26nm 分别对应于 Mo_2C 的（121）（021）晶面，这一实验结果与 XRD 分析结果吻合良好。

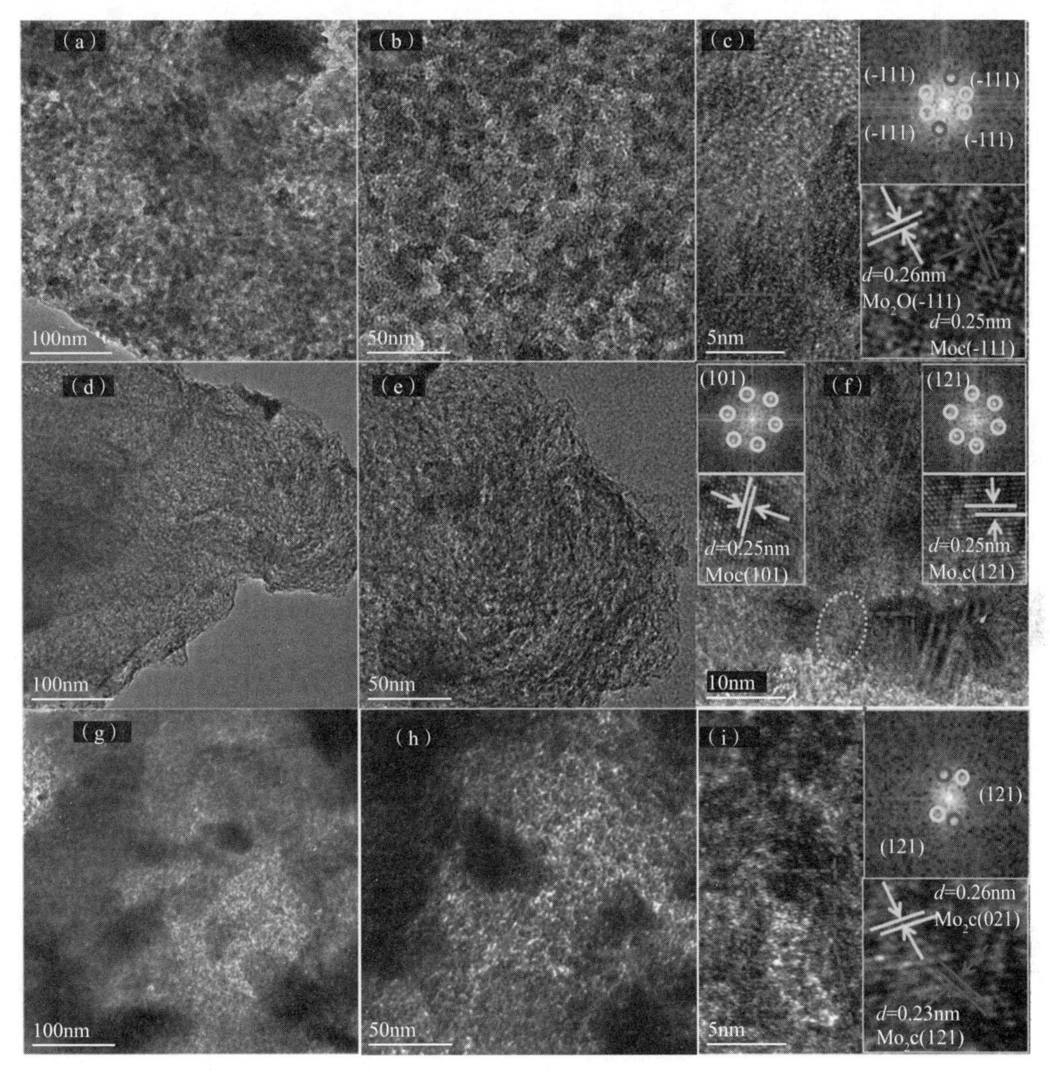

图 4–11　不同煅烧温度下 meso–Mo_2C–MoC/rGO 异质结电极材料的 TEM 图及其对应的 HRTME 图：(a)~(c) 800℃，(d)~(f) 900℃和 (g)~(i) 950℃

4.3.9　Meso–Mo_2C–MoC 异质结电极材料的表面价态分析

图 4–12（a）为不同煅烧温度下所得 meso–Mo_2C–MoC/rGO 异质结电极材料的 XPS 全谱图。从中可以看到，在 232.7eV、284.8eV、396.9eV、414.5eV 和 530.9eV 处分别为对应于 Mo 3d、C 1s、Mo $3p_{3/2}$、Mo $3p_{1/2}$ 及 O 1s 的特征峰，说明电极材料中存在 Mo、C、O 元素。图 4–12（b）为 800℃、900℃和 950℃制备的异质结电极材料 Mo 3d 的 XPS 谱图，Mo 3d 的拟合曲线表明，Mo 表面有四种状态（+2、+3、+4 和 +6），Mo^{6+} 物质来自惰性 MoO_3，通常是由于碳化物暴露于空气中发生氧化形成。据文献报道 [27]，Mo_2C–MoC 异质结表面的 Mo^{3+} 与 Mo^{2+} 的摩尔比（$n_{3+}/_{2+}$）可以提供有用的信息来了解活性位点，因此，对 800℃、900℃和 950℃下制备的 meso–Mo_2C–MoC/rGO 异质结电极材料的 XPS 进行分析，各价态所占百分比如表 4–2 所示。其中，Mo^{3+} 与 Mo^{2+} 的摩尔比（$n_{3+}/_{2+}$）分别为 0.7、

0.97 和 0.39，说明 Mo_2C 和 MoO_2 中 Mo 主要以 +2 价形式存在，而 MoC 中 Mo 主要以 +3 价形式存在。Mo 的不同价态与 Mo^{3+} 和 Mo^{2+} 周围的不同电子密度有关，Mo^{3+}/Mo^{2+} 的这种变化会影响材料的电化学活性。900℃时制备的 meso-Mo_2C-MoC/rGO 异质结电极材料的 Mo^{3+}/Mo^{2+} 值越高，说明该温度下得到的电极材料中 Mo^{3+} 越多，而 900℃时所得电极材料的电化学活性越高，因此我们推测，在整个电化学储锂过程中，Mo^{3+} 起到了积极作用，通过控制碳化温度得到的 meso-Mo_2C-MoC/rGO（900℃）异质结电极材料中 Mo^{3+} 含量最高，储锂容量最大。O 1s 的 XPS 谱图中 [图 4-12（c）]，位于 529.4eV 的峰归属于晶格氧，位于 530.7eV 和 533.1eV 处的峰分别为化学吸附的氧和羟基物质的表面氧或吸附的水物质，化学吸附的氧被认为是活性氧，在许多催化剂反应中起重要作用 [33]。C 1s 的高分辨率 XPS 谱如图 4-12（d）所示，284.8eV、286.2eV 和 288.8eV 处的峰分别归属于 C — C，C — O — C 和 O — C=O 键。

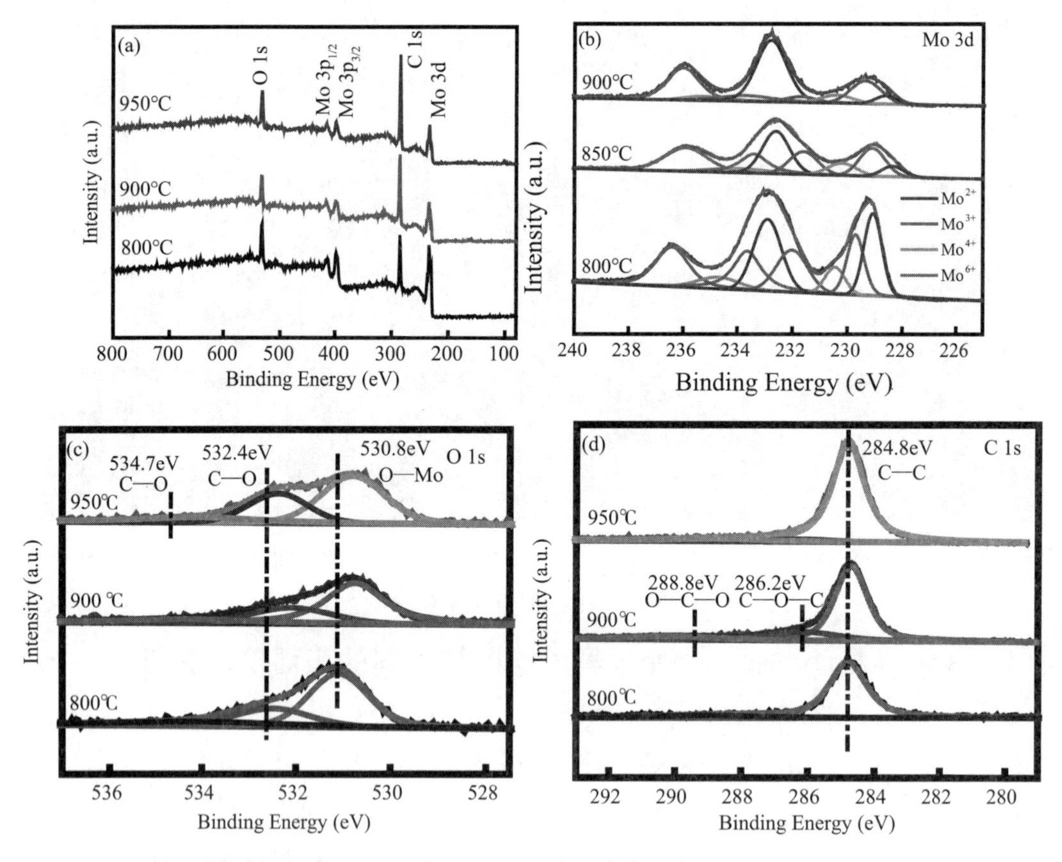

图 4-12 (a) 不同煅烧温度下所得 meso-Mo_2C-MoC/rGO 异质结电极材料的 XPS 图，以及 (b)Mo 3d，(c) O 1s 和 (d)C 1s 的高分辨率 XPS 图

表 4-2 Mo 各价态含量

Sample	Mo^{2+}(%)	Mo^{3+}(%)	Mo^{4+}(%)	Mo^{6+}(%)
800℃	34.3	24.1	10.6	31.0

续表

Sample	Mo^{2+}(%)	Mo^{3+}(%)	Mo^{4+}(%)	Mo^{6+}(%)
900℃	26.7	25.9	11.6	35.8
950℃	42.6	16.7	8.1	32.6

4.3.10　Meso–Mo_2C–MoC 异质结电极材料的电化学性质分析

在电压范围为 0.01~3.0 V、电流密度为 100mA·g^{-1} 的条件下，测量 meso–Mo_2C–MoC/rGO 电极材料的充电–放电曲线，结果如图 5–13 所示。900℃下制备的 meso–Mo_2C–MoC/rGO 电极材料首次放电容量为 1312.3mA·h·g^{-1}，首次充电容量为 1021.4mA·h·g^{-1}，库仑效率为 77.8%。初始循环的容量损失（22.2%）归因于不可逆过程，例如在 MoC_2 的晶格中捕获一些锂，形成固体电解质界面（SEI）以及电解质分子的分解。同时，二维层状介孔结构有效缓冲体积变化，体积效应和颗粒团聚。在最初 30 次循环中，meso–Mo_2C–MoC/rGO 异质结电极材料的放电容量和充电容量有一个提升的过程，这归因于电极材料的活化，与文献报道的一致[23]。50 次循环后，放电容量为 940.9mA·h·g^{-1}，充电容量为 921.8mA·h·g^{-1}，这种高放电容量得到很好的保持，异质结材料也显示出良好的库仑效率。不同电流密度下，meso–Mo_2C–MoC/rGO 异质结电极材料的循环性能如图 5–13（b）所示，电流密度的增加必然导致电极材料容量的下降，但是 meso–Mo_2C–MoC/rGO 异质结电极材料由于具有稳定的分层多孔异质结结构，当电流密度从 1000mA·g^{-1} 恢复到 100 mA·g^{-1} 时，电极材料的容量有明显回升，说明在大电流密度下，电极材料的结构并没有破坏，且异质结在一定程度上增加了电极材料的导电性和 Mo^{3+} 的含量。相对于第一章制备的 meso–MoO_2/rGO 电极材料，加入葡萄糖作碳源，高温碳化后得到的 meso–Mo_2C–MoC/rGO 异质结电极材料的电化学性质有了明显提升。800℃和 950℃作制备材料的充放电曲线和循环性能图如图 4–13（c）~（f）所示，50 次循环后容量分别保持在 621.2mA·h·g^{-1} 和 564.3 mA·h·g^{-1}。

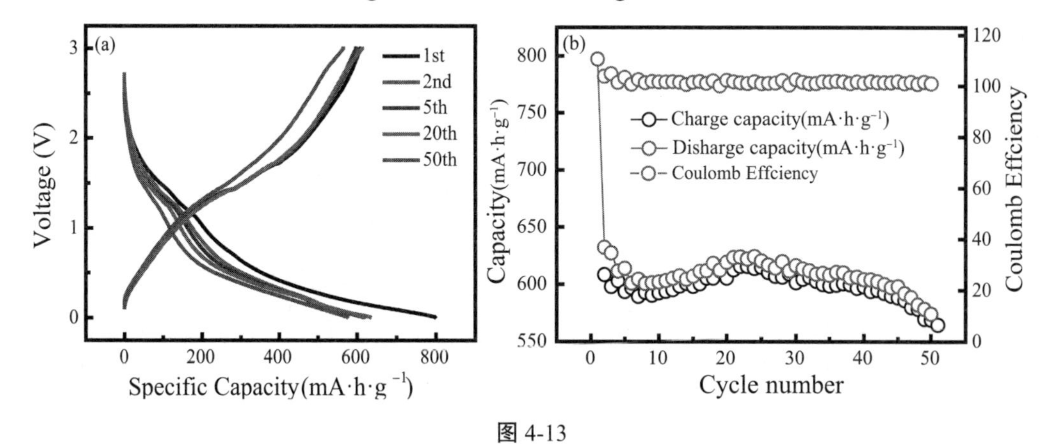

图 4-13

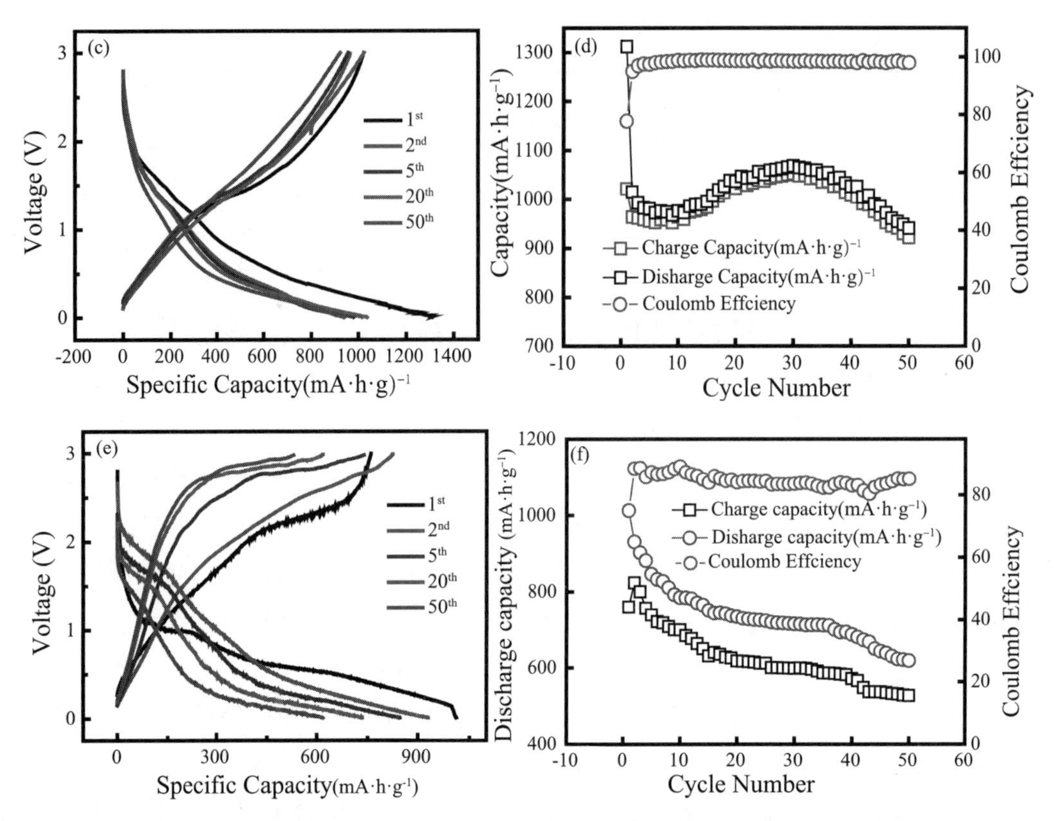

图 4–13　不同煅烧温度制备的 meso-Mo_2C-MoC/rGO 异质结电极材料的充放电曲线和循环性能图：(a) 和 (b) 800℃，(c) 和 (d) 900℃，(e) 和 (f) 950℃。

在 0.01V 和 3.0V 的电压范围内，扫描速度为 0.1mV · s^{-1} 时，测量 meso-Mo_2C-MoC/rGO 异质结（900℃）电极材料的循环伏安曲线（CV），结果如图 4-14（a）所示。值得注意的是，第一次循环曲线与下面的曲线显著不同。对于第一次循环，宽化和不可逆峰出现在 0.6V，这可能是由于电极与电解质的不可逆反应和固体电解质膜（SEI 膜）的形成。然而，该峰在随后的周期中消失，但是观察到位于 1.47V 和 1.24V 处一对明显的还原 / 氧化峰。这个结果与最近报道的碳化钼工作一致 [34-36]。因此，可以推断还原氧化对（1.47V/1.24 V）对应于 Mo_2C/MoC 与 Li^+ 之间的转化反应，这也可以证实 meso-Mo_2C-MoC/rGO 异质结中的 Mo_2C-MoC 相是用作锂储存的活性材料。此外，值得一提的是，第一次循环后的 CV 曲线重叠得很好，表明其在反复嵌锂 / 脱锂过程中的可逆性更高，稳定性优异。图 4-14（b）显示了不同煅烧温度下制备的 meso-Mo_2C-MoC/rGO 异质结电极材料的倍率性能。由于电流密度从 100mA · g^{-1} 逐步增加到 200mA · g^{-1}、500mA · g^{-1} 和 1000mA · g^{-1}，电极材料在每个倍率下都能提供稳定的容量，值得注意的是，当电流密度回到 100mA · g^{-1} 时，meso-Mo_2C-MoC（900℃）异质结电极材料放电容量可以恢复到原来的值，而其他两个温度下得到的电极材料容量恢复不佳，说明 meso-Mo_2C-MoC（900℃）异质结电极材料具有优越的循环稳定性和良好的倍率性能。这是因为该条件下，MoC 与 Mo_2C 紧密结合，纳米颗粒显著增加了 meso-Mo_2C-MoC/rGO 电极材料的电子传导性，降低了晶界电阻，提高了倍率性能。此外，Mo_2C 起到支撑作用，以保持 Mo_2C-MoC 电极材料在循环中的结构稳定性。对比三种电极材料的阻抗图 [图 4-14（c）] 可以发现，900℃下得到的 meso-Mo_2C-MoC（900℃）异质结电极材料电阻最小，这说明这种独特的异质结结构能有效地降低电极材料的电阻，提升其导电性。因此，高电化学性能归因于 meso-Mo_2C-MoC/rG 异质结的独特结构特征。异质结内 MoC_2-MoC 纳米粒子的大小约为 5 nm，显著缩短了锂离子的扩散距离，具有高电子导电性的 MoC_2-MoC 异质结降低了电极的电阻；柔性石墨烯片层增加了异质结结构稳定性的同时增加了材料的导电性。通过观察 HRTEM 图发现，MoC 和 Mo_2C 纳米颗粒之间的良好接触降低了粒子间界面的电阻，有利于提高材料的倍率性能。meso-Mo_2C-MoC/rGO 异质结介孔的空隙空间为电解质和锂离子提供了三维传输途径，提高了 MoC_2-MoC 异质结材料的离子扩散能力。如表 4-3 所示为 meso-Mo_2C-MoC/rGO 电极材料与其他 Mo_2C 电极材料的性质对比情况。

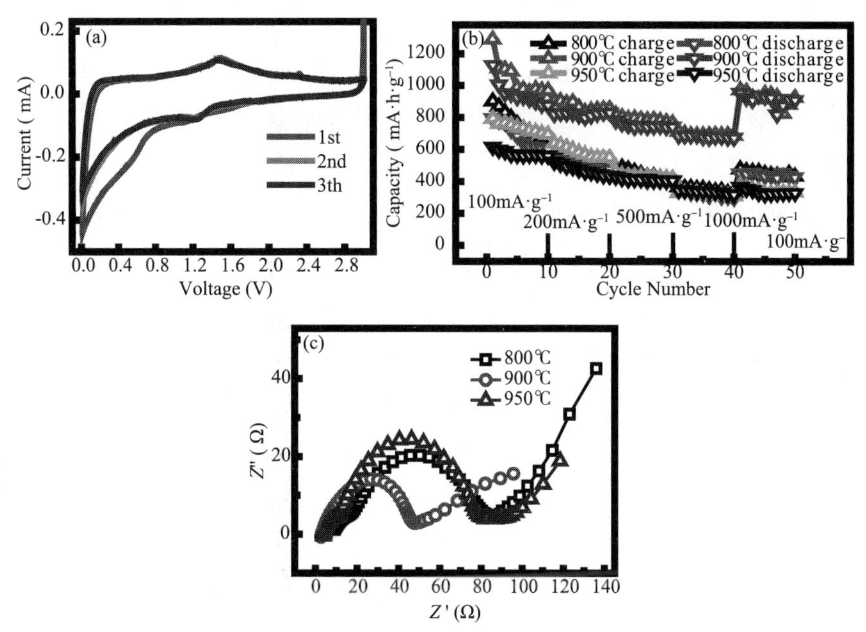

图 4–14　(a) meso-Mo_2C-MoC/rGO (900℃) 的 CV 曲线及不同煅烧温度下得到的异质结材料的 (b) 倍率性能及 (c) 交流阻抗图

表 4–3　Meso–Mo_2C–MoC/rGO 异质结电极材料与其他 Mo_2C 电极材料性能对比

Sample	Methods	Current density ($mA \cdot g^{-1}$)	Capacity (cycle number) ($mA \cdot h \cdot g^{-1}$)	Ref.
Mo_2C–C nanospheres	Solvothermal	100	670 (50)	37
Mo_2C–rGO	Solution and carbothermal	100	850 (400)	38
Mo_2C nanoparticles	Single–nozzle electrospinning	100	658 (50)	34
MoO_2/Mo_2C Heteronanotubes	Carbothermal reduction	1000	510 (140)	23

续表

Sample	Methods	Current density ($mA \cdot g^{-1}$)	Capacity (cycle number) ($mA \cdot h \cdot g^{-1}$)	Ref.
$MoO_2/Mo_2C/C$ spheres	Hydrothermal	100	800 (800)	39
MoO_2/Mo_2C imbedded carbon fibers	Electrospinning, thermo–plastication reduction/ carbonization	100	1028 (100)	40
meso–$Mo_2C/MoC/rGO$	Nanocasting	100	941 (50)	This work

4.4 本章小结

在第一章合成二维层状介孔MoO_2的研究基础上，以二维层状介孔KIT–6/GO为模板、钼酸铵为钼源前驱体、添加葡萄糖为碳源，通过纳米浇筑方法，结合高温碳化过程，制备了二维层状介孔Mo_2C/rGO电极材料，在100$mA \cdot g^{-1}$的电流密度下，50次循环后可逆容量为575$mA \cdot h \cdot g^{-1}$。在所制备的二维层状介孔Mo_2C/rGO电极材料的基础上，通过调控碳化温度，得到了二维层状介孔Mo_2C–MoC/rGO异质结电极材料。碳化温度为900℃时得到的meso–Mo_2C–MoC/rGO异质结电极材料中，MoC和Mo_2C纳米粒子粒径约为5nm，且颗粒之间接触良好，降低了粒子间界面的电阻。同时，meso–Mo_2C–MoC/rGO异质结介孔的空隙空间为电解质和锂离子提供了三维传输途径，提高了MoC_2–MoC异质结电极材料的离子扩散能力。此外，柔性石墨烯片层增加了异质结的结构稳定性，同时增加了电极材料的导电性。该具有异质结结构的电极材料的循环和倍率性能得到显著提高，在100$mA \cdot g^{-1}$的电流密度下，50次循环后的放电容量仍然保持942.8$mA \cdot h \cdot g^{-1}$，是很有潜力的锂离子电池负极材料之一。

参考文献

[1] LI H, WANG Z, CHEN L, et al. Research on advanced materials for Li–ion batteries [J]. Advanced Materials ,2009 ,21 (45):4593–4607.

[2] DUNCAN H, KONDAMREDDY A, MERCIER P H J, et al. Novel Pnpolymorph for Li_2MnSiO_4 and its electrochemical activity as a cathode material in Li–ion batteries [J]. Chemistry of Materials, 2016, 23(24): 5446–5456.

[3] YI T–F, YANG S–Y, XIE Y. Recent advances of $Li_4Ti_5O_{12}$ as a promising next generation

anode material for high power lithium–ion batteries [J]. Journal of Materials Chemistry A, 2015, 3(11): 5750–5777.

[4] ZHU X, ZHU Y, MURALI S, et al. Nanostructured reduced graphene oxide/Fe_2O_3 composite as a high–performance anode material for lithium–ion batteries [J]. Acs Nano, 2011, 5(4): 3333–3338.

[5] SUN Y, HU X, YU J C, et al. Morphosynthesis of a hierarchical MoO_2 nanoarchitecture as a binder–free anode for lithium–ion batteries [J]. Energy & Environmental Science, 2011, 4(8): 2870–2877.

[6] ZOU F, HU X, QIE L, et al. Facile synthesis of sandwiched Zn_2GeO_4–graphene oxide nanocomposite as a stable and high–capacity anode for lithium–ion batteries [J]. Nanoscale, 2013, 6(2): 924–930.

[7] WANG Y F, ZHANG L J. Simple synthesis of CoO–NiO–C anode materials for lithium–ion batteries and investigation on its electrochemical performance [J]. Journal of Power Sources, 2012, 209(7): 20–29.

[8] ZHANG H, ZENG L, WU X, et al. Synthesis of MoO_2 nanosheets by an ionic liquid route and its electrochemical properties [J]. Journal of Alloys & Compounds, 2013, 580(8): 358–362.

[9] KU J H, JUNG Y S, LEE K T, et al. Thermoelectrochemically activated MoO_2 powder electrode for lithium secondary batteries [J]. Journal of the Electrochemical Society, 2014, 156(8): A688–A693.

[10] LIU Y, ZHANG H, PAN O, et al. One–pot hydrothermal synthesized MoO_2 with high reversible capacity for anode application in lithium–ion battery [J]. Electrochimica Acta, 2013, 102(21): 429–435.

[11] HIRSCH O, ZENG G, LUO L, et al. Aliovalent Ni in MoO_2 lattice–probing the structure and valence of Ni and its implication on the electrochemical performance [J]. Chemistry of Materials, 2014, 26(15): 4505–4513.

[12] FANG X, GUO B, SHI Y, et al. Enhanced Li storage performance of ordered mesoporous MoO_2 via tungsten doping [J]. Nanoscale, 2012, 4(5): 1541–1544.

[13] CHO W, SONG J H, KIM J–H, et al. Electrochemical characteristics of nano–sized MoO_2/C composite anode materials for lithium–ion batteries [J]. Journal of Applied Electrochemistry, 2012, 42(11): 909–915.

[14] ZHOU Y, LIU Q, LIU D, et al. Carbon–coated MoO_2 dispersed in three–dimensional graphene aerogel for lithium–ion battery [J]. Electrochimica Acta, 2015, 174(1):8–14.

[15] ZHANG H, LI Y, HONG Z, et al. Fabrication of hierarchical hollow MoO_2 microspheres constructed from small spheres [J]. Materials Letters, 2012, 79(23):148–

151.

[16] HU S, YIN F, UCHAKER E, et al. Facile and green preparation for the formation of MoO_2–GO composites as anode material for lithium–ion batteries [J]. The Journal of Physical Chemistry C, 2014, 118(43): 24890–24897.

[17] LUO W, HU X, SUN Y, et al. Electrospinning of carbon–coated MoO_2 nanofibers with enhanced lithium–storage properties [J]. Physical Chemistry Chemical Physics, 2011, 13(37): 16735–16740.

[18] XU Y, YI R, YUAN B, et al. High capacity MoO_2/graphite oxide composite anode for lithium-ion batteries [J]. Journal of Physical Chemistry Letters , 2012, 3(3): 309-314.

[19] XIA F, HU X, SUN Y, et al. Layer–by–layer assembled MoO_2–graphene thin film as a high–capacity and binder–free anode for lithium–ion batteries [J]. Nanoscale, 2012, 4(15): 4707–4711.

[20] BHASKAR A, DEEPA M, NARASINGA RAO T. MoO_2/multiwalled carbon nanotubes (MWCNT) hybrid for use as a Li–ion battery anode [J]. ACS Applied Materials & Interfaces, 2013, 5(7): 2555–2566.

[21] GAO Q, YANG L, LU X, et al. Synthesis, characterization and lithium–storage performance of MoO_2/carbon hybrid nanowires [J]. Journal of Materials Chemistry, 2010, 20(14): 2807–2812.

[22] SUN Y, HU X, LUO W, et al. Ultrafine MoO_2 nanoparticles embedded in a carbon matrix as a high–capacity and long–life anode for lithium–ion batteries [J]. Journal of Materials Chemistry, 2012, 22(2): 425–431.

[23] ZHANG H–J, WANG K–X, WU X–Y, et al. MoO_2/Mo_2C heteronanotubes function as high–performance Li–ion battery electrode [J]. Advanced Functional Materials, 2014, 24(22): 3399–3404.

[24] WU A, TIAN C, YAN H, et al. Hierarchical MoS_2@MoP core–shell heterojunction electrocatalysts for efficient hydrogen evolution reaction over a broad pH range [J]. Nanoscale, 2016, 8(21): 11052–11059.

[25] ZHAO X, SUI J, LI F, et al. Lamellar $MoSe_2$ nanosheets embedded with MoO_2 nanoparticles: novel hybrid nanostructures promoted excellent performances for lithium–ion batteries [J]. Nanoscale, 2016, 8(41): 17902–17910.

[26] YUE X, YI S, WANG R, et al. A novel architecture of dandelion–like Mo_2C/TiO_2 heterojunction photocatalysts towards high–performance photocatalytic hydrogen production from water splitting [J]. Journal of Materials Chemistry A, 2017, 5(21): 10591–10598.

[27] LIN H, SHI Z, HE S, et al. Heteronanowires of MoC–Mo_2C as efficient electrocatalysts

for hydrogen evolution reaction [J]. Chemical Science, 2016, 7(5): 3399–3405.

[28] SUN Q, DAI Y, MA Y, et al. Ab initio prediction and characterization of Mo_2C monolayer as anodes for lithium–ion and sodium–ion batteries [J]. Journal of Physical Chemistry Letters, 2016, 7(6): 937–943.

[29] ZHU Y, WANG S, ZHONG Y, et al. Facile synthesis of a MoO_2–Mo_2C–C composite and its application as favorable anode material for lithium–ion batteries [J]. Journal of Power Sources, 2016, 307:552–560.

[30] WANG B, WANG G, WANG H. Hybrids of Mo_2C nanoparticles anchored on graphene sheets as anode materials for high performance lithium–ion batteries [J]. Journal of Materials Chemistry A, 2015, 3(33): 17403–17411.

[31] MESHKIAN R, NäSLUND L–Å, HALIM J, et al. Synthesis of two–dimensional molybdenum carbide, Mo_2C, from the gallium based atomic laminate Mo_2Ga_2C [J]. Scripta Materialia, 2015, 108:147–150.

[32] ÇAKıR D, SEVIK C, GüLSEREN O, et al. Mo_2C as a high capacity anode material: a first–principles study [J]. Journal of Materials Chemistry A, 2016, 4(16): 6029–6035.

[33] Won K, Kah Lau, Chang S, et al. A Mo_2C/carbon nanotube composite cathode for lithium–oxygen batteries with high energy efficiency and long cycle life [J]. Acs Nano, 2015, 9(4):4129–4137.

[34] LI R, WANG S, WANG W, et al. Ultrafine Mo_2C nanoparticles encapsulated in N–doped carbon nanofibers with enhanced lithium storage performance [J]. Physical Chemistry Chemical Physics, 2015, 17(38): 24803–24809.

[35] ZHU J, SAKAUSHI K, CLAVEL G, et al. A general salt–templating method to fabricate vertically aligned graphitic carbon nanosheets and their metal carbide hybrids for superior lithium ion batteries and water splitting [J]. Journal of the American Chemical Society, 2015, 137(16): 5480–5485.

[36] XIAO Y, ZHENG L, CAO M. Hybridization and pore engineering for achieving high–performance lithium storage of carbide as anode material [J]. Nano Energy, 2015, 12:152–160.

[37] GAO Q, ZHAO X, XIAO Y, et al. A mild route to mesoporous Mo_2C–C hybrid nanospheres for high performance lithium–ion batteries [J]. Nanoscale, 2014, 6(11): 6151–6157.

[38] CHEN M, ZHANG J, CHEN Q, et al. Construction of reduced graphene oxide supported molybdenum carbides composite electrode as high–performance anode materials for lithium–ion batteries [J]. Materials Research Bulletin, 2016, 73:459–464.

[39] IHSAN M, WANG H, MAJID S R, et al. MoO_2/Mo_2C/C spheres as anode materials for

lithium-ion batteries [J]. Carbon, 2016, 96:1200-1207.

[40] LI H,YE H, XU Z et al. Freestanding MoO_2/Mo_2C imbedded carbon fibers for Li-ion batteries[J]. Physical chemistry chemical physics,2017,19(4):2908-2914.

第5章　二维层状介孔 $MoP-MoS_2/rGO$ 电极材料的可控构筑、结构调控及电化学性能研究

5.1　引言

由于化石燃料大量燃烧，温室效应越来越严重，环境污染成为现代社会的关键问题[1,2]。纳米材料已经被研究用于清洁和可持续能源装置，如电池、太阳能电池和电容器[3,4]以及锂离子电池（LIBs）等。其中，LIBs具有能量密度高，循环寿命长，环境友好等优点，被认为是最佳储能的系统[5,6]。LIBs的电极材料需要满足以下要求：导电率高，比表面积大，成本低，电化学稳定性好。碳基材料是目前使用最广泛的商用负极材料，然而其理论容量相对较低，为 $372mA\cdot h\cdot g^{-1}$，这严重限制了它的应用，在下一代LIB中，石墨应该被其他更高容量的材料取代。目前，大量研究者致力于开发或设计具有更好的锂储存特性和更高的能量密度的负极材料。过渡金属氧化物，氮化物和硫化物作为替代电极材料已被广泛报道[15]。然而，高理论容量的负极材料通常伴随着较差的循环稳定性，这可能是由于活性材料剧烈的体积变化以及在重复循环过程中严重的颗粒聚集导致集电器粉碎和剥落，循环能力和容量快速下降[5,16]。

最近，Mo基化合物在能量转化和储存领域受到了广泛关注[17,18]，它们在氧还原反应（ORR）、析氢（HER）和LIBs等能源领域的应用已经得到了深入的研究[19]。MoS_2 是最早取代Pt催化剂的候选材料之一，通过改变其尺寸、二维片层层数和形态可以改善其电化学性能。由于 MoS_2 的（002）面之间的范德华力弱相互作用，使 Li^+ 容易嵌入 MoS_2，因此 MoS_2 也具有较高的Li存储容量并受到了广泛研究，例如相关 MoS_2 纳米片[22-24]，核壳结构[25,26]，以及 MoS_2/C 复合材料等的研究已有许多报道[27-29]。Xia Wang等[30]采用模板溶胶—凝胶法进行退火处理得到了一种新型的三维多孔磷化钼@碳杂化材料（3D多孔MoP@C）。得益于其微观结构和成分的优势，三维多孔MoP@C化合物在比容量、循环稳定性和长循环寿命方面表现出优异的储锂性能。这项研究为金属磷化物作为锂储存潜在材料的研究开辟了新路径。此外，具有低电负性的阴离子P与过渡金属（Co、Ni、Fe）结合是很有前景的HER催化剂。Aiping Wu等[31]设计了一种分层的花状 MoS_2@MoP核－壳异质结（HF-MoSP），该复合材料在广泛的pH范围内对HER具有良好的催化作用，

这种良好的性能得益于 MoP 壳层与 MoS_2 核的协同作用以及分级结构较大的比表面积。到目前为止，具有纳米结构 MoP 和石墨烯的复合材料用作电极材料的研究还很少，纳米结构可以使电极和电解液之间的接触面积最大化，使 e^- 和 Li^+ 的扩散路径变得更短，提供高容量和高倍率性能，然而，纳米材料在锂化和脱锂过程中仍然受到体积变化的影响[32]，需进一步研究。

本章以 KIT-6/GO 为模板、$(NH_4)_6Mo_7O_{24}\cdot 4H_2O$ 为钼源、$(NH_4)_2HPO_4$ 为磷源，通过纳米浇筑方法合成了二维层状介孔 meso-MoP/rGO 电极材料，研究了不同钼 / 磷原料比对 Meso-MoP/GO 电极材料的结构及性质的影响。之后，同样以 KIT-6/GO 为模板、$(NH_4)_6Mo_7O_{24}\cdot 4H_2O$ 为钼源、次磷酸钠为磷源、硫脲为硫源，合成了二维层状介孔硫化钼包覆硫化钼结构的电极材料（meso-MoP-MoS_2/rGO）。所制备的 MoP 纳米颗粒具有介孔结构，且 MoS_2 纳米片垂直生长于其表面，二维层状石墨烯作为柔性导电载体大大提高了材料的导电性，介孔 MoP 纳米颗粒和垂直生长的 MoS_2 纳米片保证了 Li^+ 和 e^- 的传递距离更短，从而极大地提高了离子扩散速率，并且缓解了充放电过程中的体积变化，而且垂直生长的 MoS_2 纳米片也可以提供有效的多向电子传递路径。此外，Mo — P 键的形成也增强了钼金属的性能。二维层状 meso-MoP-MoS_2/rGO 电极材料具有独特的结构和组成优势，作为 LIBs 的负极材料在比容量、循环稳定性和长周期寿命方面显示出优异的锂储存性能。

5.2 材料的制备

5.2.1 Meso-MoP/rGO 电极材料的合成

以 KIT-6/GO 为模板、$(NH_4)_6Mo_7O_{24}\cdot 4H_2O$ 为钼源、$(NH_4)_2HPO_4$ 为磷源，通过纳米浇筑方法合成 meso-MoP/rGO 电极材料。具体方法如下：将 0.2g KIT-6/rGO 模板和 0.2g 钼酸铵及一定量的磷酸氢二铵，加入 30mL 去离子水中，之后在室温下搅拌 24h 后放入 50℃真空烘箱烘干。接着在 800℃条件下煅烧 3h，升温速度为 2℃ · min^{-1}，保护气为氮气。为了验证不同填充比例对产物的影响，分别合成了不同钼酸铵和磷酸氢二铵比例的样品（3 : 1, 1 : 1, 1 : 3），标记为 meso-MoP/rGO(3 : 1)、meso-MoP/rGO(1 : 1) 和 meso-MoP/rGO(1 : 3)。最后，KIT-6 模板用 NaOH (2M) 去除，所得产物用水和乙醇离心洗涤，直到中性。

5.2.2 meso-MoS_2/rGO 电极材料的合成

0.2g KIT-6/rGO 模板和 0.2g 钼酸铵及 0.2g 硫脲加入 30mL 去离子水中，在室温下搅拌 24h 后放入 50℃真空烘箱烘干，接着分别在 450℃、500℃和 550℃条件下煅烧 4h，升温速度为 2℃ · min^{-1}，保护气为 Ar/H_2 混合气（H_2 含量为 10%）。

5.2.3　Meso-$MoP-MoS_2/rGO$ 电极材料的合成

Meso-$MoP-MoS_2/rGO$ 同样以 KIT-6/rGO 为模板、$(NH_4)_6Mo_7O_{24}\cdot 4H_2O$ 为钼源、次磷酸钠（NaH_2PO_2）为磷源、硫脲为硫源。将 0.2g KIT-6/GO 模板、0.2g 钼酸铵、0.2g 硫脲溶于 30 mL 蒸馏水中。将该溶液搅拌 24 h，然后在 50℃下真空干燥以获得前驱体。将前驱体置于管式炉的右侧区域，NaH_2PO_2 保持在左侧区域，然后在氮气气氛下以 2℃ · min^{-1} 的速率升温至 700℃、750℃、800℃保持 3h，在煅烧过程中，氮气从左向右流动。最后用 NaOH(2M) 去除 KIT-6 模板。

5.3　结果与讨论

5.3.1　Meso-MoP/rGO、meso-MoS_2/rGO 及 meso-$MoP-MoS_2$/rGO 电极材料的合成

Meso-MoP/rGO 电极材料的合成方法与其他钼系电极材料的合成方法类似，只是采用磷酸氢二铵为磷源。Meso-$MoP-MoS_2/rGO$ 电极材料的合成示意图如图 5-1 所示，将次磷酸钠放置在管式炉左温区，Mo、S 前驱体放置在管式炉右温区，当左区次磷酸钠加热到 300℃时就会产生具有还原性的 PH_3 气体，PH_3 随着气流方向流经 Mo、S 前驱体，高温下将钼从 +6 价还原成 +4 价，并且形成了 MoP 相。

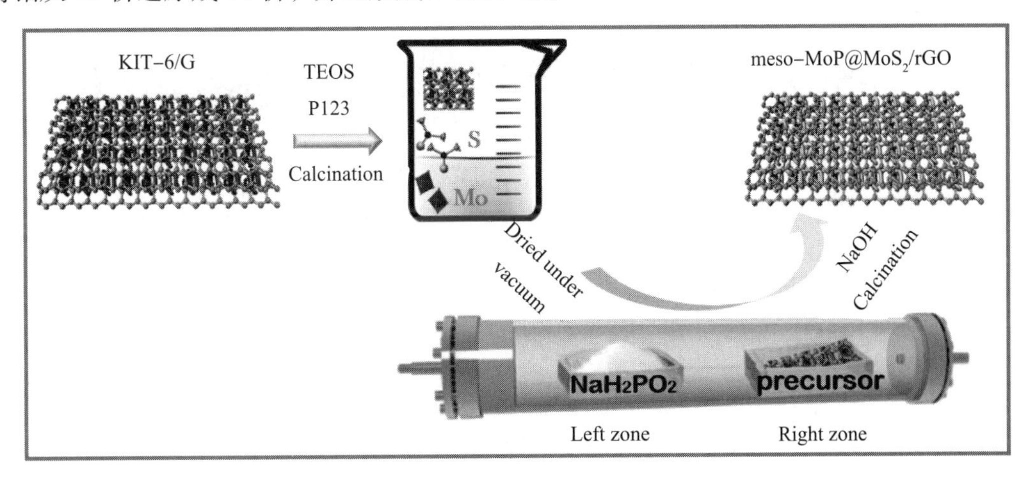

图 5-1　Meso-$MoP-MoS_2/rGO$ 电极材料的合成示意图

5.3.2　Meso-MoP/rGO 电极材料的结构和形貌分析

基于之前其他钼系电极材料的研究基础，在对 MoP 电极材料的研究过程中，首先考察不同前驱体比例对电极材料结构和性质的影响。如图 5-2 所示为钼酸铵与磷酸氢二铵比例为 1∶3、1∶1、3∶1 条件下得到的二维层状介孔 MoP/rGO 电极材料的 XRD 图。从 XRD 结果可以看到，仅当钼酸铵与磷酸氢二铵比例为 1∶1 时得到的产物有明显的 XRD

衍射峰；当该比例为 1∶3 时，所得产物的 XRD 并没有出现衍射峰，显示为无定形状态，这是由于钼酸铵与磷酸氢二铵比例为 1∶3 时没有足够的钼源，因此不能形成 MoP 晶相；而当钼酸铵与磷酸氢二铵比例为 3∶1 时，在 32.2° 和 43.2° 处分别出现两个衍射峰，说明用比例合成的产物已经有部分 MoP 相形成；继续调整钼酸铵与磷酸氢二铵比例为 1∶1，所有的衍射峰都可以对应六方晶相 MoP（JCPDS#24-0771）。六方晶相 MoP 具有碳化钨（WC）型结构，其中每个 Mo 原子由六个 P 原子三角棱镜配位。其中，32.2°、43.1° 和 57.5° 处的衍射峰分别对应 MoP 的（100）（101）（110）晶面。由谢乐公式计算可知，晶粒尺寸大约为 8.8 nm。

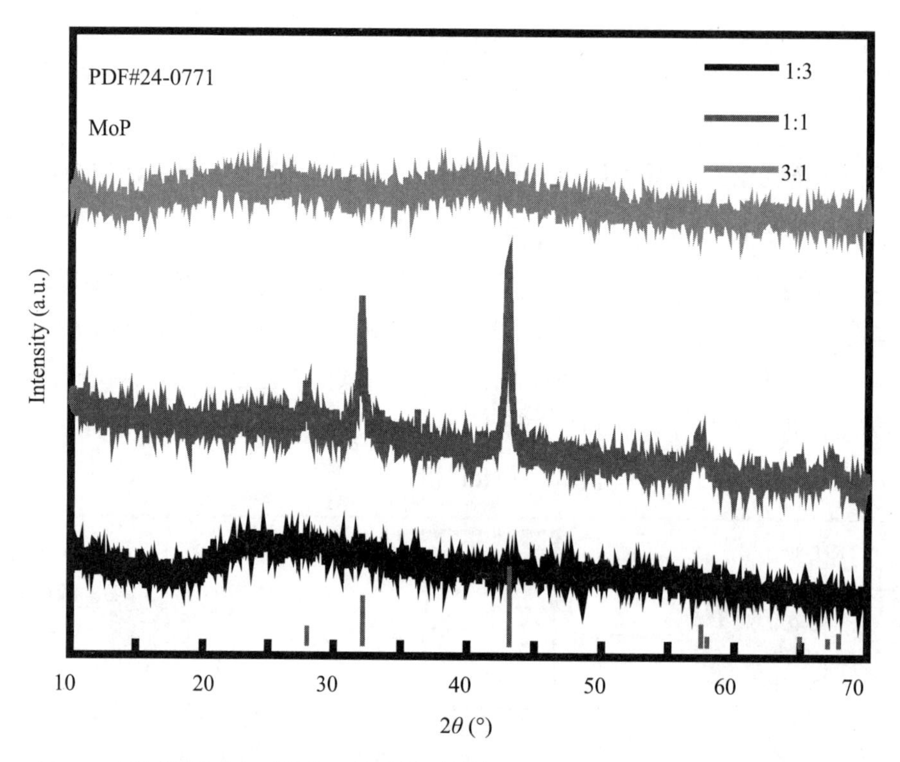

图 5-2　不同钼酸铵与磷酸氢二铵比例得到的 meso-MoP/rGO 电极材料的 XRD 图

我们对不同钼酸铵和磷酸氢二铵比例得到的 meso-MoP/rGO 电极材料进行了 SEM 表征，结果如图 5-3（a）~（c）所示。从图中可以看到，存在明显的石墨烯褶皱，而且所制备电极材料均呈二维层状结构，无大颗粒材料存在，说明在电极材料制备过程中，钼酸铵和磷酸氢二铵均填充到了模板中，在后续煅烧过程中转变为所得的电极材料。依据 XRD 结果可知，仅当填充比例为 1∶1 时得到纯相 MoP，因此对该样品进行了 TEM 表征。图 5-3（d）（e）为 meso-MoP/rGO(1∶1) 电极材料在不同放大倍数下的 TEM 图，从图中可以看出，所制备电极材料为二维层状结构。此外，从 TEM 图中还可以看到，MoP 颗粒尺寸为 8~10nm，而且颗粒分散较均匀，有轻微团聚现象，图中明暗相间的地方为孔结构，但是孔结构不够规整。

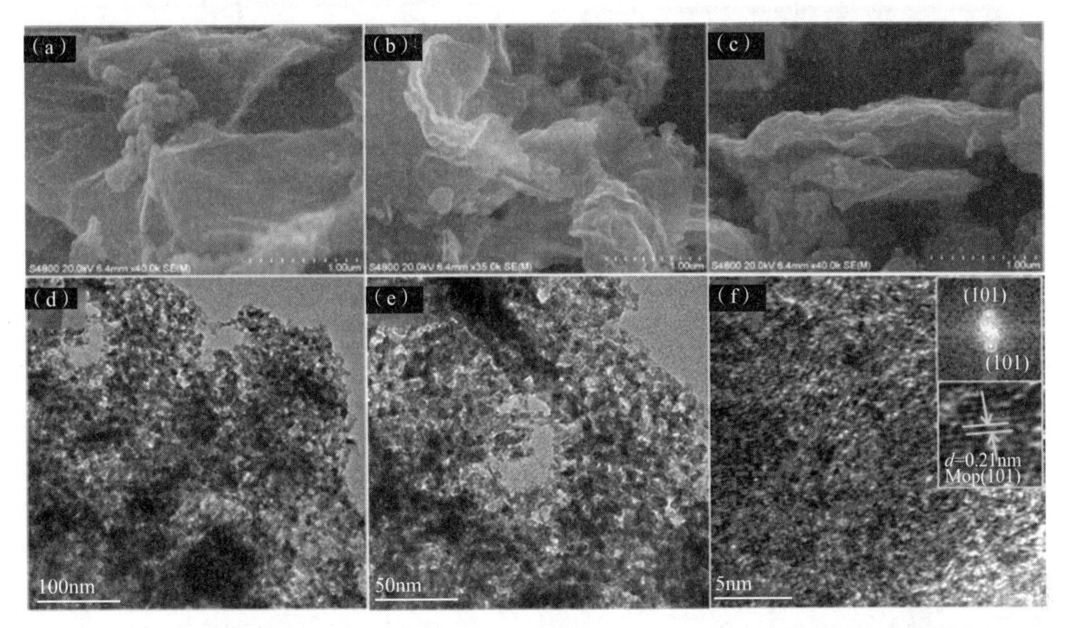

图 5-3　(a)~(c) 钼酸铵与磷酸氢二铵比例为 1 ： 1 时所得 meso-MoP/rGO 电极材料的 SEM 图和 (d)~(f) TEM 图

5.3.3　Meso-MoP/rGO 电极材料的电化学性质分析

采用恒电流充放电法对不同钼酸铵和磷酸氢二铵比例制得的 meso-MoP/rGO 电极材料的电化学性质进行了测试，结果如图 5-4 所示。图 5-4（a）和（b）分别为钼酸铵和磷酸氢二铵比例为 1∶3 时的充放电曲线和循环性能图；图 5-4（c）和（d）分别为钼酸铵和磷酸氢二铵比例为 1∶1 时的充放电曲线和循环性能图；图 5-4（e）和（f）分别为钼酸铵和磷酸氢二铵比例为 3∶1 时的充放电曲线和循环性能图。由于钼酸铵和磷酸氢二铵比例为 1∶3 和 3∶1 时制得的电极材料 XRD 结果中未发现特征峰，说明这两种条件下得到的电极材料没有结晶，是以无定型形式存在的，在充放电过程中，电极材料的首次放电容量较高，但是循环稳定性较差，其中 meso-MoP/rGO(1∶3) 电极材料的首次充 / 放电容量分别为 608.5mA · h · g^{-1}、764.5mA · h · g^{-1}，50 次循环后容量保持率为 62%；meso-MoP/rGO(1∶1) 电极材料的首次充 / 放电容量分别为 391.3mA · h · g^{-1}、771.6mA · h · g^{-1}，50 次循环后放电容量保持在 444.6mA · h · g^{-1}，meso-MoP/rGO(1∶3) 电极材料的首次充 / 放电容量分别为 484.6mA · h · g^{-1}、588.8mA · h · g^{-1}，50 次循环后容量保持率为 43.3%。对比这三种材料电化学性能测试结果发现，虽然电极材料首次充放电容量较高，但是随着循环次数的增加，电极材料的容量保持率较低，这可能是因为钼酸铵与磷酸氢二铵的填充比例为 1∶3 和 3∶1 时得到的 MoP 不纯，影响其储锂能力。此外，另一个重要原因可能是由于磷化温度过高，导致电极材料在磷化过程中发生严重团聚，阻碍离子和电子的扩散，破坏其电化学性质。

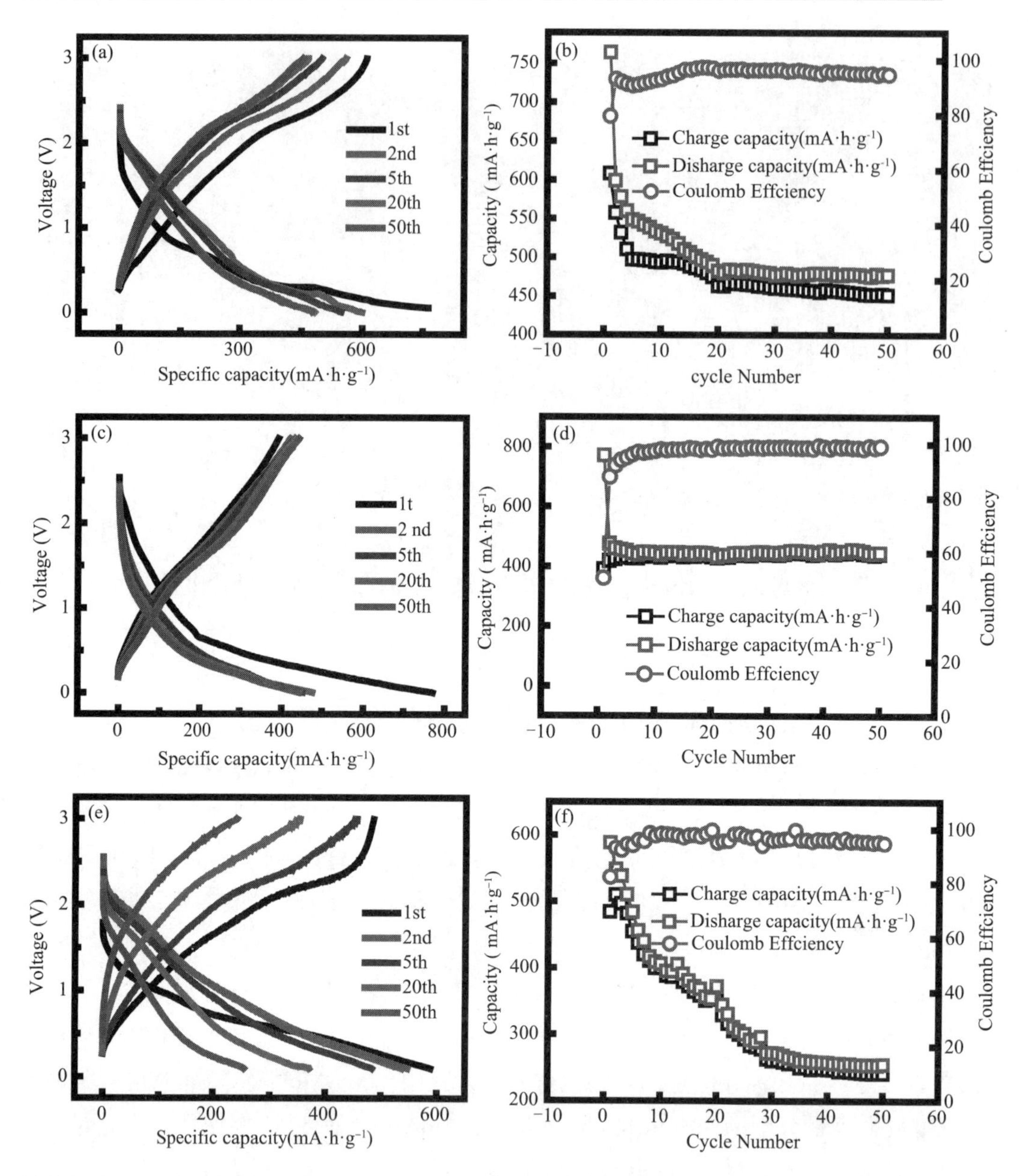

图 5-4 Meso-MoP/rGO(1 ∶ 3)、meso-MoP/rGO（1 ∶ 1）和 meso-MoP/rGO（3 ∶ 1）电极材料的充放电曲线 (a) (c) 和 (e)，循环性能及库伦效率图（b）（d）和（f）

5.3.4 不同煅烧温度 Meso-MoP/rGO 电极材料的结构和形貌分析

为了研究煅烧温度对电极材料结构和性质的影响，分别将 Mo、P 前驱在 500℃、600℃、700℃下煅烧，得到的 meso-MoP/rGO 电极材料的 XRD 测试结果如图 5-5 所示。从图中可以看到，500℃时所得材料没有衍射峰，说明电极材料在 500℃没有结晶，随着煅烧温度的升高，衍射峰明显增强，说明电极材料结晶度增加。对不同煅烧温度得到的电极材料进行 SEM 表征，发现电极材料中存在有褶皱的石墨烯 [图 5-6（a）~（c）]，且为片层结构，随着煅烧温度的升高，电极材料表现出团聚现象，温度越高，团聚越严重。

由于在 600℃就可以形成 MoP 相，因此选择 600℃为合适的煅烧温度并对该温度下得到的 meso-MoP/rGO 电极材料做了 TEM 表征，结果如图 5-6（d）~（f）所示。图 5-6（d）和（e）分别为不同放大倍数下的 TEM 图片，可以看到有明暗相间的孔结构存在，但是也有深色区域，说明电极材料存在一定程度的团聚，颗粒均匀性不是很好。从 HRTEM 图可以看到，晶面间距分别为 0.17nm 和 0.21nm，对应于 MoP 相的（110）和（101）晶面，与 XRD 测试结果一致。

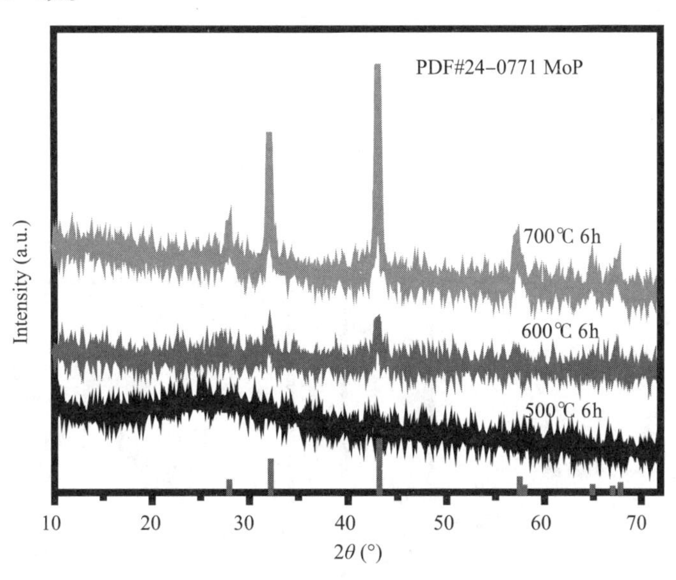

图 5-5　不同煅烧温度得到的 meso-MoP/rGO 电极材料的 XRD 图

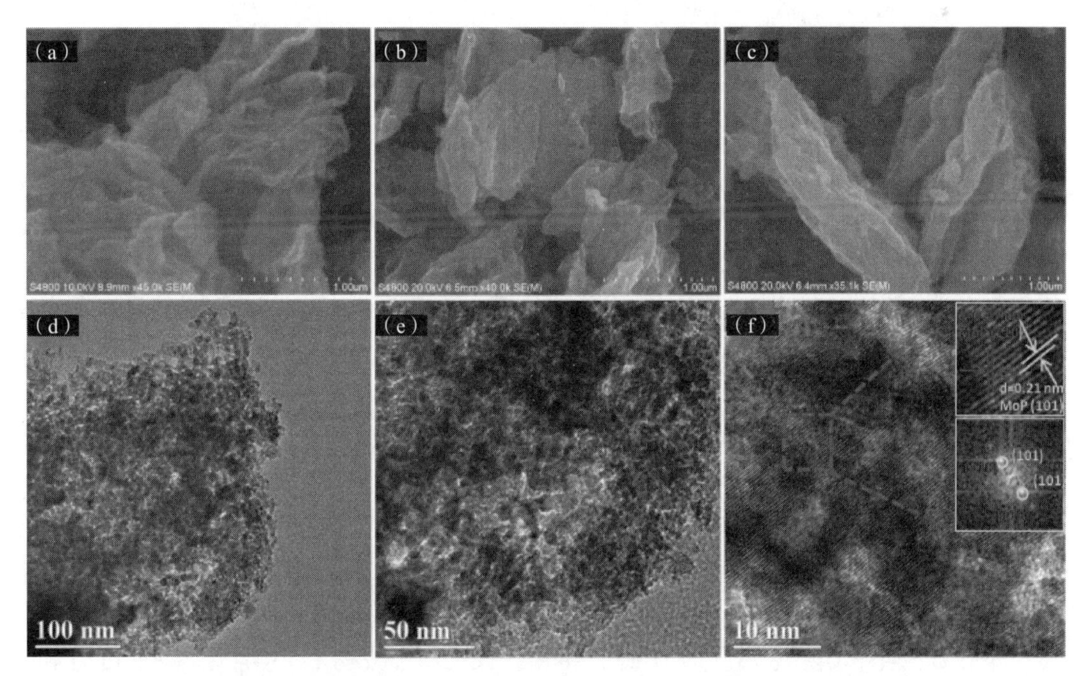

图 5-6　(a)~(c) 不同煅烧温度得到的 meso-MoP/rGO 电极材料的 SEM 图，(d)~(f) 煅烧温度为 600℃时得到的 meso-MoP/rGO 电极材料的 TEM 图

5.3.5 不同煅烧温度 meso-MoP/rGO 电极材料的表面价态分析

利用 XPS 进一步研究了二维层状介孔 meso-MoP/rGO 电极材料的表面电子状态和元素组成。图 5-7 是 600℃下得到的 meso-MoP/rGO 电极材料的 XPS 谱图。XPS 全谱显示，Mo、P 和 C 元素均存在 [图 5-7（a）]。从图 5-7（b）Mo 3d 高分辨率 XPS 谱中可以发现，在 235.7eV 和 232.6eV 处的两个峰，分别归属于 MoO_3 的 Mo（Ⅵ）$3d_{3/2}$ 和 $3d_{5/2}$，这是由于空气中 MoP 表面发生轻微氧化而导致的，而 228.5eV 处的峰归属于 MoP 中的 Mo $3d_{5/2}$。另外，129eV 和 133.4eV 处的 P 2p 区域的峰值分别归属于与 Mo-P 键和 PO_4^{3-}[图 5-7（c）]。C 1s 的 XPS 谱图如图 5-7（d）所示，可以看到有三个单独的峰，最强峰是石墨烯中 C — C 键的峰，位于 284.8eV 处，剩下两个相对较弱的峰位于 286.6eV 和 288.8eV 处，分别是 C — O — C 和 O — C ＝ O 对应的峰。

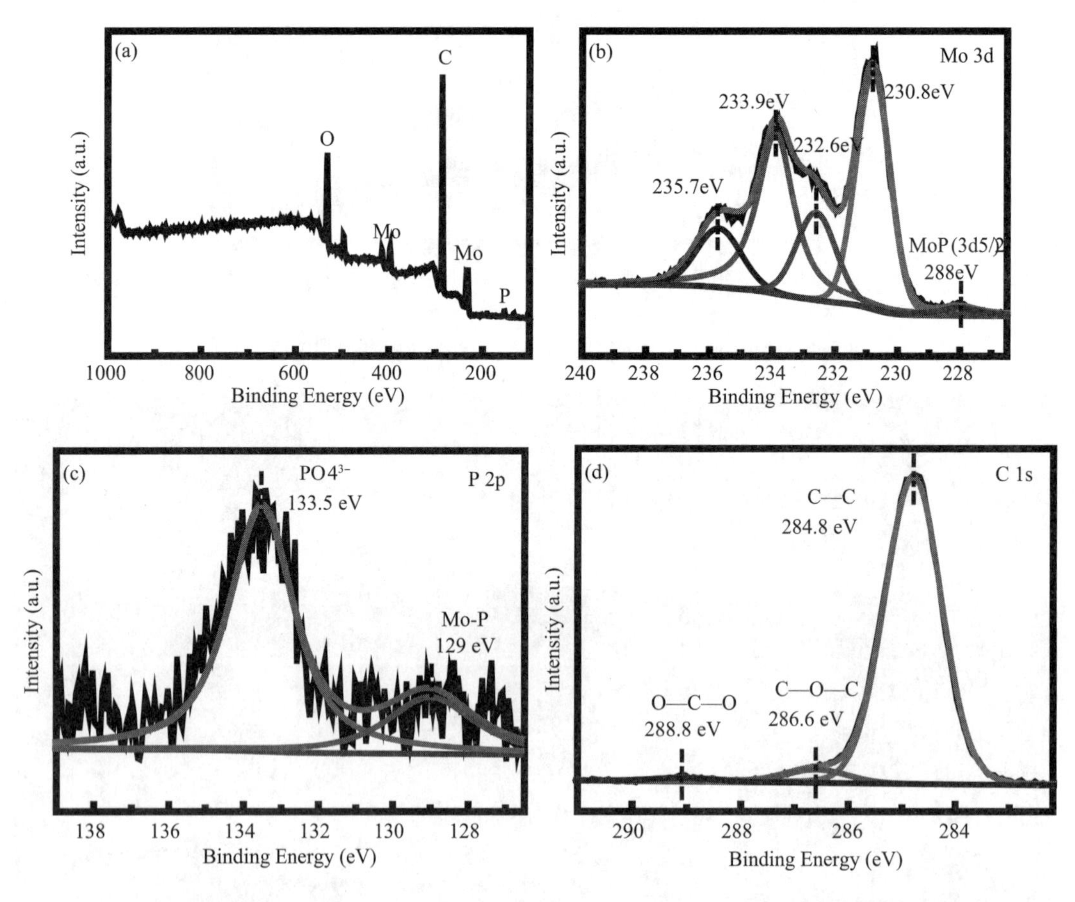

图 5-7 钼酸铵和磷酸氢二铵比例为 1 ∶ 1、600℃煅烧所得 meso-MoP/rGO(1 ∶ 1) 电极材料的 (a)XPS 图，(b)Mo_{3d}，(c)C_{1s}，(d)O_{1s} 的高分辨率 XPS 图

5.3.6 不同煅烧温度 v meso-MoP/rGO 电极材料的电化学性质分析

通过恒电流充放电电化学测试方法对不同煅烧温度时制备的二维层状介孔结构 meso-MoP/rGO 电极材料的储锂性质进行了研究。图 5-8（a）和（b）为 500℃得到的 meso-

MoP/rGO 电极材料在 100mA · g^{-1} 的电流密度下的充放电曲线及循环性能图。500℃得到的电极材料为无定型材料，首次充 / 放电分别为 687.6mA · h · g^{-1}、829.3mA · h · g^{-1}，50 次循环后放电容量为 396.2mA · h · g^{-1}。图 5–8（c）和（d）、（e）和（f）分别为 600℃和 700℃得到的电极材料的充放电曲线和循环性能图，首次充 / 放电分别为 996.5mA · h · g^{-1}、1291.4mA · h · g^{-1}、533.9mA · h · g^{-1}、794.5mA · h · g^{-1}，50 次循环后容量分别为 531.8mA · h · g^{-1}、506.7mA · h · g^{-1}。观察三种煅烧温度下得到的 meso–MoP/rGO 电极材料的电化学性质发现，当钼酸铵和磷酸氢二铵比例为 1∶1、煅烧温度为 600℃时得到的 meso–MoP/rGO 电极材料在多次循环后容量最高，但是与文献对比，仍存在一定差距。

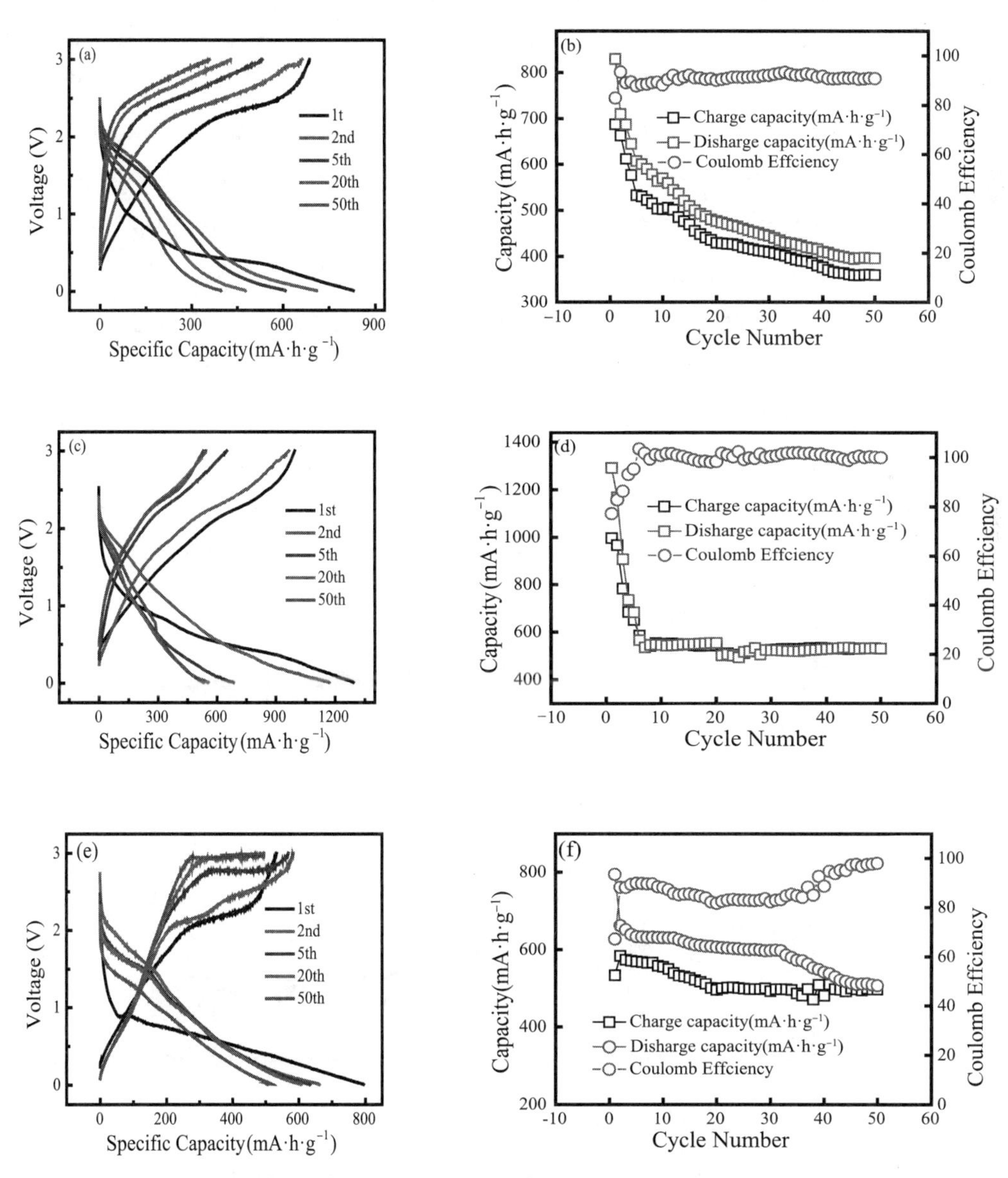

图 5–8 Meso–MoP/rGO(500℃)、meso–MoP/rGO(600℃) 和 meso–MoP/rGO(700℃) 电极材料的充放电曲线 (a) (c) 和 (e)，(b) (d) 和 (f) 循环性能及库伦效率图

5.3.7 Meso–MoP–MoS_2/rGO 电极材料的结构分析

为了进一步优化 MoP 的电化学性质，结合本论文对高容量 MoS_2 电极材料的研究，我们设想在制备 MoP 过程进入 S 源，获得 MoP 和 MoS_2 的复合结构，研究 MoS_2 与 MoP 的相互作用对电极材料电化学性质的影响。由于 MoS_2 本身三明治结构的特性，硫的加入对于形成二维层状结构大有益处，而且对于容量提升也有帮助。此外，以磷酸二氢铵做磷源时，磷化条件较为苛刻，磷化效果不佳。因此，改用次磷酸钠为磷源，通过控制磷化时间得到了 meso–MoP–MoS_2/rGO 电极材料，合成示意图如图 5–1 所示。采用次磷酸钠为磷源，在氮气保护下，分别在 700℃、750℃、800℃磷化 3 h（其中 Mo、S 前躯体与次磷酸钠的质量比统一为 1∶5），在磷化过程中有介孔 KIT–6 模板存在，磷化之后用 NaOH 将硅模板去除，这样电极材料就很好地保持了二维层状介孔结构。不同磷化温度得到的 meso–MoP–MoS_2/rGO 电极材料 XRD 表征如图 5–9 所示。当磷化温度为 700℃时，在 26° 附近均出现明显的 MoO_2 的峰，在 37° 及 53.4° 处的衍射峰也归属于 MoO_2 相，但是在 33° 附近出现了微弱的 MoS_2 的峰，在 43° 附近出现微弱的 MoP 的峰，说明 700℃下得到的电极材料以 MoO_2 相为主体，并有少量 MoS_2 和 MoP 相。当磷化温度升高到 750℃时，26° 、37° 及 53.4° 处 MoO_2 的峰全部消失，33° 处 MoS_2 的峰逐渐增强，并且在 14° 处出现了明显的 MoS_2 相的衍射峰。此外，在 43° 附近依旧存在微弱的 MoP 相的峰，说明磷化湿度为 750℃时得到的电极材料以 MoS_2 相为主，并且有少量 MoP 相存在。当磷化温度继续升高到 800℃时，MoS_2 相 32.6° 处的峰偏移到 32.2° 处，正好对应 MoP 相，而且在 43° 附近 MoP 相的峰增强，但是在 14° 及 58° 附近依旧有微弱的 MoS_2 相的衍射峰，说明磷化温度为 800℃时得到的电极材料以 MoP 相为主，并有少量 MoS_2 相。

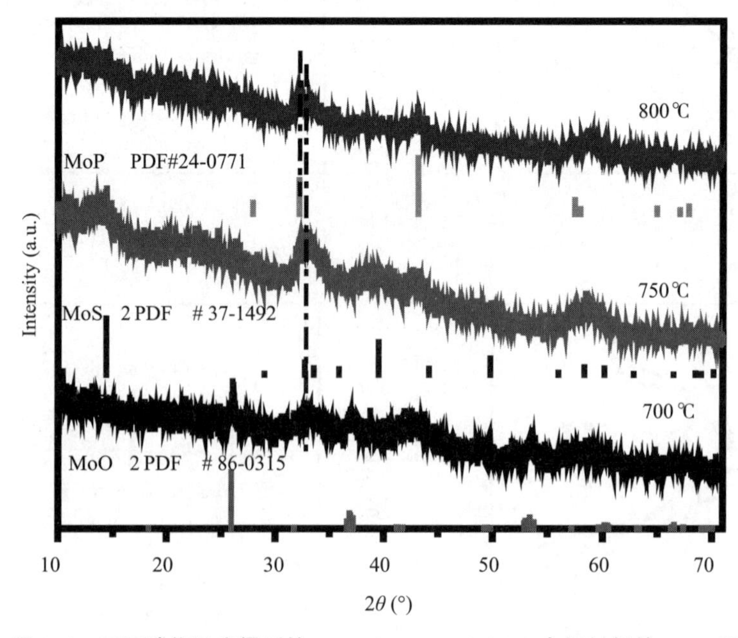

图 5–9 不同磷化温度得到的 meso–MoP–MoS_2/rGO 电极材料的 XRD 图

5.3.8 Meso–MoP–MoS_2/rGO 电极材料的形貌分析

将不同磷化温度下得到的 meso–MoP–MoS_2/rGO 电极材料进行 SEM 和 TEM 表征，结果如图 5–10 所示。图 5–10（a）~（c）分别为 700℃、750℃、800℃磷化后得到的 meso–MoP–MoS_2/rGO 电极材料的 SEM 图。图 5–10（d）~（f）为磷化温度为 800℃时所得 meso–MoP–MoS_2/rGO 电极材料的 TEM 图。从图中明显可以看到，存在二维片层结构和具有褶皱的石墨烯片层，其中片层厚度为 40~50nm。随着磷化温度的升高，其表面逐渐变得粗糙，结合 XRD 结果，出现这种粗糙表面的原因可能是磷化温度越高，表面磷化程度越强，生成的 MoP 越多。图 5–10（d）和（e）为不同放大倍数下、800℃磷化得到的 meso–MoP–MoS_2/rGO 电极材料的 TEM 图。从图中可以清楚地看到二维片层结构和明暗相间的介孔结构。此外，从图 5–10（e）和（f）HRTEM 图中可以观察到，二维层状石墨烯片层表面存在深色片状物，该片状物为 MoS_2（图中红色虚线圆圈处），且 MoS_2 垂直于石墨烯片层。而从图 5–10（f）中可以清晰地辨别出晶格间距为 0.70 nm 和 0.27 nm 的晶格条纹，分别对应于 MoS_2 的（002）晶面和 MoP 的（100）晶面。从 SEM 和 TEM 结果可以看出，加入硫前驱体经磷化后得到了分散良好的二维片层结构，相对于采用之前磷化方法得到的电极材料，其二维层状结构更明显，颗粒分散更均匀。更重要的是在 MoP 二维片层上有垂直于片层结构的 MoS_2 片层存在，这样的结构可以提供更多的电子传输路径，有利于锂离子和电子的扩散。

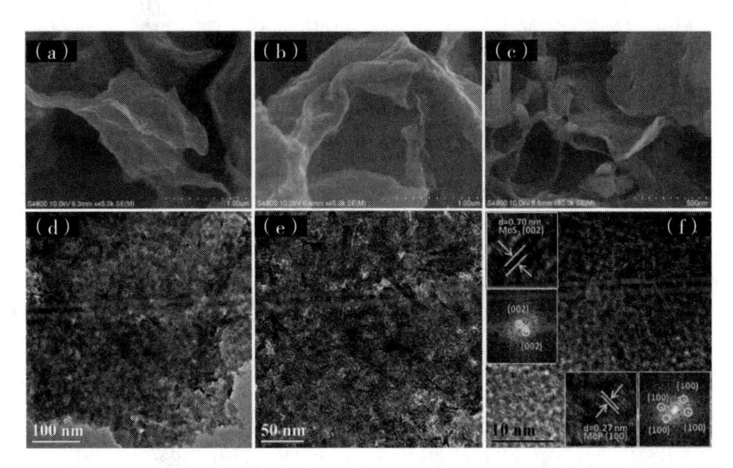

图 5–10 (a) meso–MoP–MoS_2/rGO(700℃)、(b) meso–MoP–MoS_2/rGO(750℃) 和 (c) meso–MoP–MoS_2/rGO(800℃) 电极材料的 SEM 图，(d)~(f) meso–MoP–MoS_2/rGO(800℃) 电极材料的 TEM 图

5.3.9 Meso–MoP–MoS_2/rGO 电极材料的孔结构分析

采用氮气吸附 – 脱附表征测试了 meso–MoP–MoS_2/rGO 电极材料的比表面积和孔结构。如图 5–11（a）所示，不同磷化温度下得到的 meso–MoP–MoS_2/rGO 电极材料的氮吸附 – 脱吸等温线是Ⅳ型，并呈现出典型的 H1 滞后环，在相对压力（P/P_0）为 0.4~1.0 时的曲线特征是典型的有序介孔材料的吸附曲线，其中磷化温度为 750℃时得到的 meso–MoP–MoS_2/rGO 电极材料的比表面积最大，为 99.0$m^2 \cdot g^{-1}$，而磷化温度为 700℃和 800℃

时得到的 meso-MoP-MoS_2/rGO 电极材料的比表面积分别为 74.5m^2·g^{-1} 和 80.9m^2·g^{-1}，具体数据如表 5-1 所示。由于只是磷化温度不同，温度较高可能会有烧结或结构坍塌，三种电极材料的比表面积均保持在较高水平，在电化学反应过程中均可以提供储锂活性位点。如图 5-11（b）所示，磷化温度为 750℃时得到的 meso-MoP-MoS_2/rGO 电极材料的孔容为 0.23 cm^3·g^{-1}，在这三种电极材料中也是最高的，孔径为 3.2nm。由于电极材料所具有的大比表面积和大孔容的特性可以在电化学反应过程中有效地缓解体积效应，而且可以提供更多的活性位点，从而提升其电化学活性和循环性能。

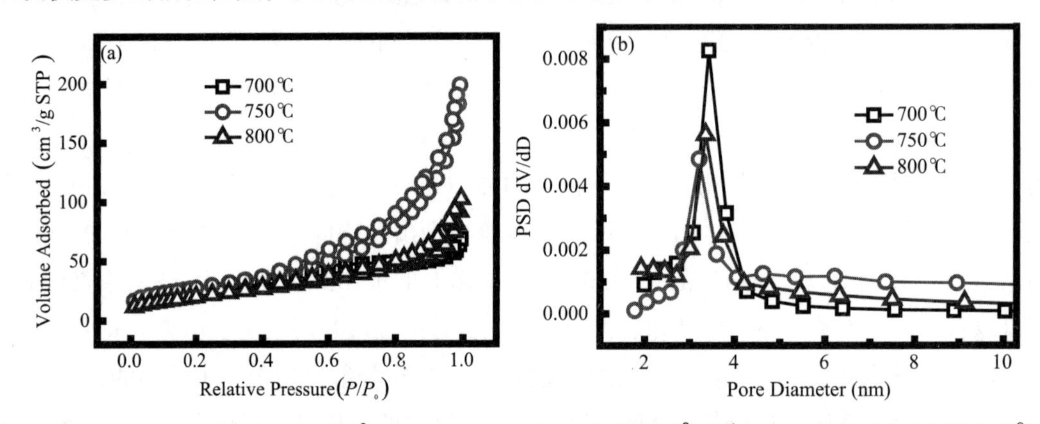

图 5-11　Meso-MoP-MoS_2/rGO(700℃)、meso-MoP-MoS_2/rGO(750℃) 和 meso-MoP-MoS_2/rGO(800℃) 的 (a) 氮气吸脱附曲线和 (b) 孔径分布图

表 5-1　Meso-MoP-MoS_2/rGO(700℃)、meso-MoP-MoS_2/rGO(750℃) 和 meso-MoP-MoS_2/rGO(800℃) 的 BET 和 BJH 数据表

样本	S_{BET} / (m^2·g^{-1})	D_p / nm	V_P/ (cm^3·g^{-1})
700℃	74.5	3.4	0.11
750℃	99.0	3.2	0.23
800℃	80.9	3.4	0.09

5.3.10　Meso-MoP-MoS_2/rGO 电极材料的表面价态分析

采用 XPS 表征手段来分析随着磷化温度升高，meso-MoP-MoS_2/rGO 电极材料的表面元素和价态分布情况。从图 5-12（a）meso-MoP-MoS_2/rGO 电极材料 C 1s 图谱中可以看出，位于 284.8eV 处的特征峰归属于 C—C 键，286.2eV 和 288.8eV 处的两个小峰分别归属为 C—O—C 键和 O—C═O 键。在如图 5-12（b）所示的 Mo 3d 谱图中，位于 229.5eV 和 232.7 eV 处的两个强峰对应于 2H—MoS_2 中的 Mo 3$d_{5/2}$ 和 Mo 3$d_{3/2}$，以 226.6eV 为中心的峰实际上对应于 MoS_2 的 S 2s，而位于 236.1eV 处的峰证实了文献报道的 Mo—O（3$d_{5/2}$）和 Mo^{6+} 态的存在。图 5-12（c）所示为 meso-MoP-MoS_2/rGO 的 S 2p 的 XPS 谱图，位于 162.4eV 和 163.6eV 的主要双峰对应于 MoS_2 的 S 2$p_{3/2}$ 和 S 2$p_{1/2}$ 轨道。同时，高结合能处（169.2eV）的峰归属于硫酸盐（SO_3^{2-}）中的 S^{4+}，当样品的磷化温度为 800℃时，位于 169.2eV 处的特征峰消失，说明 S^{4+} 的减少，也说明 MoP 相的形成及 MoS_2 相的减少。图 5-12（d）为 meso-MoP-MoS_2/rGO 的 P 2p 图谱，700℃磷化时，只

在 133eV 处出现特征峰，归属于 PO_4^{3-}，结合 XRD 结果可知，700℃磷化时得到的电极材料磷化程度很浅，只是形成了钼的磷酸盐 [33]。温度升高到 750℃时，并没有出现了新的特征峰，只是随着磷化程度的加深，特征峰发生了轻微偏移。当磷化温度升高到 800℃时，在 129.9eV 处出现了明显的 Mo — P 键的峰，说明在 800℃磷化时形成了 MoP 相。综合 XPS 和 XRD 结果可知，Mo、S 前驱体在整个磷化过程中，先形成以 MoS_2 相为主，并含有少量 MoP 相的混合材料，随着磷化程度的加深，逐步形成以 MoP 相为主，并含有少量 MoS_2 相的混合材料。

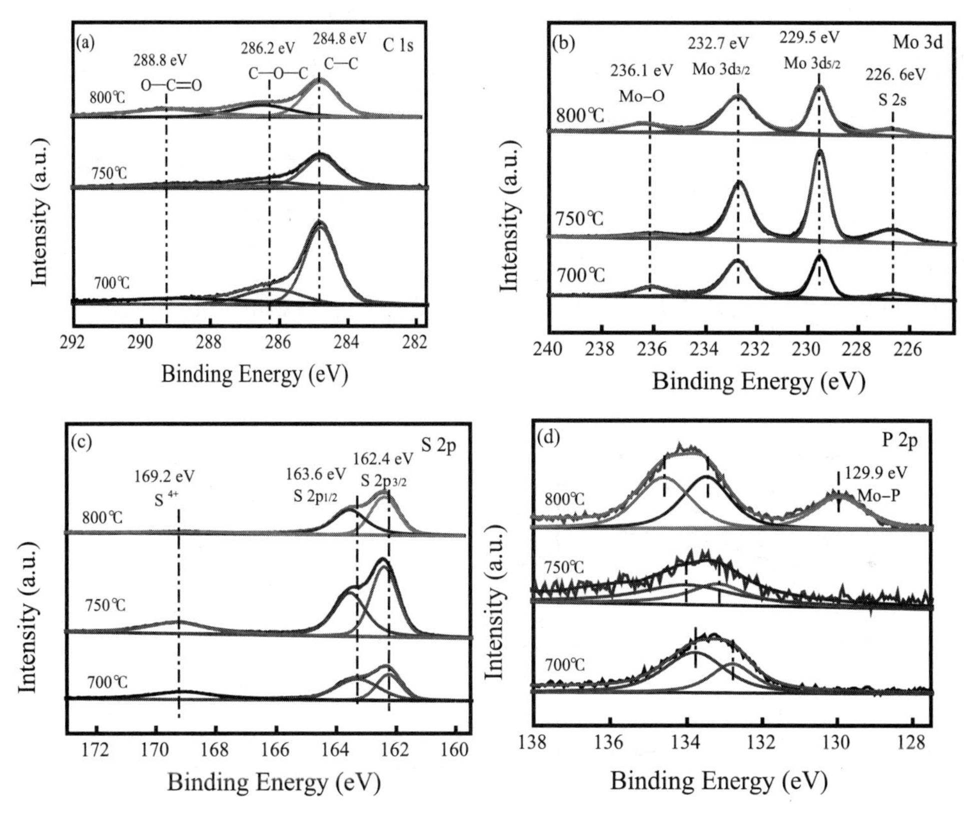

图 5–12　（a）Meso–MoP–MoS$_2$/rGO(700℃)、meso–MoP–MoS$_2$/rGO(750℃) 和 meso–MoP–MoS$_2$/rGO(800℃) 电极材料的 XPS 图，（b）Mo 3d，（c）（d）的高分辨率 XPS 图

5.3.11　Meso–MoP–MoS$_2$/rGO 电极材料的电化学性质分析

图 5–13（a）(c）和（e）为磷化温度分别为 700℃、750℃和 800℃，电流密度为 100 mA · g^{-1} 时，第 1、2、5、20、50 次循环后 meso–MoS$_2$–MoP/rGO 电极材料的充放电曲线，从充放电曲线中可以观察到充放电平台。Meso–MoS$_2$–MoP/rGO（700℃）电极材料的首次放电容量和首次充电容量分别为 759.9mA · h · g^{-1} 和 1012.4mA · h · g^{-1}，50 次循环后放电容量保持在 618.7mA · h · g^{-1}。Meso–MoS$_2$–MoP/rGO（750℃）电极材料的首次放电容量和首次充电容量分别为 1180.1mA · h · g^{-1} 和 1296.2mA · h · g^{-1}，50 次循环后容量保持在 736.5mA · h · g^{-1}。而 meso–MoS$_2$–MoP/rGO（800℃）电极材料首次放电容量和首次充电容量分别为 1137.5mA · h · g^{-1} 和 1192. 8mA · h · g^{-1}，50 次循环后容量保持在

922.5mA·h·g^{-1}。其中，meso-MoS_2-MoP/rGO（800℃）的库伦效率为 77.3%，为了测试不同磷化温度下得到的 meso-MoS_2-MoP/rGO 电极材料的倍率性能，将三种电极材料分别在 100mA·g^{-1}、200mA·g^{-1}、500mA·g^{-1}、1000mA·g^{-1} 的电流密度下（每个速率 10 次循环）进行充放电测试，结果如图 5-14（b）所示，测试结果显示，在充放电电流不断增加的条件下，各电极材料的容量均有衰减，但是当电流密度恢复到 100mA·g^{-1} 时，三种电极材料均有一定程度的容量恢复，meso-MoS_2-MoP/rGO（800℃）的容量可以恢复到 860mA·h·g^{-1}，说明 rGO 二维片层为电极材料提供了良好的导电性，而且石墨烯是柔性载体，在提供高导电性的同时可以缓解充放电过程中的体积效应。此外，纳米小颗粒电极材料缩短了离子和电子的扩散距离。这说明采用次磷酸钠做磷源，惰性气体保护下，磷化 Mo、S 前驱制备 meso-MoS_2-MoP/rGO 这种方法可行，得到的电极材料经过不同电流密度的测试后结构没有明显坍塌，但是由于在 800℃条件下得到以 MoP 为主体、含有少量 MoS_2 的电极材料具有 MoP 片层结构，且 MoS_2 片层垂直于 MoP 片层，这样就可以为锂离子和电子提供更多的传输路径。此外，根据图 5-14（c）交流阻抗测试结果可知，该电极材料具有最小的阻抗，说明 Mo—P 键的形成有效改善了材料的导电性，提升了其电化学性质。

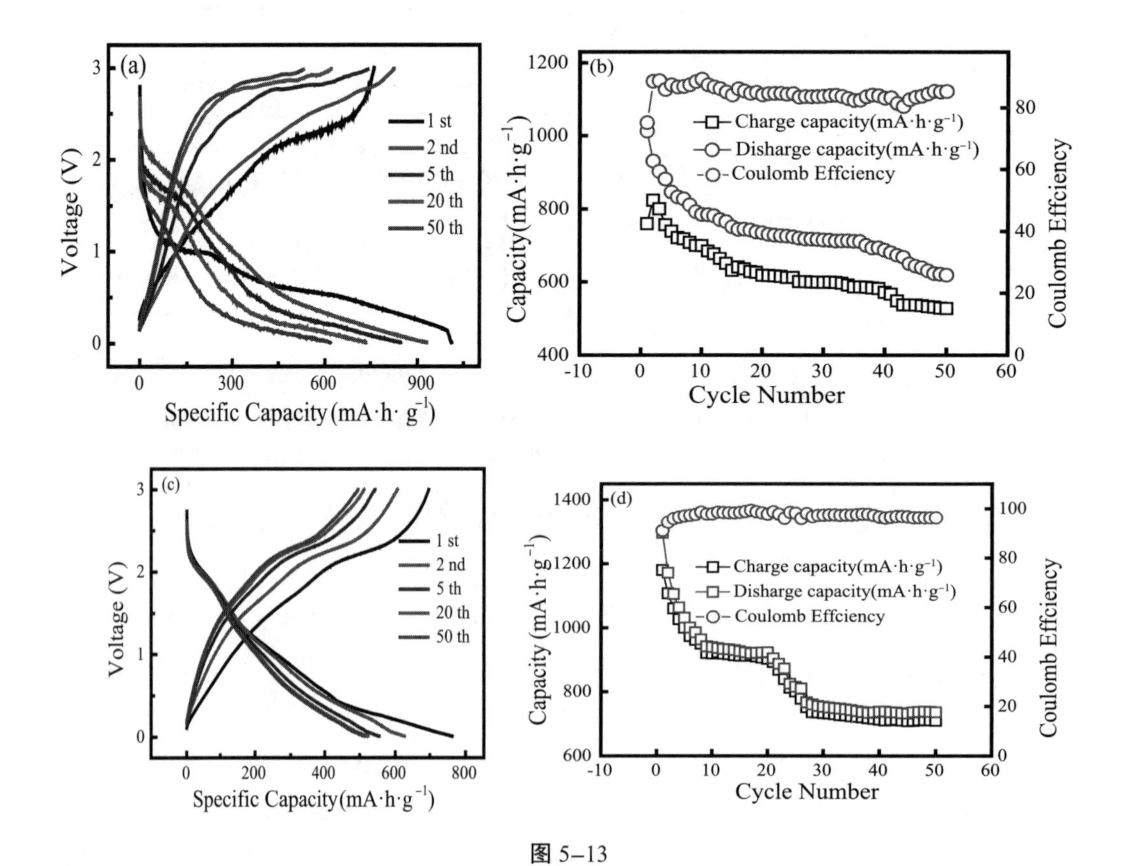

图 5-13

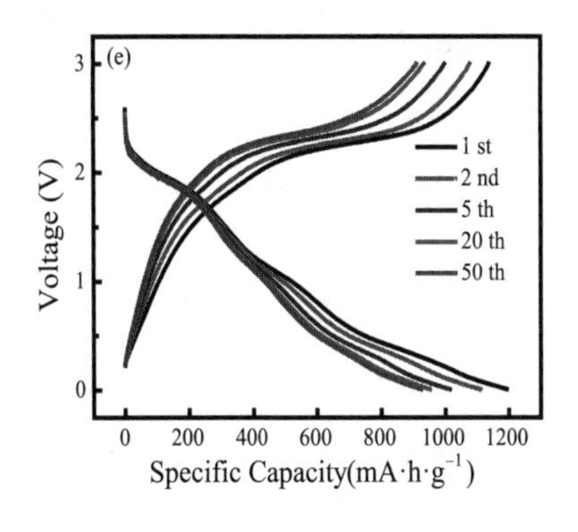

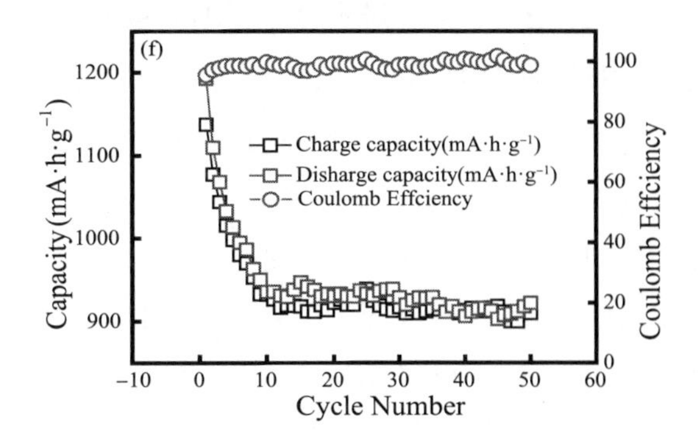

图 5-13　Meso-$MoP-MoS_2/rGO$(700℃)、meso-$MoP-MoS_2/rGO$(750℃)和 meso-$MoP-MoS_2/rGO$(800℃)电极材料的充放电曲线 (a)(c) 和 (e)，循环性能及库伦效率图 (b) (d) 和 (f)

在 0.01~3.0 Vvs.Li/Li^+ 的电压范围内通过循环伏安法（CV）和恒电流充放电测试研究不同磷化温度下得到的 meso-MoS_2-MoP/rGO 电极材料的电化学储锂性质。第一、第二和第三周期的 meso-$MoP-MoS_2/rGO$ 电极材料的 CV 曲线（扫描速率为 0.1mV · s^{-1}）如图 5-14（a）所示。在初始放电（锂化）过程中，meso-$MoP-MoS_2/rGO$ 电极材料显示出两对氧化 / 还原峰，分别位于 2.27V/1.76V 和 1.5V/0.4V。在接下来的循环中，位于 2.27V/1.76V 的氧化 / 还原峰消失，说明有 SEI 膜的形成。而位于 1.5V/0.4V 处的氧化 / 还原峰可以指定为将 Li 嵌入 / 脱嵌到电极材料中，发生氧化还原反应，可逆地形成嵌锂相。

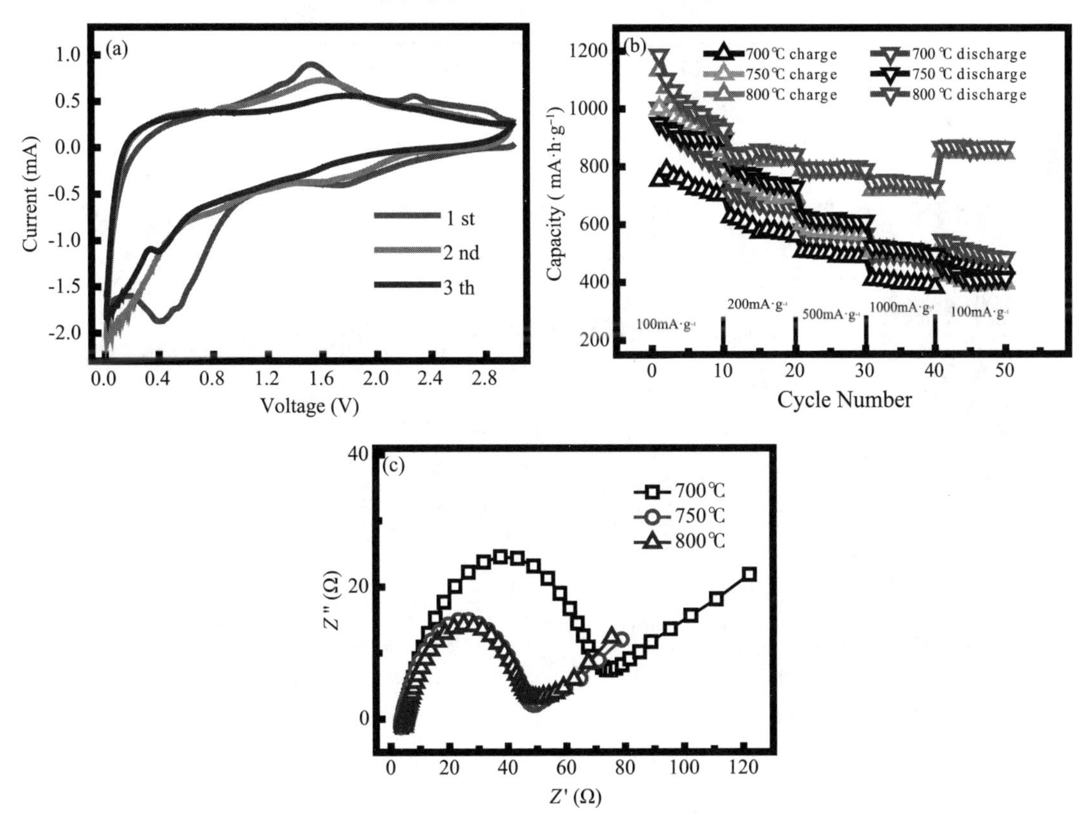

图 5-14　Meso-$MoP-MoS_2/rGO$(800℃) 的 (a) CV 曲线及不同煅烧温度下得到的电极材料的 (b) 倍率性能及 (c) 交流阻抗图

5.3.12 不同煅烧温度 meso-MoS_2/rGO 电极材料相结构、形貌和电化学性质分析

为了验证 meso-MoP-MoS_2/rGO 相对于 meso-MoP /rGO 及 meso-MoS_2/rGO 是否具有更优异的电化学性质，本章又进行了补充实验，将钼、硫前驱体分别在 450℃、500℃和 550℃下煅烧 4h，得到 meso-MoS_2/rGO 电极材料，其相结构分析如图 5-15 所示。随着煅烧温度的升高，在 14° 附近逐渐出现对应于 MoS_2 相（002）晶面的衍射峰，说明当温度升高到 550℃时可以得到 MoS_2 相（JCPDS#74-0932）。不同煅烧温度下得到的 MoS_2 电极材料的扫描电镜如图 5-16 所示，可以看到，尽管煅烧温度不同，得到的 MoS_2 电极材料均呈二维层状结构，在图 5-16（c）~（e）中可以看到有褶皱的石墨烯存在。

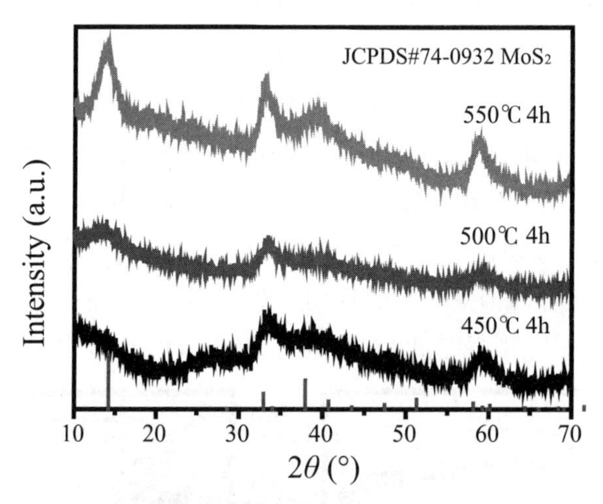

图 5-15 不同煅烧温度下 meso-MoS_2/rGO 的 XRD 图

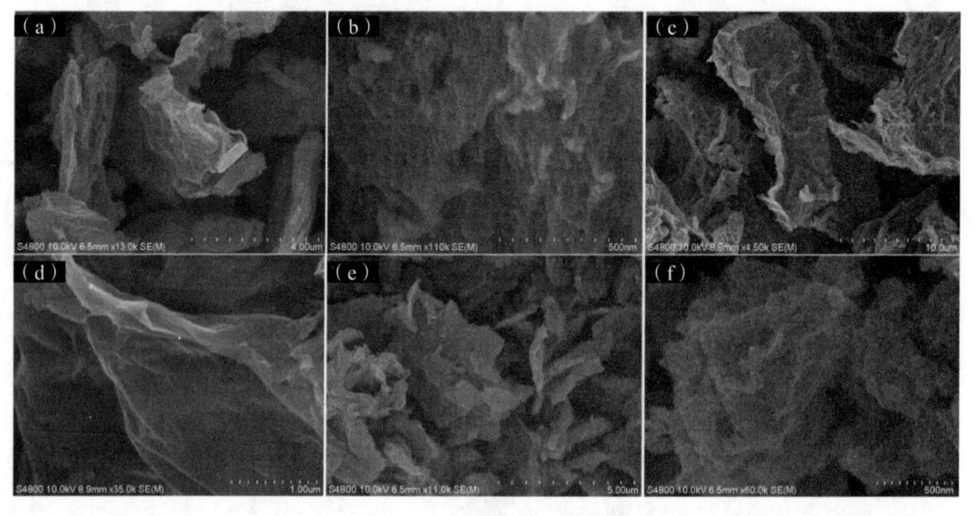

图 5-16 (a) 和 (b) meso-MoS_2/rGO (450℃)，(c) 和 (d) meso-MoS_2/rGO (500℃) 及 (e) 和 (f) meso-MoS_2/rGO (550 ℃) 的扫描电镜图

对这三种材料进行 XPS 测试，结果如图 5-17 所示，从图 5-17(a) 中可以看到，在 162.1eV、229.7eV、284.8eV、396.4eV、414.5eV 和 530.5eV 处分别有 S 2p、Mo 3d、

C 1s、Mo $3p_{3/2}$、Mo $3p_{1/2}$ 及 O 1s 的特征峰，说明存在 S、Mo、C、O 元素。图 5-17（b）为 550℃制备的 meso-MoS_2/rGO 材料的 C 1s 谱图，在 284.7eV、286.1eV 和 288.7eV 处出现三个峰，分别归属于 C — C，C — O — C 和 O — C=O 键。图 5-17（c）为 Mo 3d 的 XPS 谱图，从 Mo 3d 的拟合曲线可以看出，Mo 表面有四种状态（+2，+3，+4 和 +6），Mo^{6+} 物质来自惰性 MoO_3，通常是由于碳化物暴露于空气中发生氧化形成的。对于 S 2p 的 XPS 谱图 [图 5-17（d）]，位于 162.2eV 和 163.3eV 的主要双峰分别对应于 MoS_2 的 S $2p_{3/2}$ 和 S $2p_{1/2}$ 轨道，代表存在二价硫离子，同时，位于高结合能 168.7 eV 处的峰对应于 S 2p，表明存在 S^{4+}，其可能源自硫酸根基团（SO_3^{2-}）中的 S^{4+} 物质。通过上述 XPS 分析，进一步验证了 550℃下成功制备了 MoS_2 材料。

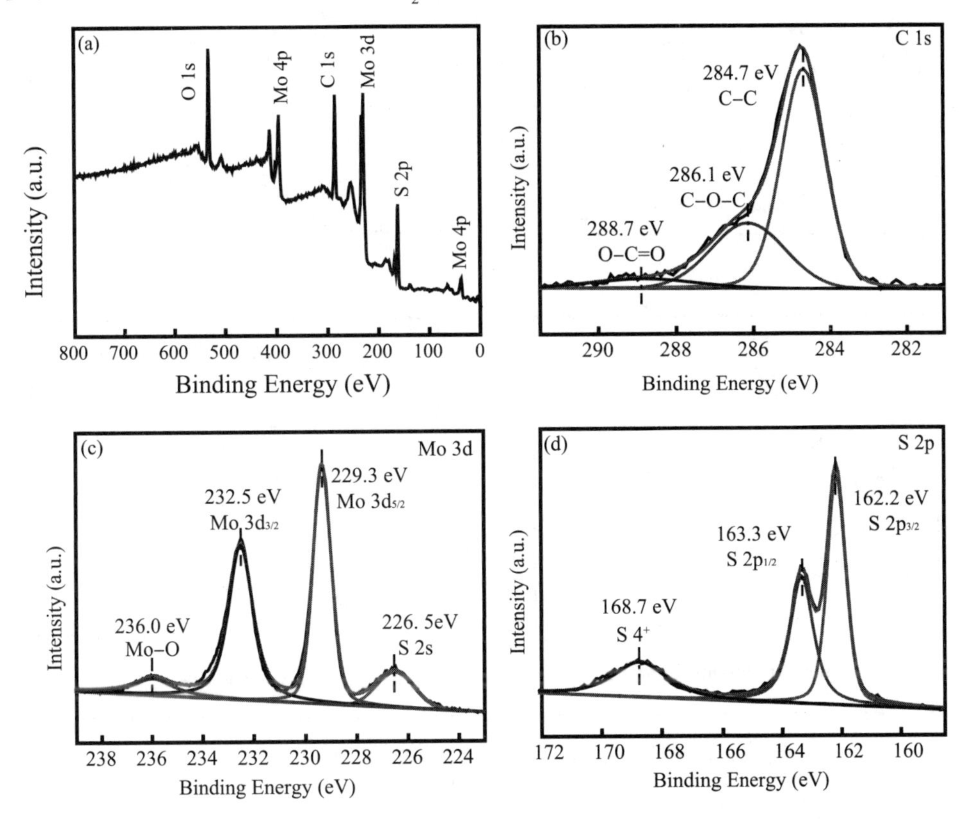

图 5-17　meso-MoS_2/rGO (550℃) 的 XPS 图

为了进一步考察 MoS_2 电极材料相对于 meso-MoP-MoS_2/rGO 电极材料的电化学性质有何区别，本章对不同温度下制备的 meso-MoS_2/rGO 电极材料进行了恒电流充放电测试，电流密度均为 100mA · g^{-1}，测试结果如图 5-18 所示。由于图 5-18（a）和（b）分别为 meso-MoS_2/rGO(450℃) 的充放电曲线和循环性能图。其首次放电容量为 938.5mA · h · g^{-1}，首次充电容量为 499mA · h · g^{-1}，循环 50 次后，放电容量 460.6mA · h · g^{-1}。由于图 5-18（c）和（d）分别为 meso-MoS_2/rGO(500℃) 电极的充放电曲线和循环性能图，相对于 450℃制备的样品，首次放电容量为 1080mA · h · g^{-1}，但是容量保持率较差，循环 50 次后放电容量保持在 501.8mA · h · g^{-1}。图 5-18（e）和（f）

分别为 meso-MoS_2/rGO(550℃) 电极的充放电曲线和循环性能图，虽然该温度下形成了 MoS_2 相，但是相对于前两种材料，电化学性质没有得到显著提升，特别是 30 次循环后容量衰减比较严重，循环完成后，放电容量保持在 506.7mA · h · g^{-1}。此外，该材料的充电性能较差，究其原因可能是单纯的 MoS_2 材料在多次反复循环过程中介孔结构没有得到很好的保持，材料团聚较严重，锂离子和电子扩散较难，材料导电性变差。而 meso-MoP-MoS_2/rGO 电极材料提供了多种电子和离子扩散路径，且 Mo — P 键的形成有效改善了材料的导电性，因此电化学性质更佳。

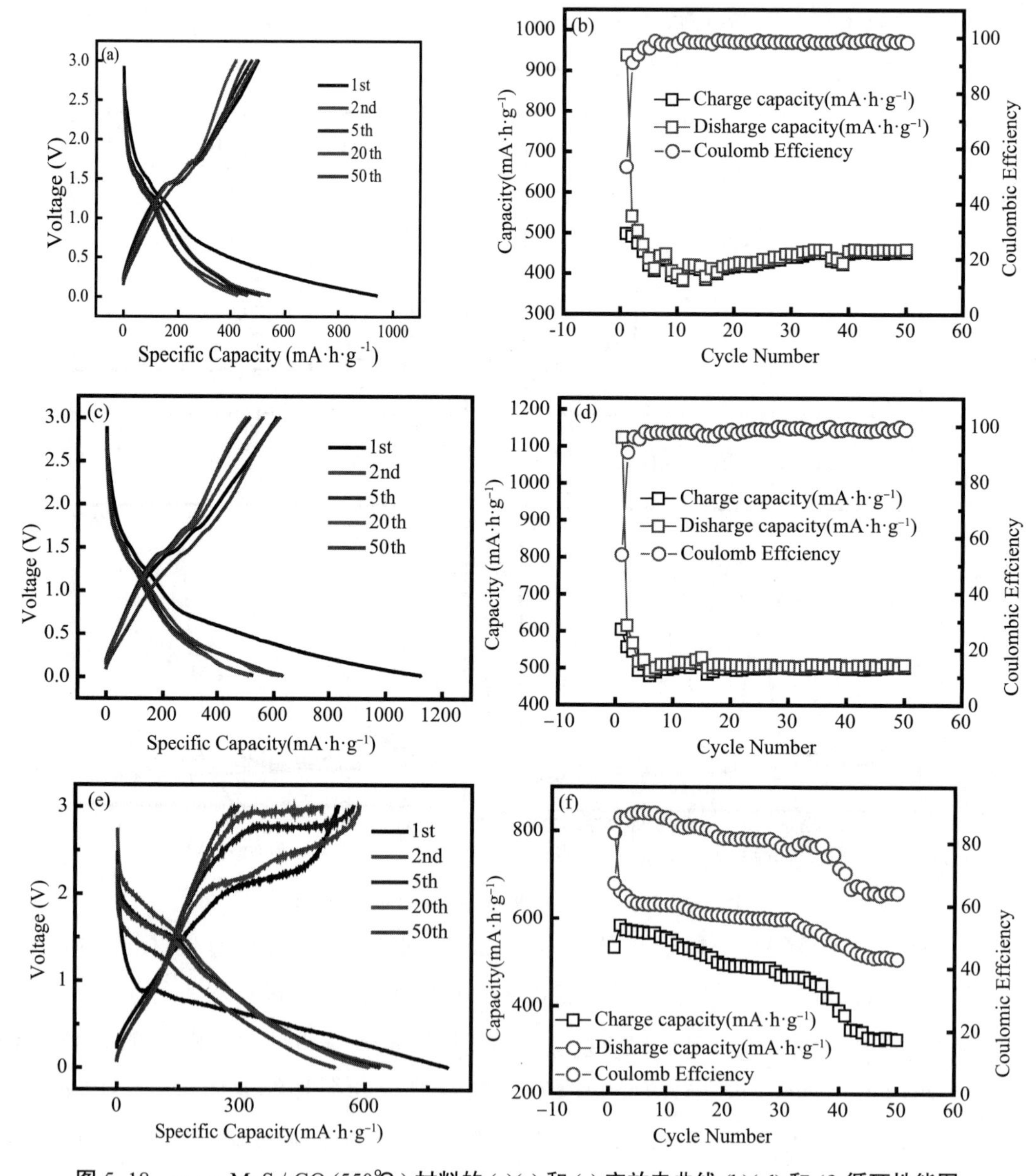

图 5-18　meso-MoS_2/rGO (550℃) 材料的 (a)(c) 和 (e) 充放电曲线 (b)(d) 和 (f) 循环性能图

5.4　本章小结

本章以 KIT-6/GO 为模板、$(NH_4)_6Mo_7O_{24}·4H_2O$ 为钼源、$(NH_4)_2HPO_4$ 为磷源，通过纳米浇筑方法合成了二维层状介孔 meso-MoP/rGO 电极材料，研究了不同钼 / 磷原料比对 Meso-MoP/GO 电极材料的结构及性质的影响。之后，同样以 KIT-6/GO 为模板、$(NH_4)_6Mo_7O_{24}·4H_2O$ 为钼源、次磷酸钠为磷源、硫脲为硫源，合成了二维层状介孔硫化钼包覆硫化钼结构的电极材料（meso-$MoP-MoS_2$/rGO）。所制备的 MoP 纳米颗粒具有介孔结构，且 MoS_2 纳米片垂直生长于其表面上，二维层状石墨烯作为柔性导电载体，大大提高了材料的导电性，介孔 MoP 纳米颗粒和垂直生长的 MoS_2 纳米片保证了 Li^+ 和 e^- 的传递距离更短，从而极大地提高了离子扩散速率，并且缓解了充放电过程中的体积效应，而且垂直生长的 MoS_2 纳米片也可以提供有效的多向电子传递路径。此外，Mo — P 键的形成也增强了钼金属的性能。二维层状 meso-$MoP-MoS_2$/rGO 电极材料具有独特的结构和组成优势，作为 LIBs 的负极材料在比容量、循环稳定性和长周期寿命方面显示出优异的锂储存性能。经过 50 次循环后，电流密度为 $100mA·g^{-1}$ 时，meso-$MoP-MoS_2$/rGO(800℃) 电极材料的比容量可保持在 $910.3mA·h·g^{-1}$ 以上。即使在 $1A·g^{-1}$ 的高电流密度下，meso-$MoP-MoS_2$/rGO(800℃) 电极材料仍然可以提供 $863.9mA·h·g^{-1}$ 的放电容量且具有良好的循环稳定性。

参考文献

[1] JI L, LIN Z, ALCOUTLABI M, et al. Recent developments in nanostructured anode materials for rechargeable lithium-ion batteries [J]. Energy & Environmental Science, 2011, 4(8): 2682-2699.

[2] REDDY M V, SUBBA RAO G V, CHOWDARI B V. Metal oxides and oxysalts as anode materials for Li-ion batteries [J]. Chemical Reviews, 2013, 113(7): 5364-5457.

[3] LOU X W, DENG D, LEE J Y, et al. Preparation of SnO_2/carbon composite hollow spheres and their lithium storage properties [J]. Chemistry of Materials, 2008, 20(20): 6562-6566.

[4] TAN C, CAO X, WU X J, et al. Recent advances in ultrathin two-dimensional nanomaterials [J]. Chemical Reviews, 2017, 117(9): 6225-6331.

[5] GAO Q, ZHAO X, XIAO Y, et al. A mild route to mesoporous Mo_2C-C hybrid nanospheres for high performance lithium-ion batteries [J]. Nanoscale, 2014, 6(11):

6151–6157.

[6] CHHOWALLA M, LIU Z, ZHANG H. Two–dimensional transition metal dichalcogenide (TMD) nanosheets [J]. Chemical Society Review, 2015, 44(9): 2584–2586.

[7] HU X, ZHANG W, LIU X, et al. Nanostructured Mo–based electrode materials for electrochemical energy storage [J]. Chemical Society Review, 2015, 44(8): 2376–2404.

[8] SEN U K, SHALIGRAM A, MITRA S. Intercalation anode material for lithium–ion battery based on molybdenum dioxide [J]. ACS Applied Materials & Interfaces, 2014, 6(16): 14311–14319.

[9] LIU Y, WANG X, SONG X, et al. Interlayer expanded MoS_2 enabled by edge effect of graphene nanoribbons for high performance lithium and sodium ion batteries [J]. Carbon, 2016, 109:461–471.

[10] BRESSER D, PASSERINI S, SCROSATI B. Leveraging valuable synergies by combining alloying and conversion for lithium–ion anodes [J]. Energy & Environmental Science, 2016, 9(11): 3348–3367.

[11] WANG B, WANG G, WANG H. Hybrids of Mo_2C nanoparticles anchored on graphene sheets as anode materials for high performance lithium–ion batteries [J]. Journal of Materials Chemistry A, 2015, 3(33): 17403–17411.

[12] HAN Q, YI Z, CHENG Y, et al. Gd–Sn alloys and Gd–Sn–graphene composites as anode materials for lithium–ion batteries [J]. New Journal of Chemistry, 2017, 41(16): 7992–7997.

[13] SUN F, CHENG H, CHEN J, et al. Heteroatomic Se_nS_{8-n} molecules confined in nitrogen–doped mesoporous carbons as reversible cathode materials for high–performance lithium batteries [J]. ACS Nano, 2016, 10(9): 8289–8298.

[14] SHEN L, UCHAKER E, ZHANG X, et al. Hydrogenated $Li_4Ti_5O_{12}$ nanowire arrays for high rate lithium–ion batteries [J]. Advanced Materials, 2012, 24(48): 6502–6506.

[15] PARK H–C, LEE K–H, LEE Y–W, et al. Mesoporous molybdenum nitride nanobelts as an anode with improved electrochemical properties in lithium ion batteries [J]. Journal of Power Sources, 2014, 269:534–541.

[16] PHAM C, CHOI J H, YUN J, et al. Synergistically enhanced electrochemical performance of hierarchical $MoS_2/TiNb_2O_7$ hetero–nanostructures as anode materials for Li–ion batteries [J]. ACS Nano, 2017, 11(1): 1026–1033.

[17] HOU Y, ZHANG B, WEN Z, et al. A 3D hybrid of layered MoS_2/nitrogen–doped graphene nanosheet aerogels: an effective catalyst for hydrogen evolution in microbial electrolysis cells [J]. Journal of Materials Chemistry A, 2014, 2(34): 13795–13800.

[18] DENG C, DING F, LI X, et al. Templated–preparation of a three–dimensional

molybdenum phosphide sponge as a high performance electrode for hydrogen evolution [J]. Journal of Materials Chemistry A, 2016, 4(1): 59–66.

[19] XIAO Y, ZHENG L, CAO M. Hybridization and pore engineering for achieving high-performance lithium storage of carbide as anode material [J]. Nano Energy, 2015, 12:152–160.

[20] ZENG Z, YIN Z, HUANG X, et al. Single-layer semiconducting nanosheets: high-yield preparation and device fabrication [J]. Angewandte Chemie International Edition, 2011, 123: 11289–11293.

[21] HUANG X, ZENG Z, ZHANG H. Metal dichalcogenide nanosheets: preparation, properties and applications [J]. Chemical Society Reviews, 2013, 42(5): 1934–1946.

[22] JUNG J W, RYU W H, YU S, et al. Dimensional effects of MoS_2 nanoplates embedded in carbon nanofibers for bifunctional Li and Na insertion and conversion reactions [J]. ACS Applied Materials & Interfaces, 2016, 8(40): 26758–26768.

[23] TENG Y, ZHAO H, ZHANG Z, et al. MoS_2 nanosheets vertically grown on graphene sheets for Lithium-ion battery anodes [J]. ACS Nano, 2016, 10(9): 8526–8535.

[24] GEORGE C, MORRIS A J, MODARRES M H, et al. Structural evolution of electrochemically lithiated MoS_2 nanosheets and the role of carbon additive in Li-ion batteries [J]. Chemical Reviews, 2016, 28(20): 7304–7310.

[25] WANG Y, MA Z, CHEN Y, et al. Controlled synthesis of core-shell carbon@MoS_2 nanotube sponges as high-performance battery electrodes [J]. Advanced Materials, 2016, 28(46): 10175–10181.

[26] WANG B, XIA Y, WANG G, et al. Core shell MoS_2/C nanospheres embedded in foam-like carbon sheets composite with an interconnected macroporous structure as stable and high-capacity anodes for sodium ion batteries [J]. Chemical Engineering Journal, 2017, 309:417–425.

[27] WANG J, LUO C, GAO T, et al. An advanced MoS_2/carbon anode for high-performance sodium-ion batteries [J]. Small, 2015, 11(4): 473–481.

[28] XIE B, CHEN Y, YU M, et al. Hydrothermal synthesis of layered molybdenum sulfide/N-doped graphene hybrid with enhanced supercapacitor performance [J]. Carbon, 2016, 99:35–42.

[29] ZHANG Y, JU P, ZHAO C, et al. In-situ grown of MoS_2/RGO/MoS_2@Mo nanocomposite and its supercapacitor performance [J]. Electrochimica Acta, 2016, 219:693–700.

[30] WANG X, SUN P, QIN J, et al. A three-dimensional porous MoP@C hybrid as a high-capacity, long-cycle life anode material for lithium-ion batteries [J]. Nanoscale, 2016,

8(19): 10330–10338.

[31] WU A, TIAN C, YAN H, et al. Hierarchical MoS_2@MoP core–shell heterojunction electrocatalysts for efficient hydrogen evolution reaction over a broad pH range [J]. Nanoscale, 2016, 8(21): 11052–11059.

[32] IHSAN M, WANG H, MAJID S R, et al. $MoO_2/Mo_2C/C$ spheres as anode materials for lithium–ion batteries [J]. Carbon, 2016, 96:1200–1207.

[33] XING Z, LIU Q, ASIRI A M, et al. Closely interconnected network of molybdenum phosphide nanoparticles: a highly efficient electrocatalyst for generating hydrogen from water [J]. Advanced Materials, 2014, 26(32): 5702–5707.

第 6 章　二维层状介孔 MoN@meso-MoO_2/rGO 及氮掺杂 MoS_2/rGO 电极材料的可控构筑、结构调控与电化学性能研究

6.1　引言

由于锂离子电池（LIBs）的能量密度较高，在便携式电子设备中已经普遍应用[1,2]。目前商用负极材料主要是石墨基材料，但是石墨负极的理论容量仅为 372mA・h・g^{-1}，不能满足更高能量密度的要求[3]，另外，石墨基负极的 Li^+ 嵌入电位与 Li^+/Li 的插入电位非常接近，所以当 LIBs 以高速率充电和放电时，容易产生锂枝晶，可能会出现安全问题[4,5]。2000 年，Tarascon 等[6]首次报道了具有高可逆容量和良好倍率性能的过渡金属氧化物作为 Li^+ 插入的主体，表明过渡金属氧化物可以作为 LIBs 应用的另一种负极材料。近年来，过渡金属化合物受到越来越多的关注，作为 LIBs 在过去十年的有潜力的电极材料，纳米结构的 Mo 基复合材料由于具有独特的物理和化学性能得到了深入研究[7,8]。然而目前仍存在一些挑战，如低导电率和大体积膨胀以及反复循环导致容量衰减快，这些问题可能会限制其实际应用。因此，非常希望开发先进的钼基电极材料来改善其电化学性能[10]。

为了解决上述问题，研究人员开展了大量的研究工作。到目前为止，减小电极材料的尺寸并将其与含碳材料杂化是改善其电化学性质的两种最有效方式。许多具有不同形态和结构的电极材料被研究，例如纳米颗粒[11,12]，纳米线[13-16]，纳米片[17-19]和介孔结构材料[20,21]。然而，纳米材料的电导率仍然很差，而且纳米材料总是具有较大的比表面积，这就会形成大面积的固体电解质界面（SEI），导致初始库伦效率（CE）低[22,23]。因此，迫切需要将它们与含碳材料杂化以改善电子传输，帮助其适应体积变化，并在循环过程中保持结构完整性[24-26]。最近，MoS_2 和各种碳材料（包括碳纳米管[27,28]，石墨烯片[29]和无定形碳）杂化纳米复合材料已被报道，由于 MoS_2（002）面之间的范德华力弱，因此 Li^+ 容易嵌入而且不会导致体积膨胀过大，因而表现出高的 Li 储存容量[31]。

此外，据报道，将氮引入电极材料可以提高材料的导电性，从而提高和改善其电化学性能[32-35]。Jun Liu 等[30]通过直接包覆 Mo_2N 纳米层，显著改善了 MoO_2 电极材料的电化学性能。这种无碳涂层是由 NH_3 气体与 MoO_2 中空纳米材料直接反应得到的，Mo_2N 纳

米层非常均匀，Mo_2N 包覆 MoO_2 中空纳米材料的比容量高达 815mA · h · g^{-1}。重要的是，第一性原理计算结果表明，LIBs 的性能在很大程度上依赖于 N 掺杂石墨烯中的电子空缺 [36]，且 N 掺杂后形成的吡啶氮最适合于具有高存储容量的 Li 存储。Jianbo Ye[35] 等开发了一种简便的一锅法水热合成 MoS_2/ 氮掺杂石墨烯复合材料，与 MoS_2 相比，由于 MoS_2 和 N 层之间的协同作用，表现出更好的析氢反应和可逆储锂电化学性能。此外，多巴胺也被用来制备 MoS_2 嵌入的 N 掺杂碳框架，例如，Miao 等 [37] 报道了一种简单且可扩展的物理混合方法，以多巴胺作为氮源实现分层 MoS_2– 碳复合物的自组装，其中将具有扩大的层间距的超小 MoS_2 纳米片均匀嵌入 N– 掺杂碳框架，得益于聚多巴胺衍生的碳骨架所建立的导电桥，复合电极材料的电子电导率得到有效提高。

本书第二章系统研究了不同前驱体与模板之间的比例、块状 MoO_2 与纳米 MoO_2 及石墨烯对 meso–MoO_2/rGO 电极材料的结构和性质的影响，本章基于第二章研究内容，利用 MoN 直接包覆 meso–MoO_2/rGO 或对 meso–MoO_2/rGO 电极材料进行氮掺杂，这种 MoN 包覆方法是直接将 meso–MoO_2/rGO 与氨气反应，通过控制氨气煅烧时间与温度，得到 MoN@meso–MoO_2/rGO 电极材料。同时，以氨基改性介孔 KIT–6/rGO 为模板，通过纳米浇筑方法制备了氮修饰的二维层状介孔 meso–N–MoS_2/rGO 电极材料。所制备的 meso–N–MoS_2/rGO 材料由超小 MoS_2 颗粒及氮掺杂石墨烯薄片复合而成，具有较大的表面积（约 133.0m^2 · g^{-1}），均匀的介孔结构（约 4.2 nm），高的电荷转移效率，而且暴露了更大的活性中心，有利于提高 LIBs 的电化学性能。同时，N–MoS_2 和 N– 石墨烯之间的强耦合效应和丰富的吡啶氮在石墨烯中的存在可以进一步提高循环稳定性和比容量。另外，二维层状石墨烯提供了平面导电网络，确保了锂离子和电子的传输距离更短，从而提高了它们的扩散速率，缓解了充放电过程中的体积效应。实验结果表明，在电流密度为 100mA · g^{-1} 时，在第一次循环后，meso–N–MoS_2/rGO 材料表现出 1195.1mA · h · g^{-1} 的放电容量，50 次循环后其容量保持率为 73%。meso–N–MoS_2/rGO 材料的高比容量和循环稳定性，使其成为实际应用中一种有前景的电极材料。

6.2 材料的制备

6.2.1 氮掺杂 KIT–6/rGO 模板的合成

将 0.5g KIT–6/rGO 模板、2g 乙二胺和多巴胺分别溶于 50mL 蒸馏水中。然后将这些溶液在 90℃回流 12 小时。将所得产物过滤并在 80℃下干燥，分别得到乙二胺修饰的 KIT–6/rGO 模板 [KIT–6/rGO（E）] 和多巴胺修饰的 KIT–6/rGO 模板 [KIT–6/rGO（D）]。

6.2.2 MoN@meso–Mo_2O/rGO 电极材料的合成

将 meso–Mo_2O/rGO 材料在氨气气氛下进行煅烧，通过控制煅烧温度（600℃、700℃、

800℃，煅烧 2h）和煅烧时间（600℃煅烧 2h、4h、6h）来考察不同温度和时间下得到的 MoN@meso-Mo_2O/rGO 电极材料的电化学性质。

6.2.3　Meso-MoS_2/rGO 电极材料的合成

以 KIT-6/rGO 作为模板、$(NH_4)_6Mo_7O_{24}\cdot 4H_2O$ 为钼源、硫脲 (CH_4N_2S) 为硫源，通过纳米浇筑方法合成 meso-MoS_2/rGO 电极材料。具体方法如下：0.2g KIT-6/rGO 模板和 0.2g 钼酸铵及一定量的硫脲，加入 30 mL 去离子水中，在室温下搅拌 24h 后放入 50℃真空烘箱烘干。接着 500℃下煅烧 3h，升温速度为 2℃ · min^{-1}，保护气为 Ar/H_2 气体（氢气为 10%）。最后，用 NaOH (2M) 去除 KIT-6 模板，所得产物用水和乙醇离心洗涤直到中性。

6.2.4　氮掺杂 meso-MoS_2/rGO 电极材料的合成

在合成氮掺杂 meso-MoS_2/rGO 电极材料的过程中采用氮掺杂 KIT-6/rGO 模板，即：KIT-6/rGO(E) 和 KIT-6/rGO(D) 代替 KIT-6/rGO 模板。

6.3　结果与讨论

6.3.1　不同煅烧温度下 MoN@meso-MoO_2/rGO 电极材料结构及形貌分析

本章合成 MoN@meso-MoO_2/rGO 电极材料是基于可控的分步法，首先通过第二章纳米浇筑方法合成 MoO_2 纳米材料，接着将所合成的 meso-MoO_2/rGO 在氨气气氛中进行热处理，煅烧温度分别为 600℃、700℃、800℃，煅烧时间为 2h，材料表面经过缓慢氨气氮化处理得到 MoN 层，所得 MoN@meso-MoO_2/rGO 电极材料的 XRD 表征如图 6-1 所示。

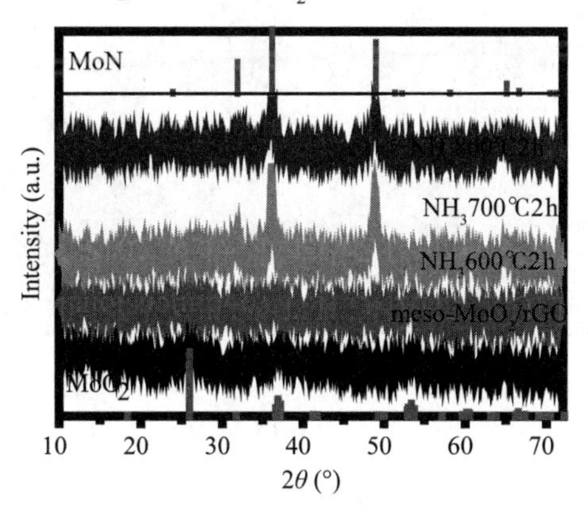

图 6-1　氨气气氛下 600℃、700℃、800℃，煅烧 2 h 所得 MoN@meso-MoO_2/rGO 电极材料的 XRD 图

当氮化温度为 600℃时，XRD 图谱与原始 meso-MoO_2/rGO 的 XRD 图一致，说明 600℃下并没有发生相变，随着氮化温度的升高，MoO_2 的特征峰消失，在 31.9°、36.2° 和 49.0° 处出现 MoN（JCPDS#25-1367）的特征峰，分别对应于（002）（200）和（202）

晶面，说明温度升高到 700℃时，在氨气条件下处理 2h 就成功将 MoO_2 氮化为 MoN。

对 700℃时氮化前后的 meso-MoO_2/rGO 电极材料进行 SEM 表征，结果如图 6-2 所示。

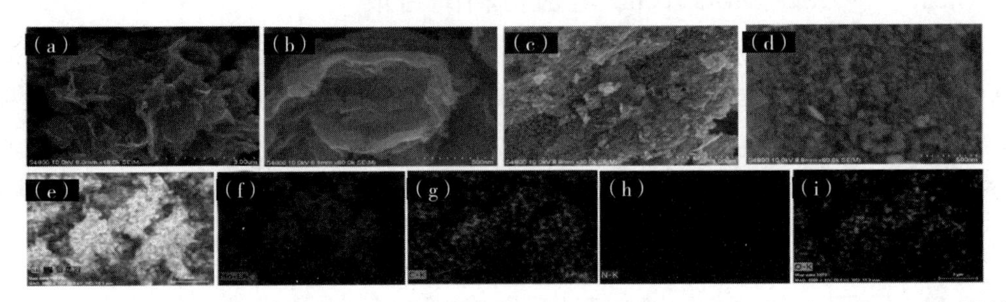

图 6-2　氨气气氛下 (a) 和 (b) 600℃、(c) 和 (d) 700℃煅烧 2 h 所得 MoN@meso-MoO_2/rGO 电极材料的 SEM 图

图 6-2（a）和（b）为氨气气氛下煅烧前 meso-MoO_2/rGO 电极材料的 SEM 图，图 6-2（c）和（d）为氨气气氛下煅烧后 MoN@meso-MoO_2/rGO 电极材料的 SEM 图，从图中明显可以看到，氨气气氛下煅烧后样品形貌发生了很大变化，由煅烧前褶皱层状结构变为颗粒状无序结构，对煅烧后样品进行元素分布测试发现，有 N 元素存在。为了进一步考察氨气气氛下煅烧对电极材料形貌的影响，又进行了 TEM 表征，结果如图 6-3 所示。

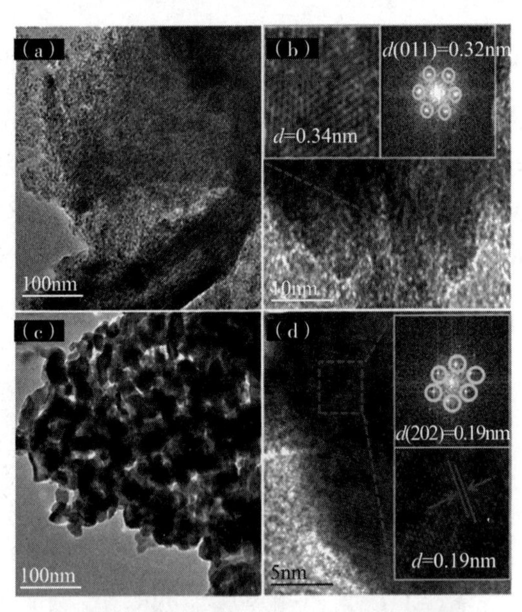

图 6-3　氨气气氛下 (a) 和 (b) 600℃、(c) 和 (d) 700℃煅烧 2h 样品的 TEM 图

图 6-3（a）和（b）为煅烧前 meso-MoO_2/rGO 的 TEM 图，图 6-3（c）和（d）为煅烧后 MoN@meso-MoO_2/rGO 的 TEM 图。从图中可以看到，煅烧前 meso-MoO_2/rGO 为纳米颗粒，均匀分布于石墨烯表面，而且具有规则的介孔孔道结构，HRTEM 图显示其晶面间距为 0.34nm，对应于 MoO_2 的（011）晶面。但是，经过高温煅烧后，发生了由 MoO_2 到 MoN 的相转变，晶面间距变为 0.19nm，对应于 MoN 的（202）晶面，并且形貌发生变化，颗粒尺寸明显增大，出现一定的团聚现象，而且煅烧之前规则的介孔孔道结构

被破坏。根据 SEM 和 TEM 表征结果可知，当氮化温度升高到 700℃时，介孔 MoO_2 发生相转变，形成了 MoN，而非 MoN 包覆 MoO_2 结构，而且在相转变过程中，电极材料的形貌被严重破坏，其原因可能是煅烧温度过高。因此，将煅烧温度调整为 600℃，并改变煅烧时间，以期获得 MoN 包覆 MoO_2 结构的同时，保留原有二维层状介孔结构。

6.3.2　不同煅烧时间下 MoN@meso-MoO_2/rGO 电极材料的结构及形貌分析

图 6-4 为 600℃时氨气气氛下不同煅烧时间所得样品的 XRD 图。当煅烧时间为 2 h 时，相对于原始 meso-MoO_2/rGO 样品，所得 XRD 图谱无明显变化，说明 600℃煅烧 2 h 不足以将 meso-MoO_2/rGO 电极材料氮化。当煅烧时间增加到 6 h 时，则形成了 MoN 相，在 31.8°、36.1° 和 49.0° 处出现 MoN（PJCPDS#25-1367）的特征峰，分别对应于 MoN 的（002）（200）和（202）晶面。有趣的是煅烧时间为 4h 时，从 XRD 图中可以明显看到 MoO_2 相和 MoN 相的衍射峰，如图 6-4 中的符号标注，说明在 600℃时通过控制煅烧时间可以获得 MoN 和 MoO_2 的混相，并且 MoN 是通过氨气流经 MoO_2 表面，将表层 MoO_2 氮化得到的。

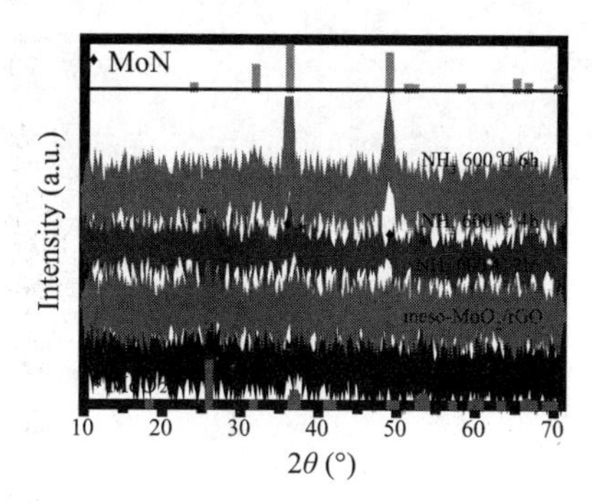

图 6-4　氨气气氛下 600℃煅烧 2h、4h 和 6h 样品的 XRD 图

图 6-5 是所得 MoN@MoO_2/rGO 电极材料的 SEM 和 TEM 图。图 6-5（a）~（d）分别为 600℃氮化 0h、2h、3h、4h 得到的样品的 SEM 图。从图中可以看到，未经氨气处理的 meso-MoO_2/rGO 电极材料具有很薄的二维片层结构，且石墨烯褶皱结构也很明显[图 6-5（a）]。随着煅烧时间的增加，石墨烯的褶皱结构逐渐被团聚的块体代替。当煅烧时间为 6 h 时，SEM 图显示电极材料为大颗粒状聚集体，结合 XRD 结果可知，随着氮化时间的增加，电极材料发生由 MoO_2 向 MoN 的相变。在相变过程中，由于 MoO_2 相和 MoN 相的晶胞参数不同，会发生一定的膨胀，导致原始结构被破坏。因此，需要控制煅烧时间，使 MoO_2 表面被氮化，而主体二维层状介孔结构才能得以保持，如图 6-5（c）所示。煅烧时间为 4h 时，基本保持了原始形貌，图 6-5（e）为 600℃氮化 4h 得到的样品的透射图片，从透射电镜图可以进一步观察材料的形貌为小颗粒组成的片层结构，颗粒尺寸为几纳米，图 6-5（f）为其对应的高分辨透射图片，晶面间距分别为 0.24nm 和 0.25nm，分别对于 MoO_2 相的（111）晶面和 MoN 相的（200）晶面。

图 6–5 氨气气氛下 600℃ (a) 0h，(b) 2h，(c) 4h 和 (d) 6h 的 SEM 图；(e) 600℃ 4h 的 TEM 图和 (f) HRTEM 图

6.3.3 不同煅烧时间 MoN@meso-MoO_2/rGO 电极材料的表面价态分析

通过 XPS 表征了氨气气氛下 600℃煅烧 4h 所得 MoN@meso-MoO_2/rGO 电极材料的表面电子态和价态组成信息。图 6–6（a）是 Mo 3d 的高分辨 XPS 图谱。电子结合能位于 229.5eV 和 232.7eV 处分别对应于 Mo^{4+} 的 $3d_{5/2}$ 和 Mo $3d_{3/2}$，这两个特征峰表明了 Mo^{4+} 的存在。而位于 235.8eV 处的特征峰对应于 Mo^{6+}，源于空气中氧化形成的 MoO_3。图 6–6（b）是 MoN@meso-MoO_2/rGO 电极材料的 O 1s 的 XPS 图谱，O 1s 峰主要来自 GO 和材料表面吸收的一些氧气或水，位于 530.8eV 处的特征峰归属于 MoO_2 中的氧。图 6–6（c）中位于 395.6eV 处的特征峰对应于 Mo $3p_{3/2}$，397.6 eV 处的特征峰表明有 Mo–N 形成，398.8 eV 和 401.5 eV 处的特征峰分别对应于吡啶氮和石墨化氮，石墨化氮的出现说明材料中的石墨烯被氮化。图 6–6（d）中 C 1s 的特征峰主要有三个：分别位于 284.8eV、286.6eV 和 288.9eV 处，对应 C—C，C—O—C 和 O=C—O 键。通过 XPS 分析可知，Mo–N 的出现说明在氨气气氛下 600℃煅烧 4h 可以成功将 meso-Mo_2O/rGO 表面氮化得到 MoN@meso-Mo_2O/rGO。

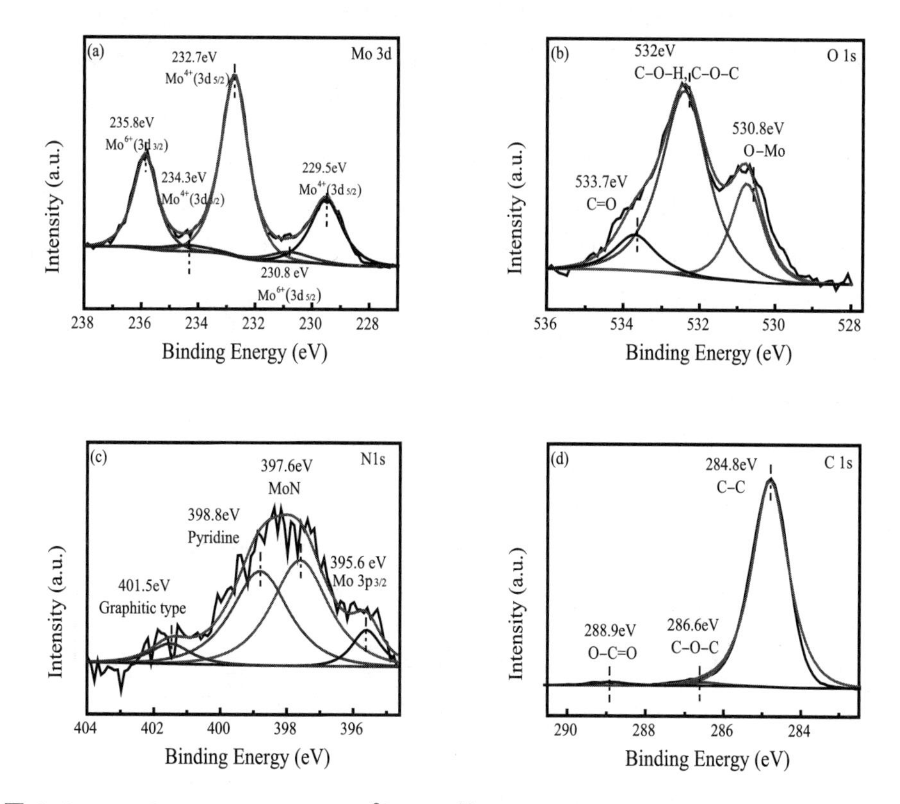

图 6–6　MoN@meso–Mo$_2$O/rGO(600℃，4h) 的 (a) Mo 3d，(b) O 1s，(c) N 1s，(d) C 1s 图谱

6.3.4　不同煅烧时间下 MoN@meso–MoO$_2$/rGO 电极材料的电化学性质分析

图 6–7（a）和（b）分别是 600℃下氨气煅烧 2h 得到的 MoN@meso–MoO$_2$/rGO 电极材料在电流密度为 100mA·g^{-1} 时的充放电曲线和循环性能图。从图中可以发现，该电极材料的首次放电容量为 760.8mA·h·g^{-1}，首次充电容量为 544.2mA·h·g^{-1}。然而值得注意的是，随着循环次数的增加（50 次），可逆容量衰减明显，50 次后放电容量为 520.8mA·h·g^{-1}，如图 6–7（b）所示，容量保持率为 68.5%。图 6–7（c）和（d）分别是 600℃下氨气煅烧 4h 得到的电极材料在电流密度为 100mA·g^{-1} 时的充放电曲线和循环性能图，该材料首次放电容量为 1031.1mA·h·g^{-1}，首次充电容量为 696.8mA·h·g^{-1}。随着循环次数的增加，50 次后放电容量为 708.4mA·h·g^{-1}，如图 6–7（d）所示，容量保持率为 68.7%。这两种电极材料的容量保持率均较高，这与 MoN 层包覆在 meso–MoO$_2$/rGO 电极材料表面有关，MoN 层包覆在材料表面可以阻止电极材料被进一步氧化，可以增加电极材料的导电性和结构稳定性。此外，600℃下氨气煅烧 4h 得到的 MoN@meso–MoO$_2$/rGO 电极材料在循环过程中容量有上升，这一活化过程以前也有文章报道，其原因是循环过程中电极材料部分结晶度降低，转变为无定形结构，这样就提高了锂离子传输动力，因此更多的锂离子可以进行脱嵌。容量提升的另一个可能的原因是 SEI 膜可

逆地形成与降解，额外的容量有可能来自低电压范围。此外，在氨气煅烧过程中，石墨烯也掺杂了一部分氮，形成了吡啶氮和石墨化氮，而且有文献报道吡啶氮有利于储锂。图 6–7（e）和（f）分别是 600℃下氨气煅烧 6 h 得到的 MoN@meso–MoO_2/rGO 电极材料在电流密度为 100mA · g^{-1} 时的充放电曲线和循环性能图，该材料首次放电容量为 766.4mA · h · g^{-1}，首次充电容量为 608.9mA · h · g^{-1}，随着循环次数的增加，50 次后放电容量仅为 477.3mA · h · g^{-1}。如图 6–7（d）所示，煅烧 6h 的电极材料在经过重复循环后容量衰减严重，虽然在 6 h 煅烧后全部转变为 MoN 相，但是形貌破坏严重，大颗粒在循环过程中不利于锂离子和电子的传输且"粉化"严重，不利于容量保持。

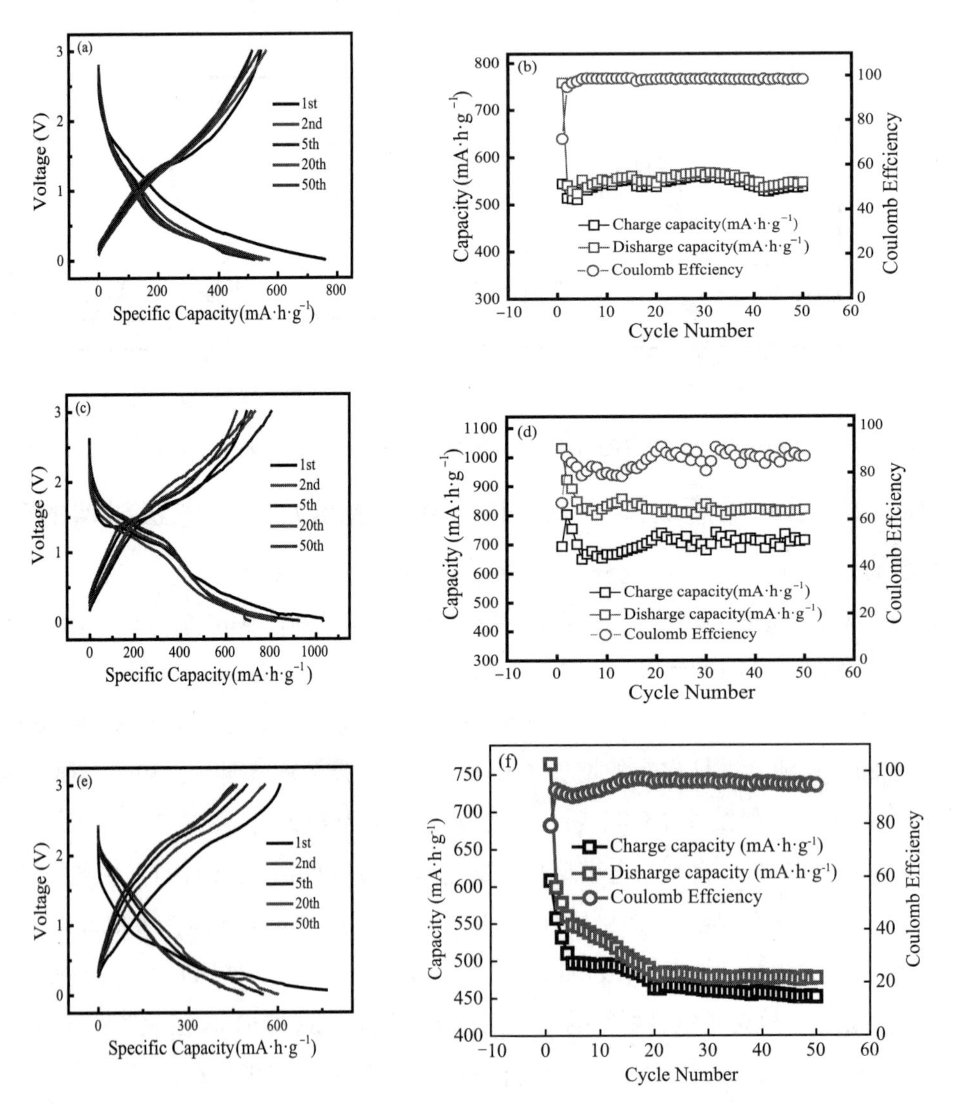

图 6–7　不同煅烧时间下 MoN@meso–Mo_2O/rGO (600℃ 4 h) 的充放电曲线和循环性能图：(a) 和 (b) 2 h，(c) 和 (d) 4 h，(e) 和 (f) 6 h.

6.3.5　氮掺杂模板及氮掺杂 meso-N-MoS$_2$/rGO 电极材料的结构分析

基于上述研究可知，在氨气气氛中 600℃煅烧 4h 可以得到 MoN@meso-Mo$_2$O/rGO 电极材料，虽然其容量和循环性能均有所提升，但是与文献相比，其电化学性质并不理想。因此，结合第四章研究，我们将 Mo 前驱体更换为 Mo-S 前驱体，对氮掺杂方法进行改进，更换传统氨气煅烧方法，在制备 KIT-6/rGO 模板时加入多巴胺和乙二胺进行回流，在 KIT-6/rGO 模板中掺入氮，之后进行 Mo-S 前驱体在 KIT-6/rGO 介孔模板中的填充和后续煅烧处理，获得氮掺杂 meso-N-MoS$_2$/rGO 电极材料。

氮掺杂 meso-N-MoS$_2$/rGO 电极材料的合成过程如图 6-8 所示。首先，在石墨烯片层结构表面原位生产 KIT-6/rGO 模板，然后利用乙二胺和多巴胺对其表面进行修饰，得到 KIT-6/rGO(E) 和 KIT-6/rGO(D) 模板。接着，以钼酸铵和硫脲为原料制备 meso-N-MoS$_2$/rGO(E) 和 meso-N-MoS$_2$/rGO(D) 电极材料。最后，将其在 500℃下氮气气氛中煅烧 4 h，最终获得两种氮掺杂的 meso-N-MoS$_2$/rGO 电极材料。

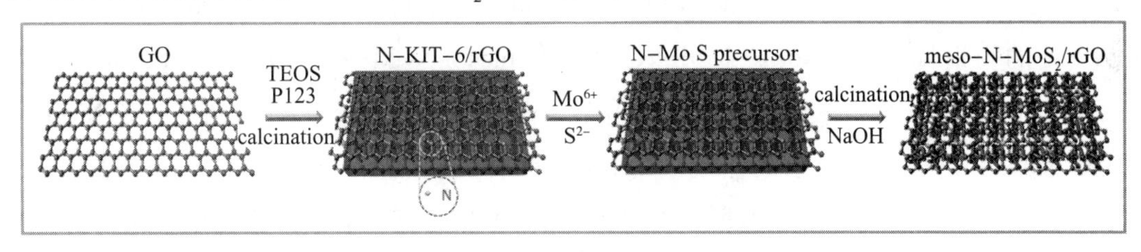

图 6-8　Meso-N-MoS$_2$/rGO 的合成示意图

采用拉曼光谱和红外光谱验证 KIT-6/rGO 模板是否成功掺氮。图 6-9（a）是 KIT-6/rGO，KIT-6/rGO(E) 和 KIT-6/rGO(D) 模板的红外光谱图。位于 3800~3000 cm^{-1} 范围内的红外宽吸收峰，与氢键相互作用的 OH 基团的伸缩振动有关 [38]。特别是在氮掺杂电极材料体系中，由于烷氧基硅烷缩合反应消耗硅烷醇基团，在 2855cm^{-1} 和 2922cm^{-1} 处与游离 OH 基团相关的伸缩振动消失。同时，在 3180cm^{-1} 处出现新的红外吸收峰，该峰的出现是由于 NH$_2$ 基团的不对称和对称伸缩模式以及剪切模式，这个吸收峰出现在所有氮掺杂电极材料的红外光谱中，证明 KIT-6/rGO(E) 和 KIT-6/rGO(D) 模板已成功掺杂了氮 [39]。

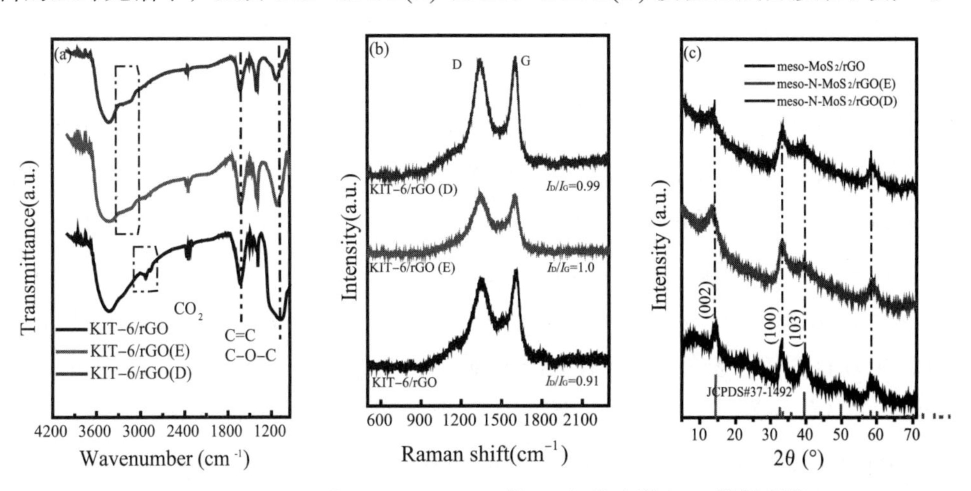

图 6-9　KIT-6/GO、KIT-6/rGO(E) 和 KIT-6/rGO(D) 的 (a) 红外光谱，(b) 拉曼光谱，(c) meso-MoS$_2$/

rGO、meso-N-MoS_2/rGO(E) 和 meso-N-MoS_2/rGO(D) 的 XRD 图

此外，我们还对 KIT-6/rGO、KIT-6/rGO(E) 和 KIT-6/rGO(D) 模板进行了拉曼光谱表征，结果如图 6-9（b）所示。从图中可以看到，在 1350cm^{-1} 和 1601cm^{-1} 处出现了两个显著的 rGO 拉曼峰，其中 D 峰与无序和缺陷有关，而 G 峰与碳原子 sp^2 杂化面内伸缩振动有关。经计算，KIT-6/rGO，KIT-6/rGO(E) 和 KIT-6/rGO(D) 模板的 D 峰和 G 峰的强度比（I_D/I_G）分别为 0.91、1.0 和 0.99。这表明经过乙二胺和多巴胺修饰的 KIT-6/rGO 模板的 I_D/I_G 值增加，石墨烯无序度增加，相对于 KIT-6/rGO，KIT-6/rGO(E) 和 KIT-6/rGO(D) 具有较高的无序程度，因此可以提供更多的储锂可能。

图 6-9（c）为分别以 KIT-6/rGO、KIT-6/rGO(E) 和 KIT-6/rGO(D) 为模板制备的 meso-MoS_2/rGO、meso-N-MoS_2/rGO(E) 和 meso-N-MoS_2/rGO(D) 电极材料的 XRD 图。从图中可以看出，在 14.4°，32.8°，39.5° 和 58.3° 处出现了四个主要的衍射峰，分别对应于 MoS_2 相（JCPDS # 37-1492）的（002）（100）（103）和（110）晶面[40]。除 14.4° 处的衍射峰外，meso-N-MoS_2/rGO(E) 和 meso-N-MoS_2/rGO(D) 的其余衍射峰没有显示出明显的位移，并且没有出现其他杂质峰，这表明 N 原子有效地掺入了 MoS_2 晶格中，而没有形成其他单独晶相或改变 MoS_2 原有晶体结构。有趣的是，位于 14.4° 和 39.5° 处的衍射峰的强度明显减弱，对应的（103）晶面逐渐消失，这意味着氮的掺入抑制了 MoS 在（103）晶面方向上的生长。值得注意的是，与 meso-MoS_2/rGO 的 XRD 图相比，meso-N-MoS_2/rGO(E) 和 meso-N-MoS_2/rGO(D) 的 XRD 图中位于 14.4° 处的（002）衍射峰小角度发生偏移，表明 meso-N-MoS_2/rGO(E) 和 meso-N-MoS_2/rGO(D) 电极材料的层间距变大[41]，更大的层间距有利于锂离子的传输。

6.3.6 氮掺杂 meso-N-MoS_2/rGO 电极材料的形貌分析

通过 SEM 表征了 meso-MoS_2/rGO、meso-N-MoS_2/rGO(E) 和 meso-N-MoS_2/rGO(D) 电极材料的形貌，结果如图 6-10 所示。从图 6-10（a）~（c）中可以看出，所有的电极材料都具有层状和卷曲的结构。进一步从图 6-10（b）（c）可以看出，经过乙二胺和多巴胺氨基修饰后，meso-N-MoS_2/rGO(E) 和 meso-N-MoS_2/rGO(D) 纳米片的尺寸较小，这主要是由于引入 N 限制了 MoS_2 沿（103）晶面方向的生长，这一现象与 XRD 结果一致。如图 6-11 为 meso-MoS_2/rGO、meso-N-MoS_2/rGO(E) 和 meso-N-MoS_2/rGO(D) 电极材料 TEM 和 HRTEM 图。如图 6-11（a）（d）和（g）所示，三种电极材料均具有卷曲和重叠的纳米片结构，覆盖在 rGO 层中的纳米片呈现出相互连接的波纹，其横向尺寸从几百纳米到几微米。从图 6-11（b）（e）和（h）可以发现，meso-N-MoS_2/rGO(E) 和 meso-N-MoS_2/rGO(D) 石墨烯片被氨基修饰的 MoS_2 纳米颗粒覆盖，石墨烯边缘清晰可见。此外，从图 6-11（c）（f）和（i）HRTEM 图可以清晰地看到，meso-N-MoS_2/rGO(E) 和 meso-N-MoS_2/rGO(D) 的晶面间距分别为 0.66nm 和 0.65nm，对应于六方晶系 MoS_2 的（002）

面，且大于原始 MoS_2 的晶面间距（0.62nm），这一实验结果与之前的 XRD 结果吻合。通过 SEM 和 TEM 表征可知，氮掺杂后 MoS_2 电极材料片层变小，层间距离变大。

图 6-10　(a)~(c) Meso-MoS_2/rGO、meso-N-MoS_2/rGO(E) 和 meso-N-MoS_2/rGO(D) 的 SEM 图，(d)~(g) meso-N-MoS_2/rGO(D) 的元素分布图

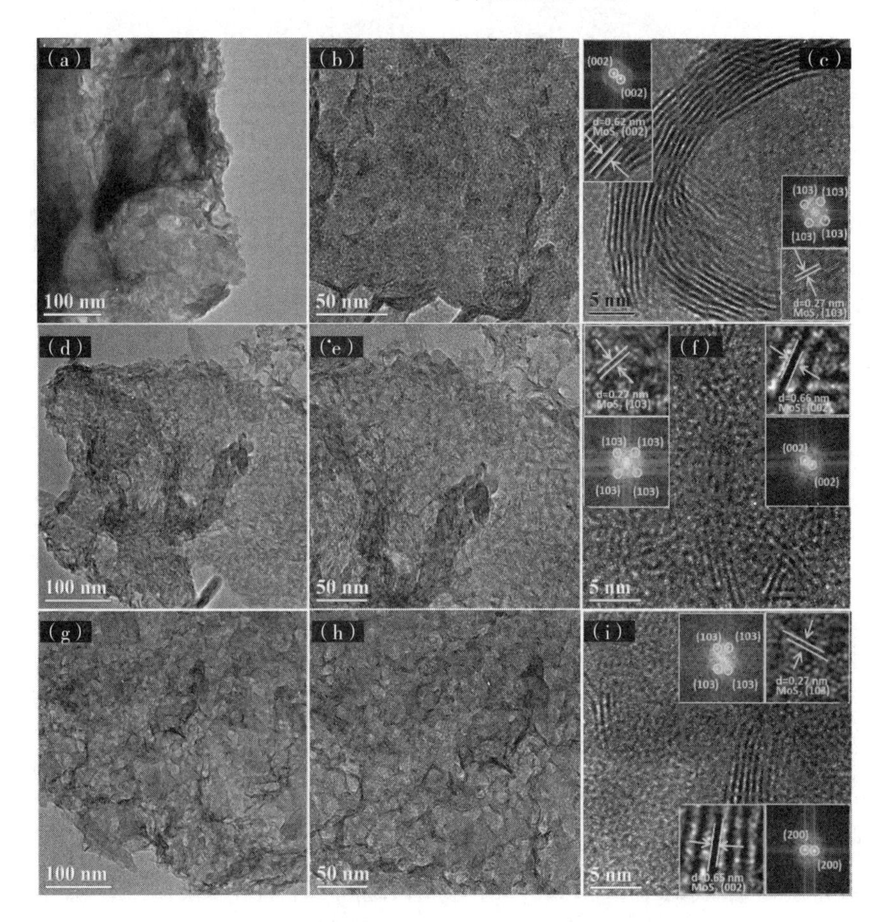

图 6-11　(a) 和 (b) meso-MoS_2/rGO、(d) 和 (e) meso-N-MoS_2/rGO(E)，(g) 和 (h) meso-N-MoS_2/rGO(D) 的 TEM 图，(c) (f)(i) 为对应的 HRTEM 图

6.3.7 氮掺杂 meso-N-MoS_2/ 电极材料的孔结构分析

采用 N_2 吸 – 脱附等温线和孔径分布测试 meso-MoS_2/rGO、meso-N-MoS_2/rGO(E) 和 meso-N-MoS_2/rGO(D) 电极材料的比表面和孔结构特征，结果如图 6-12（a）和（b）和表 6-1 所示。从图中可以看出，所有电极材料在 0.4~1.0（P/P_0）的相对压力范围内都显示Ⅳ型等温线[42]，表明其是典型的介孔结构，说明 KIT-6 模板在制备介孔结构中起到重要作用。而 meso-N-MoS_2/rGO(E) 和 meso-N-MoS_2/rGO(D) 则具有更大的 Brunauer-Emmett-Teller（BET）表面积，三者的比表面积分别为 80.4$m^2 \cdot g^{-1}$、137.9$m^2 \cdot g^{-1}$、133.0$m^2 \cdot g^{-1}$。这主要是因为氮掺杂可以大量暴露活性位点并产生丰富的不饱和位点，导致比表面积增大。

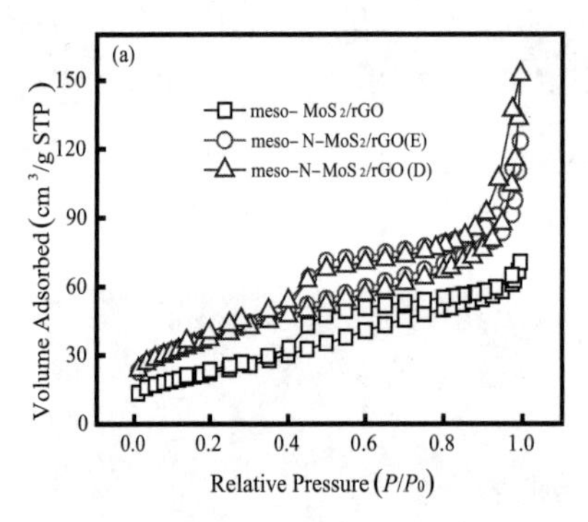

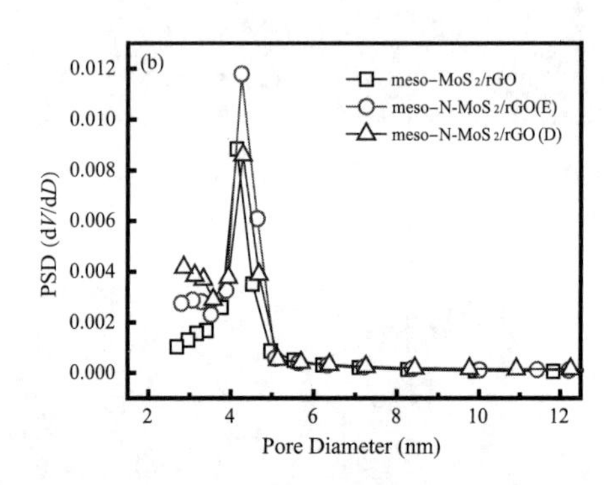

图 6-12 Meso-MoS_2/rGO、meso-N-MoS_2/rGO(E) 和 meso-N-MoS_2/rGO(D) 的 (a) 氮气吸脱附曲线和 (b) 孔径分布图

表 6-1 Meso-MoS_2/rGO、meso-N-MoS_2/rGO(E) 和 meso-N-MoS_2/rGO(D) 的 BET 和 BJH 数据表

样本	S_{BET} / ($m^2 \cdot g^{-1}$)	D_p / (nm)	V_P / ($cm^3 \cdot g^{-1}$)
meso-MoS_2/rGO	80.4	4.2	0.11
meso-N-MoS_2/rGO(E)	137.9	4.3	0.14
meso-N-MoS_2/rGO(D)	133.0	4.2	0.16

6.3.8 氮掺杂 meso-N-MoS_2/rGO 电极材料的表面价态分析

采用 XPS 对 meso-MoS_2/rGO 和 meso-N-MoS_2/rGO 电极材料的表面电子状态和化学成分进行了分析，结果如图 6-13 所示。如图 6-13（a）所示，结合能位于 229.3eV 和 229.3eV 处的特征峰分别归属于 Mo $3d_{5/2}$ 和 Mo $3d_{3/2}$，位于 226.5eV 处的特征峰则对应于 MoS_2 的 S 2s，而位于 235.9eV 处的特征峰归属于 Mo-O（$3d_{5/2}$），源自空气中电极材料表面的轻微氧化所形成的 Mo^{6+}[43]。图 6-13（b）为 meso-MoS_2/rGO、meso-N-MoS_2/rGO(E) 和 meso-N-MoS_2/rGO(D) 电极材料的 S 2p 轨道的高分辨 XPS 图谱。位于 162.2eV 和 163.3eV 处的特征双峰分别对应于 MoS_2 的 S $2p_{3/2}$ 和 S $2p_{1/2}$ 轨道，表明存在 S^{2-}。同时，位于高结合能 168.7eV 处的特征峰对应于 S 2p，表明存在 S^{4+}，可能源自硫酸根基团（SO_3^{2-}）中的 S^{4+} 物质。此外，掺杂 N 之后，Mo 3d 和 S 2p 的特征峰向更高结合能方向移

动，表明 S 和 N 之间存在电子转移，并且证实 N 成功地掺杂到了 MoS_2 中。图 6–13（c）是 meso–N–MoS_2/rGO(E) 和 meso–N–MoS_2/rGO(D) 电极材料中 N 1s 的 XPS 图谱，位于 395.8eV、398.8eV 和 401.9eV 处的特征峰分别归属于 Mo $3p_{3/2}$、吡啶 N 和石墨化 N[44]。实验结果还表明，在两中电极材料中均有 N 元素存在，也证明了 N 成功掺入了 MoS_2 以及石墨烯中。经对 XPS 数据分析可知，meso–N–MoS_2/rGO(D) 比 meso–N–MoS_2/rGO(E) 含有更多的吡啶 N，具体含量如表 6–2 所示。根据文献报道，吡啶氮有利于锂的储存，同时，石墨化 N 提高了石墨碳平面内的电子传输。图 6–13（d）为三种电极材料的 C 1s 谱图，图谱中位于 284.8eV、286.2eV 和 288.9eV 处出现三个特征峰，可归属于 C—C、C—O—C 和 O—C—O 键。上述 XPS 分析与之前的 EDX 图谱一致，证实了合成的氮掺杂 MoS_2 纳米片的化学组成，也说明 N 成功掺入 MoS_2。

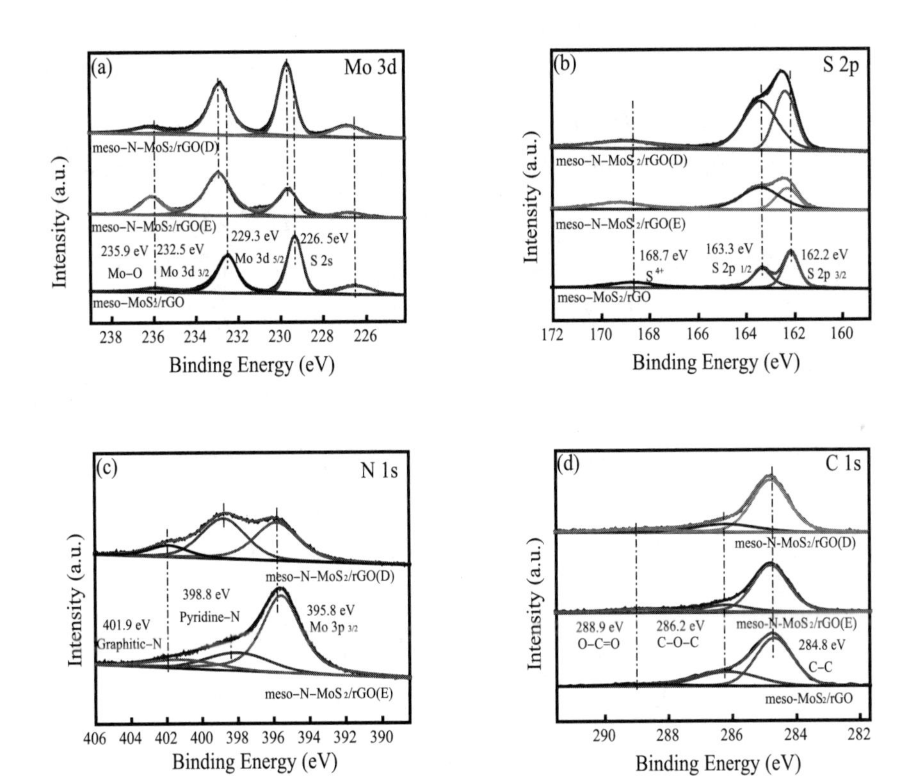

图 6–13　Meso–MoS_2/rGO, meso–N–MoS_2/rGO(E) 和 meso–N–MoS_2/rGO(D) 的 (a) Mo 3d，(b) S 2p，(c) N 1s，(d) C 1s 图谱

表 6–2　Meso–N–MoS_2/rGO(E) 和 meso–N–MoS_2/rGO(D) 的 XPS 结果分析

样本	Pyridine–N (%)	Graphitic–N (%)
meso–N–MoS_2/rGO(E)	20.1	11.0
meso–N–MoS_2/rGO(D)	44.0	12.0

6.3.9 氮掺杂 meso-N-MoS_2/rGO 材料的电化学性质分析

为了更好地研究 meso-MoS_2/rGO 及氮掺杂的 meso-N-MoS_2/rGO 电极材料的电化学性能，特别是 N 掺杂对其性能的影响，我们对 meso-MoS_2/rGO、meso-N-MoS_2/rGO(E) 和 meso-N-MoS_2/rGO(D) 电极材料进行了半电池测试。在 100mA · g^{-1} 的电流密度下，电压范围为 0.01~3V，测试了 meso-MoS_2/rGO、meso-N-MoS_2/rGO(E) 和 meso-N-MoS_2/rGO(D) 电极材料的充放电性能和循环性能，结果如图 6-14 所示。图 6-14（a）和（b）分别为 meso-MoS_2/rGO 电极材料的充放电曲线和循环性能图，第 1 次循环时，电极材料的放电容量为 795.4mA · h · g^{-1}，首圈库仑效率为 67.3%，第一次循环中的不可逆过程导致容量损失，包括捕获 MoS_2 晶格中的 Li^+ 和产生固体电解质界面（SEI）。从第 2 次循环到第 50 次循环，meso-MoS_2/rGO 电极材料的容量逐渐降低到 527.5mA · h · g^{-1}。氮掺杂 meso-N-MoS_2/rGO(E) 电极材料的放电容量在第一次循环时为 1010.2mA · h · g^{-1}，循环后保持在 758.9mA · h · g^{-1}，如图 6-14（e）和（f）所示。与 meso-N-MoS_2/rGO(E) 电极材料相比，meso-N-MoS_2/rGO(D) 电极材料具有更优异的电化学性能，其充放电比容量高，并且表现出良好的倍率性能和循环稳定性。图 6-14（c）为 meso-N-MoS_2/rGO(D) 电极材料的第 1、2、5、20 和 50 次充放电曲线，它具有最高的容量和最佳的循环性能，其首次充放电容量分别为 863.4mA · h · g^{-1} 和 1195.1mA · h · g^{-1}，循环 50 次后放电容量保持率为 73%。在第一次放电中观察到两个约 2.3V 和 0.8V 的充放电平台，在 2.3V 左右的充电平台说明 Li_xMoS_2 已形成，并且平台电位归因于嵌入在 MoS_2 的不同缺陷位置上的锂，而在约 0.8V 处的放电平台可归因于转换反应过程，其首先需要将 MoS_2 原位分解成嵌入 Li_2S 基质中的 Mo 颗粒，然后形成由电化学驱动的电解质降解产生的凝胶状聚合物层[45]。这种现象与其循环伏安（CV）测量 [图 6-15（a）] 一致。图 6-15（b）是 meso-MoS_2/rGO、meso-N-MoS_2/rGO(E) 和 meso-N-MoS_2/rGO(D) 的倍率性能图，首先在相同的 100mA · g^{-1} 的充放电电流密度下测试组装的半电池，然后不断增加电流密度，分别在 200mA · g^{-1}、500mA · g^{-1} 和 1000mA · g^{-1} 的电流密度下进行测试，meso-MoS_2/rGO 电极材料在不同电流密度下循环容量快速衰减。当引入 N 掺杂时，倍率性能得到改善，meso-N-MoS_2/rGO(D) 电极材料分别在 100mA · g^{-1}、200mA · g^{-1}、500mA · g^{-1} 和 1000mA · g^{-1} 的电流密度下进行充放电测试，其放电容量分别为 818.9mA · g^{-1}、801.8mA · g^{-1}、624.3mA · g^{-1} 和 606.2mA · h · g^{-1}，而且在大电流密度测试之后，恢复到 100mA · g^{-1} 下再次测试发现，其容量可以恢复到 753.9mA · h · g^{-}。相比之下，meso-MoS_2/rGO 电极材料的可逆容量随着电流密度的增加而迅速下降，电流密度恢复到 100mA · g^{-1} 时，容量仅达到约 547.8mA · h · g^{-1}。meso-N-MoS_2/rGO(D) 优异的电化学性质可归因于其高导电性、比表面积以及 N 掺杂。对 meso-MoS_2/rGO、meso-N-MoS_2/rGO(E) 和 meso-N-MoS_2/rGO(D) 电极材料进行了交流阻抗的测试，测试范围为 10kHz 至 100 MHz，结果如图 6-15（c）所示。Meso-MoS_2/rGO、meso-N-MoS_2/rGO(E) 和 meso-N-MoS_2/rGO(D) 电极材料的

Nyquist 图在高频到中频区呈半圆形，在低频区呈一条直线，它们分别与电极和电解质界面处的电荷转移电阻（Rct）和电极中离子扩散引起的 Warburg 电阻密切相关。Meso-N-MoS$_2$/rGO(E) 和 meso-N-MoS$_2$/rGO(D) 电极材料电阻值明显低于 meso-MoS$_2$/rGO 的电阻值，表明 N 掺杂可以显著降低 meso-MoS$_2$/rGO 电荷转移电阻。N 掺杂的主要优点：

（1）可有效地提高碳的电子电导率，这一点对改善电导率较低的纯 MoS$_2$ 很重要；

（2）氮掺杂 MoS$_2$ 具有较高化学活性的 N 基团，能够与 Li^+ 结合 [46]。这表明 N 掺杂特别是多巴胺修饰引入的 N 掺杂可以提高电极材料的电子电导率，因此，利用多巴胺实现 N 掺杂可以显著提升电极材料的电化学性能。

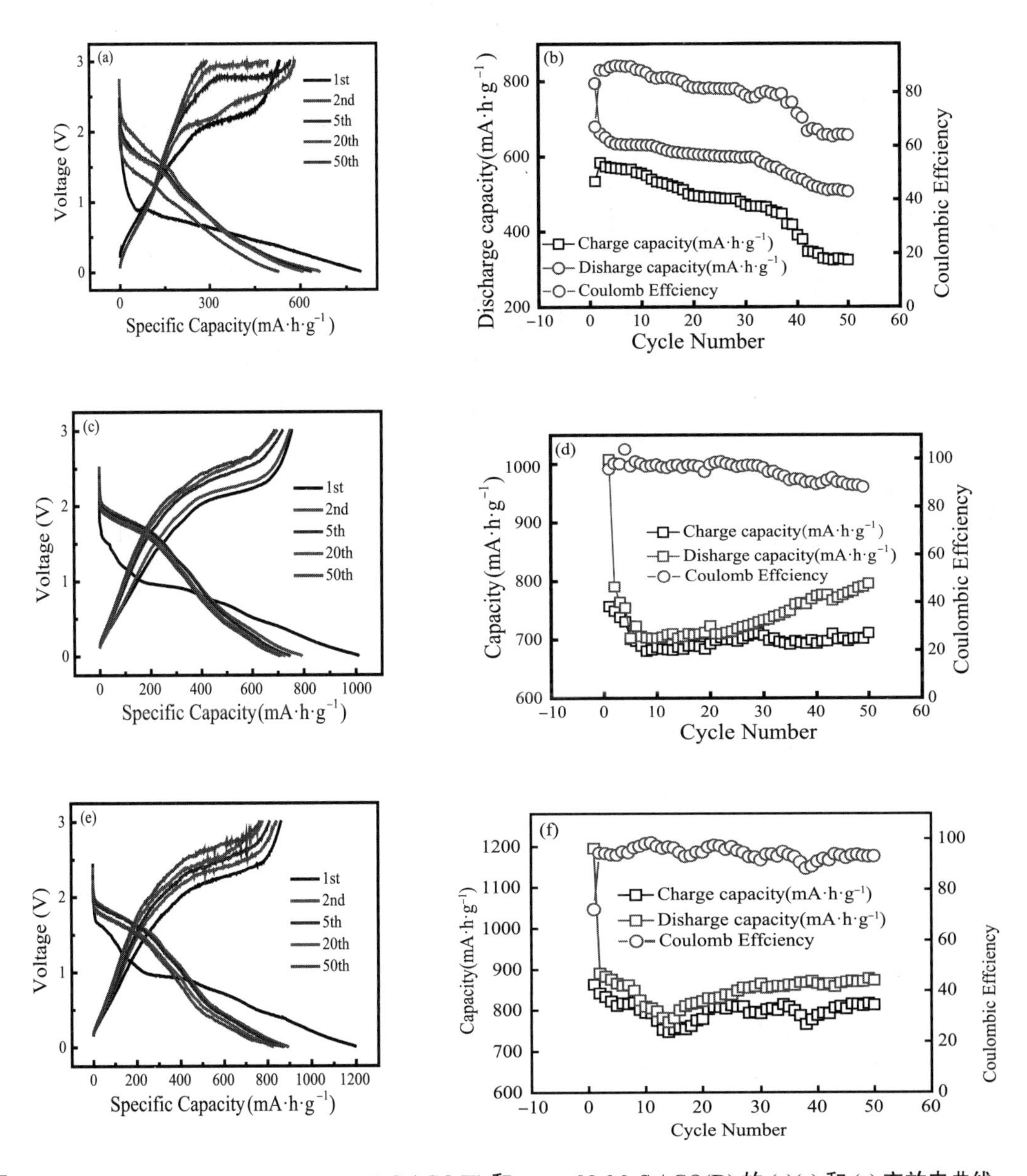

图 6-14　Meso-MoS$_2$/rGO、meso-N-MoS$_2$/rGO(E) 和 meso-N-MoS$_2$/rGO(D) 的 (a)(c) 和 (e) 充放电曲线，(b)、(d) 和 (f) 循环性能图

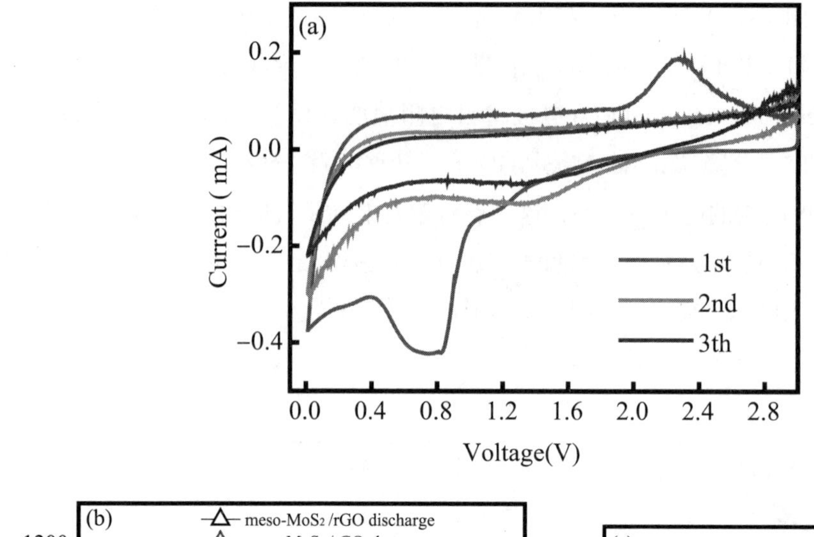

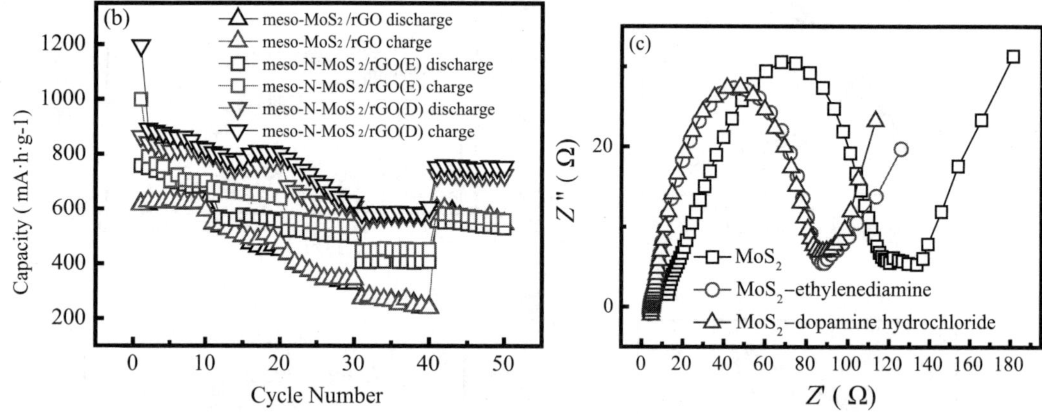

图 6–15 (a) Meso–MoS_2/rGO(D) 的循环伏安曲线，(b) 和 (c) meso–MoS_2/rGO、 meso–N–MoS_2/rGO(E)、meso–N–MoS_2/rGO(D) 的倍率性能图和交流阻抗图

与最近报道的 N 掺杂 MoS_2 基负极材料相比，本章通过氮掺杂所得的 meso–N–MoS_2/rGO 负极材料性质非常优异，其电化学性能见表 6–3。其充放电示意图如图 6–16 所示，优异的容量保持率和优异的倍率性能可归因于以下特征：

（1）在 rGO 中掺入的 N 对碳表面上的吡啶 N 掺杂位上质子化起到了很重要的作用，富 N 石墨烯为电子和离子的传输提供了良好的导电路径，同时具有高电子和离子电导率的 rGO 薄层提供了良好的反应动力，有效避免了 MoS_2 纳米粒子的聚集和重叠，使得材料具有良好的分散性和结构的完整性；

（2）将介孔结构整合到 MoS_2/rGO 复合材料中，为 Li^+ 和 e^- 提供了一条畅通的电子传输途径，并有效缓解了循环过程中的体积变化；

（3）N 的引入形成一定量的吡啶 N，增加了电极材料的电导率，提高了锂离子的扩散系数，显著降低了极化，提高了循环稳定性和倍率性能；

（4）N 掺杂可以引入面内“空穴”缺陷，为锂离子的储存提供更多的可能 [47]。

图 6-16　meso-N-MoS$_2$/rGO 材料充放电机理图

表 6-3　meso-N-MoS$_2$/rGO(D) 和其他氮掺杂 MoS$_2$ 的性能对比表

Electrode materials	Current density (mA · g^{-1})	Capacity (cycle number) (mA · h · g^{-1})	Ref.
N-doped mesoporous MoS$_2$ nanosheets	50	998(100)	33
MoS$_2$@N-CF nanosheets	1000	811 (1100)	37
MoS$_2$/nitrogen-doped graphene	800	800 (100)	35
MoS$_2$ anchored at nitrogen-doped carbon ribbons	305	1000 (300)	48
C@MoS$_2$@PDA composites	100	856 (100)	49
C$_3$N$_4$/NRGO/MoS$_2$	100	800 (100)	50
carbon@MoS$_2$ core-shell microspheres	100	771 (100)	51
MoS$_2$/n-RGO	100	1071 (130)	52
N-doped carbon/MoS$_2$	50	611 (50)	53
meso-N-MoS$_2$/rGO(D)	100	873 (50)	This work

6.4　本章小结

本章中，首先以 meso-Mo$_2$O/rGO 为前驱体，在氨气气氛下煅烧，通过控制煅烧时间和温度得到了 MoN@meso-Mo$_2$O/rGO (600℃，4 h) 电极材料，该电极材料在电流密度为 100mA · g^{-1} 时首次放电容量为 1031.1mA · h · g^{-1}，首次充电容量为 696.8mA · h · g^{-1}，50 次循环后放电容量为 708.4mA · h · g^{-1}，容量保持率为 68.7%。此后，对于传统掺氮方法进行改进，以多巴胺和乙二胺为氮源，通过在 KIT-6 模板中进行氮掺杂，获得了氮掺杂的 meso-N-MoS_2/rGO 电极材料，其中超小的 MoS_2 纳米颗粒均匀地嵌入 N 掺杂石墨烯中。介孔结构不仅可以避免 MoS_2 纳米粒子的聚集与重叠，而且可以为 MoS_2 纳米粒子与弹性导电石墨烯提供足够的界面接触。通过 N 掺杂引入一定量的吡啶 N，因此提高了电极材料的电导率和锂离子扩散系数，极大地降低了极化，提高了循环稳定性和倍率性能。所制备的 meso-N-MoS_2/rGO(D) 电极材料在 100mA · g^{-1} 时 50 次循环后放电容量为 863.4mA · h · g^{-1}，初始库仑效率高（72.2%），而且具有优异的倍率性能（在 1000mA · g^{-1} 时为 606.2mA · h · g^{-1}）。

参考文献

[1] WANG J, LUO C, GAO T, et al. An advanced MoS_2/carbon anode for high-performance sodium-ion batteries [J]. Small, 2015, 11(4): 473-481.

[2] XIONG Q Q, JI Z G. Controllable growth of MoS_2/C flower-like microspheres with enhanced electrochemical performance for lithium-ion batteries [J]. Journal of Alloys and Compounds, 2016, 673:215-219.

[3] ZHOU Y, LIU Q, LIU D, et al. Carbon-coated MoO_2 dispersed in three-dimensional graphene aerogel for lithium-ion battery [J]. Electrochimica Acta, 2015, 174(1):8-14.

[4] CHOI S H, KANG Y C. Crumpled graphene-molybdenum oxide composite powders: preparation and application in lithium-ion batteries [J]. ChemSusChem, 2014, 7(2): 523-528.

[5] SENG K H, DU G D, LI L, et al. Facile synthesis of graphene-molybdenum dioxide and its lithium storage properties [J]. Journal of Materials Chemistry, 2012, 22(31): 16072-16707.

[6] POIZOT P, LARUELLE S, GRUGEON S, et al. Nano-sized transition-metal oxides as negative-electrode materials for lithium-ion batteries [J]. Cheminform, 2001, 32(3): 496.

[7] HWANG M-J, KIM K M, RYU K-S. Effects of graphene on MoO_2-MoS_2 composite as anode material for lithium-ion batteries [J]. Journal of Electroceramics, 2014, 33(3-4): 239-245.

[8] DOAN-NGUYEN V V T, SUBRAHMANYAM K S, BUTALA M M, et al. Molybdenum polysulfide chalcogels as high-capacity, anion-redox-driven electrode materials for Li-ion batteries [J]. Chemistry of Materials, 2016, 28(22): 8357-8365.

[9] LI D, HE H, WU X, et al. Electrochemical behavior of submicron Li_2MoO_3 as anodes in lithium-ion batteries [J]. Journal of Alloys and Compounds, 2016, 682:759-765.

[10] KONG J, WEI H, XIA D, et al. High-performance Sb_2S_3/Sb anode materials for Li-ion batteries [J]. Materials Letters, 2016, 179:114-117.

[11] CHO W, SONG J H, KIM J-H, et al. Electrochemical characteristics of nano-sized MoO_2/C composite anode materials for lithium-ion batteries [J]. Journal of Applied Electrochemistry, 2012, 42(11): 909-915.

[12] HAN P, MA W, PANG S, et al. Graphene decorated with molybdenum dioxide nanoparticles for use in high energy lithium-ion capacitors with an organic electrolyte [J]. Journal of Materials Chemistry A, 2013, 1(19): 5949-5954.

[13] ZHANG X, ZENG X, YANG M, et al. Lithiated MoO_2 nanorods with greatly improved electrochemical performance for lithium-ion batteries [J]. European Journal of Inorganic Chemistry, 2014, 2014(2): 352-356.

[14] YOON S, MANTHIRAM A. Microwave-hydrothermal synthesis of $W_{0.4}Mo_{0.6}O_3$ and carbon-decorated WO_x-MoO_2 nanorod anodes for lithium-ion batteries [J]. Journal of Materials Chemistry, 2011, 21(12): 4082-4085.

[15] WANG C, WU L, WANG H, et al. Fabrication and shell optimization of synergistic TiO_2-MoO_3 core-shell nanowire array anode for high energy and power density lithium-ion batteries [J]. Advanced Functional Materials, 2015, 25(23): 3524-3533.

[16] MO R, LEI Z, SUN K, et al. Facile synthesis of anatase TiO_2 quantum-dot/graphene-nanosheet composites with enhanced electrochemical performance for lithium-ion batteries [J]. Advanced Materials, 2014, 26(13): 2084-2088.

[17] MA F X, WU H B, XIA B Y, et al. Hierarchical beta-Mo_2C nanotubes organized by ultrathin nanosheets as a highly efficient electrocatalyst for hydrogen production [J]. Angewandte Chemie, International Edition, 2015, 54(51): 15395-15399.

[18] LIU Y, ZHANG H, OUYANG P, et al. High electrochemical performance and phase evolution of magnetron sputtered MoO_2 thin films with hierarchical structure for Li-ion battery electrodes [J]. Journal of Materials Chemistry A, 2014, 2(13): 4714-4721.

[19] XIA F, HU X, SUN Y, et al. Layer-by-layer assembled MoO_2-graphene thin film as a high-capacity and binder-free anode for lithium-ion batteries [J]. Nanoscale, 2012, 4(15): 4707-4711.

[20] FANG X, GUO B, SHI Y, et al. Enhanced Li storage performance of ordered mesoporous MoO_2 via tungsten doping [J]. Nanoscale, 2012, 4(5): 1541-1544.

[21] SHI Y, HUA C, LI B, et al. Highly ordered mesoporous crystalline $MoSe_2$ material with efficient visible-light-driven photocatalytic activity and enhanced lithium storage

performance [J]. Advanced Functional Materials, 2013, 23(14): 1832–1838.

[22] CHOI S H, KANG Y C. Fullerene–like $MoSe_2$ nanoparticles–embedded CNT balls with excellent structural stability for highly reversible sodium–ion storage [J]. Nanoscale, 2016, 8(7): 4209–4216.

[23] ZHAO X, SUI J, LI F, et al. Lamellar $MoSe_2$ nanosheets embedded with MoO_2 nanoparticles: novel hybrid nanostructures promoted excellent performances for lithium–ion batteries [J]. Nanoscale, 2016, 8(41): 17902–17910.

[24] TIAN R, WANG W, HUANG Y, et al. 3D composites of layered MoS_2 and graphene nanoribbons for high performance lithium–ion battery anodes [J]. Journal of Materials Chemistry A, 2016, 4(34): 13148–13154.

[25] ZHANG X, LI X, LIANG J, et al. Synthesis of MoS_2@C nanotubes via the kirkendall effect with enhanced electrochemical performance for lithium–ion and sodium–ion batteries [J]. Small, 2016, 12(18): 2484–2491.

[26] YU X Y, HU H, WANG Y, et al. Ultrathin MoS_2 nanosheets supported on N–doped carbon nanoboxes with enhanced lithium storage and electrocatalytic properties [J]. Angewandte Chemie– International Edition, 2015, 127(25): 7503–7506.

[27] BHASKAR A, DEEPA M, NARASINGA RAO T. MoO_2/multiwalled carbon nanotubes (MWCNT) hybrid for use as a Li–ion battery anode [J]. ACS Applied Materials & Interfaces, 2013, 5(7): 2555–2566.

[28] ZHANG K, ZHAO Y, ZHANG S, et al. MoS_2 nanosheet/Mo_2C–embedded N–doped carbon nanotubes: synthesis and electrocatalytic hydrogen evolution performance [J]. Journal of Materials Chemistry A, 2014, 2(44): 18715–18719.

[29] TANG Q, SHAN Z, WANG L, et al. MoO_2–graphene nanocomposite as anode material for lithium–ion batteries [J]. Electrochimica Acta, 2012, 79(4):148–153.

[30] LIU J, TANG S, LU Y, et al. Synthesis of Mo_2N nanolayer coated MoO_2 hollow nanostructures as high–performance anode materials for lithium–ion batteries [J]. Energy & Environmental Science, 2013, 6(9): 2691–2697.

[31] HUANG X, ZENG Z, ZHANG H. Metal dichalcogenide nanosheets: preparation, properties and applications [J]. Chemical Society Reviews, 2013, 44(22): 1934–1946.

[32] ZHANG B, CUI G, ZHANG K, et al. Molybdenum nitride/nitrogen–doped graphene hybrid material for lithium storage in lithium–ion batteries [J]. Electrochimica Acta, 2014, 150(150):15–22.

[33] QIN S, LEI W, LIU D, et al. Advanced N–doped mesoporous molybdenum disulfide

nanosheets and the enhanced lithium-ion storage performance [J]. Journal of Materials Chemistry A, 2016, 4(4): 1440-1445.

[34] ZHANG S, WANG L, ZENG Y, et al. CdS-nanoparticles-decorated perpendicular hybrid of MoS_2 and N-doped graphene nanosheets for omnidirectional enhancement of photocatalytic hydrogen evolution [J]. Chem Cat Chem, 2016, 8(15): 2557-2564.

[35] YE J, YU Z, CHEN W, et al. Facile synthesis of molybdenum disulfide/nitrogen-doped graphene composites for enhanced electrocatalytic hydrogen evolution and electrochemical lithium storage [J]. Carbon, 2016, 107:711-722.

[36] MA C, SHAO X, CAO D. Nitrogen-doped graphene nanosheets as anode materials for lithium ion batteries: a first-principles study [J]. Journal of Materials Chemistry, 2012, 22(18): 8911-8915.

[37] MIAO Z H, WANG P P, XIAO Y C, et al. Dopamine-induced formation of ultrasmall few-layer MoS_2 homogeneously embedded in N-doped carbon framework for enhanced lithium-ion storage [J]. ACS Applied Materials & Interfaces, 2016, 8(49): 33741-33748.

[38] ETGAR L, SCHUCHARDT G, COSTENARO D, et al. Enhancing the open circuit voltage of dye sensitized solar cells by surface engineering of silica particles in a gel electrolyte [J]. Journal of Materials Chemistry A, 2013, 1(35): 10142-10147.

[39] CROCELLà V, TABANELLI T, VITILLO J G, et al. A multi-technique approach to disclose the reaction mechanism of dimethyl carbonate synthesis over amino-modified SBA-15 catalysts [J]. Applied Catalysis B: Environmental, 2017, 211:323-336.

[40] SHI Z-T, KANG W, XU J, et al. Hierarchical nanotubes assembled from MoS_2-carbon monolayer sandwiched superstructure nanosheets for high-performance sodiumion batteries [J]. Nano Energy, 2016, 22:27-37.

[41] CUI X, CHEN X, CHEN S, et al. Dopamine adsorption precursor enables N-doped carbon sheathing of MoS_2 nanoflowers for all-around enhancement of supercapacitor performance [J]. Journal of Alloys and Compounds, 2017, 693:955-963.

[42] PARK H-C, LEE K-H, LEE Y-W, et al. Mesoporous molybdenum nitride nanobelts as an anode with improved electrochemical properties in lithium ion batteries [J]. Journal of Power Sources, 2014, 269(4):534-541.

[43] CHE Z, LI Y, CHEN K, et al. Hierarchical MoS_2@RGO nanosheets for high performance sodium storage [J]. Journal of Power Sources, 2016, 331:50-57.

[44] ZHAO L, HONG C, LIN L, et al. Controllable nanoscale engineering of vertically

aligned MoS_2 ultrathin nanosheets by nitrogen doping of 3D graphene hydrogel for improved electrocatalytic hydrogen evolution [J]. Carbon, 2017, 116:223–231.

[45] CHANG K, CHEN W, MA L, et al. Graphene–like MoS_2/amorphous carbon composites with high capacity and excellent stability as anode materials for lithium–ion batteries [J]. Journal of Materials Chemistry, 2011, 21(17): 6251–6257.

[46] CAI Y, YANG H, ZHOU J, et al. Nitrogen doped hollow MoS_2/C nanospheres as anode for long–life sodium–ion batteries [J]. Chemical Engineering Journal, 2017, 327:522–529.

[47] YANG Y, TANG D–M, ZHANG C, et al. “Protrusions” or “holes” in graphene: which is the better choice for sodium ion storage?[J]. Energy & Environmental Science, 2017, 10(4): 979–986.

第 7 章　二维层状介孔 $MoS_{2(1-x)}Se_{2x}$/rGO 电极材料的可控构筑、结构调控与电化学性能研究

7.1　引言

随着人类社会的发展，能源和环境问题日益严重。为了实现绿色可持续发展，人们将研究焦点集中于可持续及可靠的储能系统的研发 [1]。受益于独特的性能，如寿命长、环境友好、能量密度高、无记忆效应和低毒性，LIB 成为解决智能电子设备以及电动汽车等的功率和能量需求的关键技术。在第一批批量生产电动车时，各种活性物质已被用作负极材料 [2]。天然石墨具有低成本和结构稳定等显著特点，也具有较低且平坦的电压平台，因此被广泛用作商业 LIB 负极材料 [3]，然而，随着对下一代 LIB 的性能需求的增加，其安全问题和低比容量（372mA · h · g^{-1}）问题变得更加严峻，因此，LIB 在电动车辆中的实际应用仍然缺乏理想的负极材料 [4,5]。此外，已经广泛研究了过渡金属氧化物（TMO）、硅或锡基金属合金，因为 TMO 的 Li 储存机理（如 Li 的转化和合金化反应）与石墨中 Li 的插层反应不同，这些新开发的 TMO 负极材料显示出更高的容量。硅或锡基金属合金可以分别提供高达 4200mA · h · g^{-1} 和 994mA · h · g^{-1} 的放电容量，但它们在经过多次循环后出现剧烈的结构性崩溃，导致严重的容量衰减，限制了其商业应用 [6]。二维层状电极材料如 MX_2（M = Mo, W; X = S, Se, Te）具有开放二维孔道晶体结构 [7–9]、卓越的电子性能 [10,11]、相对较高的理论容量 [12]，由于其 Li^+ 插入电压高于商业石墨电极，因此作为安全的负极材料引起了相当大的关注。在 LIB 中使用层状 TMD 面临的主要问题是循环稳定性和倍率性能较差，主要是由于它们在重复循环之后倾向于聚集，而且电化学驱动的电解质降解形成凝胶状聚合物层。在二维 TMD 族中，二硫化钼（MoS_2）和二硒化钼（$MoSe_2$）由于具有和贵金属类似的电子结构且合成简单等优势，是两种很有前景的电极材料。其中，MoS_2 的研究已经很深入，为了达到令人满意的储能性能，已经开发出各种形态的 MoS_2 合成方法，包括层状、核壳、花状、纳米板和纳米棒 MoS_2 等 [13–20]。$MoSe_2$ 是典型的过渡金属硒化物之一，它由廉价而丰富的元素组成，具有很高的理论容量 [21]。同时，$MoSe_2$

的晶体结构与 MoS_2 相似，MoS_2 和 $MoSe_2$ 由三个原子层组成，其中金属原子层夹在两个硫族化物层之间，其结构可以看作通过相对较弱的范德华力保持在一起的二维 Se–Mo–Se 层。因此，层结构的过渡金属硒化物有利于 Li^+ 的嵌入和脱出，因为它们的晶体结构可以容易地用于通过电化学插层的锂可逆储存，使其成为 LIB 的良好候选材料 [22]。研究人员很关注 $MoSe_2$ 电极材料的研究，姚建宇等首先报道了 $MoSe_2$/rGO 纳米复合材料用作 LIB 负极材料 [23]。近年来其他具有富勒烯状、片状或其他形态的 $MoSe_2$ 复合材料得到广泛的研究 [24–28]。更重要的是，Se 掺杂 MoS_2 复合材料的研究表明，阴离子掺杂是促进催化性能和提高导电性的有效策略 [29,30]。

文献显示，$MoS_{2(1-x)}Se_{2x}$ 纳米材料显示出比纯相 MoS_2 或 $MoSe_2$ 更高的 HER 性能，但是关于 $MoS_{2(1-x)}Se_{2x}$ 用作 LIB 负极材料的研究很少 [31]。此外，在之前的研究内容中，已经详细讨论过 P 和 N 的引入对材料电化学性质的影响，那么如果引入一定量的 Se，对电化学性质是否也有提升作用？因此，本章设计合成了不同 Se 含量的 meso–$MoS_{2(1-x)}Se_{2x}$/rGO 电极材料，并对 Se 含量对其电化学性能的影响进行了系统研究。具有纳米结构的电极材料被证明是改善锂离子存储性能的有效途径，有利于缓解锂离子插入和提取过程中的应力，并且增强了电化学性能。介孔 MoS_2 材料具有介孔结构和层状石墨烯导电网络，这种独特的结构确保了锂离子和电子具有较短的传输距离，从而增加了它们的扩散速率，并且缓解了放电过程中的体积效应。石墨烯作为柔性导电载体，MoS_2 纳米颗粒在其上垂直生长，这种独特的结构可以为电子提供有效的多向传输路径，从而大大提高材料的导电性 [32]。由于 Se 原子的原子半径比硫原子的原子半径大，一定量的 Se 加入可能导致轻微变形，并产生极化电场，导致吸附分子成键更易断裂，Se 的加入不仅可以使其暴露大量活性位点，还能产生丰富的不饱和位点。此外，加入 Se 可以拓宽 MoS_2（002）晶面的间距，并在充放电过程中提供更多的活性位点。更重要的是，引入一定量的 Se 可以诱导 MoS_2 的 2H 相变为 1T 相，1T 相 MoS_2 更具金属性，因此引入了 Se 的二维层状介孔 MoS_2 具有更优异的电化学性能。

7.2 材料的制备

7.2.1 Meso–$MoS_{(1-x)}Se_{2x}$/rGO 电极材料的合成

以 KIT–6/rGO 为模板、$(NH_4)_6Mo_7O_{24}\cdot 4H_2O$ 为钼源、硫脲为硫源、硒粉为硒源，采用纳米浇筑方法制备了 meso–$MoS_{(1-x)}Se_{2x}$/rGO 电极材料。采用了以下两种不同方法进行合成。

方法Ⅰ：0.2g KIT-6/rGO 模板、0.2g $(NH_4)_6Mo_7O_{24}\cdot 4H_2O$ 和 0.2g 硫脲加入 20mL 去离子水中，之后在室温下搅拌 24h 后放入 50℃真空烘箱烘干，得到 Mo-S 前躯体。为了考察不同 Se 含量对产物的影响，控制 Mo-S 前躯体与 Se 粉质量比为 1∶0、1∶1、1∶2 和 1∶3，所得电极材料分别为 meso-MoS_2/rGO、meso-$MoS_{1.54}Se_{0.46}$/rGO、meso-$MoS_{1.12}Se_{0.88}$/rGO 和 meso-$MoS_{0.43}Se_{1.57}$/rGO（其中 Se 与 S 原子比根据 EDS 能谱分析得到，结果如图 7-1 和表 7-1 所示），接着将盛有 Mo-S 前驱体和 Se 粉的坩埚在 450℃管式炉中煅烧 3h，升温速度为 2℃ · min^{-1}，保护气为 10% H_2 和 90% Ar（Se 粉在上游，Mo-S 前驱体在下游）。在加热之前，通 10 分钟保护气，KIT-6 模板最终用 NaOH (2M) 去除，所得产物用水和乙醇离心洗涤直到中性。

方法Ⅱ：首先将方法Ⅰ中制备的 Mo-S 前驱体煅烧，之后用碱溶液除去 KIT-6 模板，洗涤并烘干得到 meso-MoS_2/rGO 电极材料，然后加入 Se 粉经煅烧得到目标产物（Mo-S 前躯体与 Se 粉质量比为 1∶2）。具体步骤如下：0.2g KIT-6/rGO 模板、0.2g $(NH_4)_6Mo_7O_{24}\cdot 4H_2O$ 和 0.2g 硫脲加入 20 mL 去离子水中，在室温下搅拌 24h 后放入 50℃真空烘箱烘干得到 Mo-S 前躯体。随后在 450℃下煅烧 3h，升温速度为 2℃ · min^{-1}，保护气为 10% H_2 和 90% Ar，加热之前通 10 分钟保护气，KIT-6 模板用 NaOH (2M) 去除，所得产物用水和乙醇离心洗涤直到中性。之后再加入 0.3g Se 粉，将盛有 meso-MoS_2/rGO 和 Se 粉的坩埚再次在管式炉中氮气保护下 450℃煅烧 3h（Se 粉在上游，meso-MoS_2/rGO 在下游），得到目标产物 meso-$MoS_{1.12}Se_{0.88}$/rGO（其中 Se 和 S 原子比根据 EDS 能谱分析得到，测试结果如图 7-1 和表 7-1 所示）。

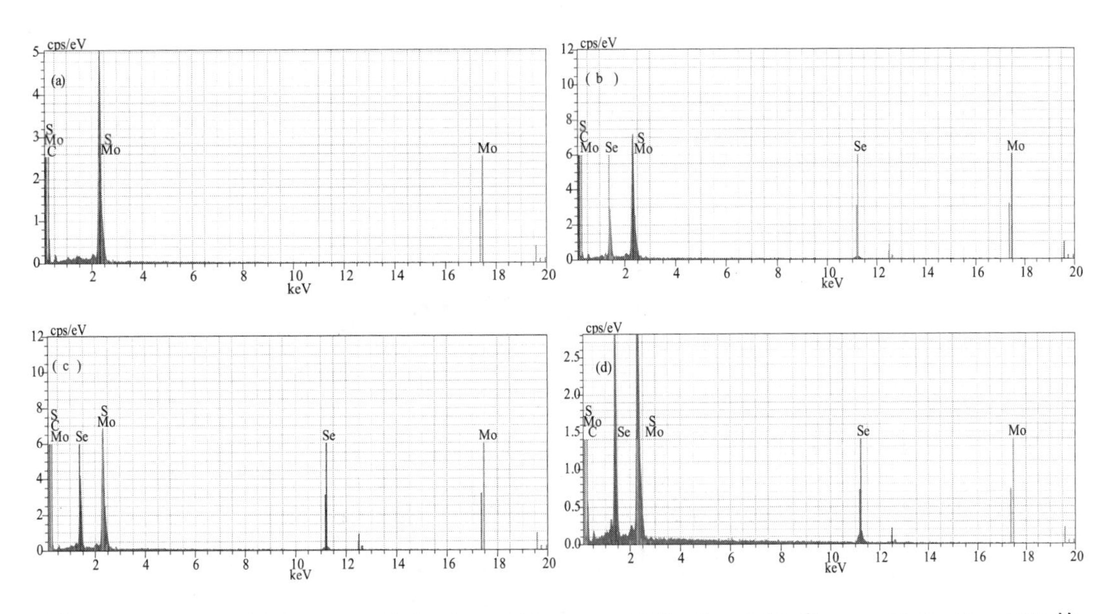

图 7-1　meso-MoS_2/rGO、meso-$MoS_{1.54}Se_{0.46}$/rGO、meso-$MoS_{1.12}Se_{0.88}$/rGO 和 meso-$MoS_{0.43}Se_{1.57}$/rGO 的 EDS 谱图

表 7-1 meso-MoS_2/rGO、meso-$MoS_{1.54}Se_{0.46}$/rGO、meso-$MoS_{1.12}Se_{0.88}$/rGO 和 meso-$MoS_{0.43}Se_{1.57}$/rGO 的 EDS 数据表

Samples	EDS analysis (atom%)			
	C/at.%	Mo/at.%	S/at.%	Se/at.%
meso-MoS_2/rGO	19.6	26.8	53.6	—
meso-$MoS_{1.54}Se_{0.46}$/rGO	18.7	27.1	41.7	12.5
meso-$MoS_{1.12}Se_{0.88}$/rGO	19.6	26.8	29.9	23.7
meso-$MoS_{0.43}Se_{1.57}$/rGO	19.3	26.9	11.6	42.2

7.2.2 对比样品的合成

为研究石墨烯和介孔结构对电极材料性能的影响，制备了具有与 meso-$MoS_{1.12}Se_{0.88}$/rGO 相同 Se 含量的介孔 MoS_2、块状 MoS_2 及 Se/S 化石墨烯。合成介孔 MoS_2 时，使用 KIT-6 模板代替 KIT-6/rGO 模板。在无模板情况下，合成了块状 MoS_2。

仅使用 $(NH_4)_6Mo_7O_{24}\cdot 4H_2O$、S 粉和 Se 粉作为前体，研磨后在相同煅烧条件下煅烧，得到 Se 掺杂 MoS。此外，Se、S 化石墨烯采用 Se 粉代替硫脲，将制得的石墨烯与 S 粉和 Se 粉混合煅烧，煅烧条件同方法 I（Se 粉和 S 粉位于管式炉上游、石墨烯位于下游）。

7.3 结果与讨论

7.3.1 meso-$MoS_{2(1-x)}Se_{2x}$/rGO 电极材料的合成

图 7-2 是 meso-$MoS_{2(1-x)}Se_x$/rGO 电极材料的合成示意图。采用改进的 Hummers 方法制备片层石墨烯，以 P123 为模板、硅酸四乙酯为硅源，将有序介孔结构 KIT-6 模板原位组装于二维片层石墨烯表面。将 KIT-6/rGO 模板煅烧以除去 P123，此时 GO 被还原为 rGO。通过浸渍过程，将前驱体渗入 KIT-6 模板的介孔孔道中，之后在 500℃下煅烧，用 NaOH 溶液刻蚀去除 KIT-6 模板，最后用去离子水和无水乙醇洗涤数遍并干燥。

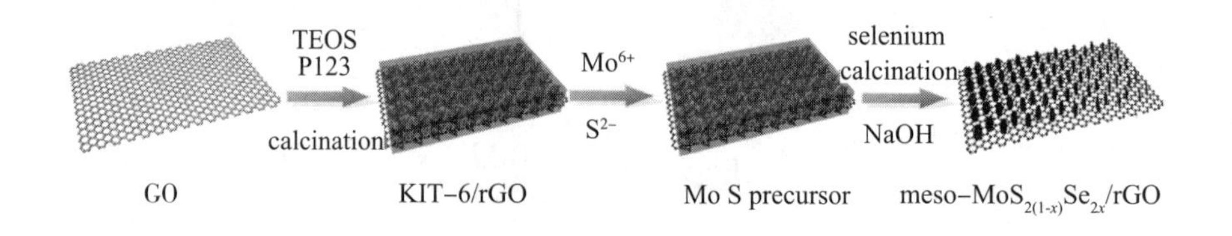

图 7-2 meso-$MoS_{2(1-x)}Se_{2x}$/rGO 电极材料的合成过程示意图（方法 I）

7.3.2 Meso-$MoS_{2(1-x)}Se_{2x}$/rGO 电极材料的形貌分析

Meso-$MoS_{2(1-x)}Se_{2x}$/rGO 电极材料的 SEM 和 TEM 表征如图 7-3 所示。从图 7-3（a）（e）（i）和（m）SEM 图可以看出，meso-$MoS_{2(1-x)}Se_{2x}$/rGO 电极材料中存在石墨烯明显的二维层状和褶皱结构。图 7-3（b）~（p）是 meso-$MoS_{2(1-x)}Se_{2x}$/rGO 电极材料的 TEM 图。

从图中可以看出，meso-$MoS_{2(1-x)}Se_{2x}$/rGO 电极材料由均匀分散的超小 $MoS_{2(1-x)}Se_{2x}$ 纳米颗粒负载于二维层状石墨烯表面组成，纳米颗粒平均粒径约为 5nm，颗粒分布比较均匀，无较大颗粒出现。由于存在 KIT-6/rGO 模板的介孔限域作用，纳米颗粒呈现规则排列结构，介孔孔道不同取向诱导样品也呈现不同取向，如图 7-3（j）和（k）中红色虚线和圆圈所示。从图 7-3（d)(h)(l）和（p）的 HRTEM 图可以清楚地看到具有褶皱结构的二维片层结构，大量暴露出 MoS_2 的（002）晶面边缘位置。由图中可以发现，meso-MoS_2/rGO 具有明显层状结构，层间距为 0.62nm 和 0.23nm，分别对应于 MoS_2 相的（002）和（103）晶面。Se 掺杂后，meso-$MoS_{1.54}Se_{0.46}$/rGO、meso-$MoS_{1.12}Se_{0.88}$/rGO 和 meso-$MoS_{0.43}Se_{1.57}$/rGO 的（002）晶面的间距分别宽化为 0.65nm、0.72nm 和 0.68nm，表明 Se 掺杂可以拓宽（002）层间距，为锂离子和电子的传输提供更为有利的通道，有利于其电化学性能的提升。而 meso-$MoS_{0.43}Se_{1.57}$/rGO 的（002）晶面间距为 0.68nm，近似于 $MoSe_2$ 的（002）晶面间距值。从图 7-3（q）~（u）可以看出，Mo、S、Se、C 等元素在样品中均匀分布。

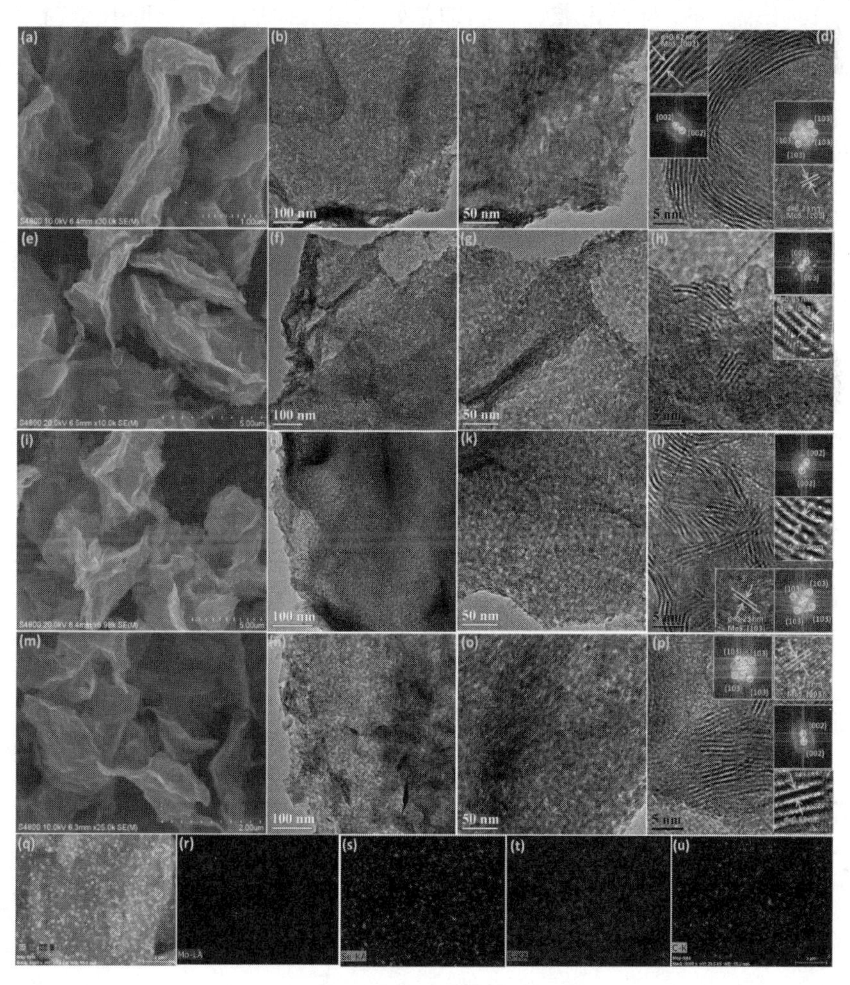

图 7-3　(a) (e) (i) 和 (m) meso-$MoS_{2(1-x)}Se_{2x}$/rGO/rGO 电极材料的 SEM，(b)~(d), (f)~(h), (m)~(p)TEM 图，(q)~(u) meso-$MoS_{1.12}Se_{0.88}$/rGO 的元素分布图

7.3.3 Meso-$MoS_{2(1-x)}Se_{2x}$/rGO 电极材料的结构分析

图 7-4（a）为 meso-MoS_2/rGO、meso-$MoS_{1.54}Se_{0.46}$/rGO、meso-$MoS_{1.12}Se_{0.88}$/rGO 和 meso-$MoS_{0.43}Se_{1.57}$/rGO 电极材料的 XRD 图。从图中可以看到，采用 Mo-S 前驱体制备的电极材料为纯相 MoS_2（JCPDS # 37-1492）[34]，位于 14.38° 和 39.54° 处的强衍射峰对应于 MoS_2 的（002）和（103）晶面，无其他杂相存在。随着 Se 粉含量的增加，所有的衍射峰都趋向于小角度，表明样品具有从 MoS_2 到 $MoS_{2(1-x)}Se_{2x}$ 固溶体变化的趋势[35]。当 Mo-S 前驱体与 Se 粉的比例为 1∶3 时，（meso-$MoS_{0.43}Se_{1.57}$/rGO）电极材料的晶相倾向于 $MoSe_2$，这主要是因为发生相变而非简单掺杂形成固溶体，其晶胞参数由于 S 被 Se 取代而逐渐膨胀，详细数据如表 7-2 所示。meso-$MoS_{0.43}Se_{1.57}$/rGO 的晶胞参数接近于标准 $MoSe_2$ 的晶胞参数（JCPDS#29-0914），这些结果表明，引入 Se 会导致 MoS_2 晶格畸变。所有电极材料的 XRD 衍射峰均有宽化现象，这也是许多二维纳米片状材料（如 MoS_2）的典型特征，表明所制备的样品由非常小的纳米颗粒组装而成。由 Scherrer 方程计算可知，meso-MoS_2/rGO、meso-$MoS_{1.54}Se_{0.46}$/rGO、meso-$MoS_{1.12}Se_{0.88}$/rGO 和 meso-$MoS_{0.43}Se_{1.57}$/rGO 电极材料的晶粒尺寸分别为 4.7nm、4.5nm、4.1nm 和 4.3nm。

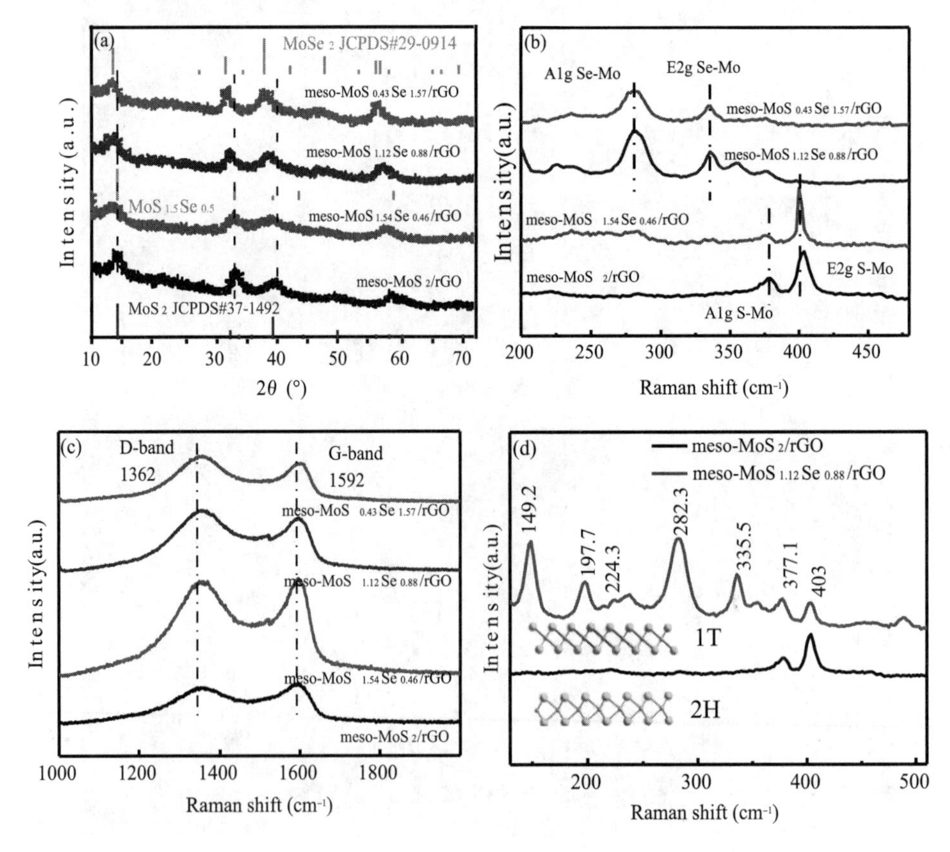

图 7-4 meso-MoS_2/rGO、meso-$MoS_{1.54}Se_{0.46}$/rGO、meso-$MoS_{1.12}Se_{0.88}$/rGO 和 meso-$MoS_{0.43}Se_{1.57}$/rGO 的 (a)XRD 图，(b)~(d) 拉曼谱图

表 7–2 Meso–MoS_2/rGO、meso–$MoS_{1.54}Se_{0.46}$/rGO、meso–$MoS_{1.12}Se_{0.88}$/rGO 和 meso–$MoS_{0.43}Se_{1.57}$/rGO 的晶胞参数表

Samples	*a*	*b*	*c*	Grain size
meso–MoS_2/rGO	3.134	3.134	12.326	4.7
meso–$MoS_{1.54}Se_{0.46}$/rGO	3.193	3.193	12.318	4.5
meso–$MoS_{1.12}Se_{0.88}$/rGO	3.235	3.235	12.364	4.1
meso–$MoS_{0.43}Se_{1.57}$/rGO	3.275	3.275	12.881	4.3
MoS_2 (JCPDS #37–1492)	3.161	3.161	12.299	—
$MoSe_2$ (JCPDS #29–0914)	3.287	3.287	12.925	—

图 7–4（b）~（d）是 meso–MoS_2/rGO、meso–$MoS_{1.54}Se_{0.46}$/rGO、meso–$MoS_{1.22}Se_{0.88}$/rGO 和 meso–$MoS_{0.43}Se_{1.57}$/rGO 电极材料在 532nm 的波长下测试得到的拉曼光谱。meso–MoS_2/rGO 电极材料的拉曼光谱具有两种振动模式（约 402.8cm^{-1} 和 378.2cm^{-1}），分别对应于 E2g（S–Mo）和 Alg（S–Mo）分子振动模式。随着 Se 含量的增加，E2g（S–Mo）和 Alg（S–Mo）的峰值逐渐减小，并且检测到两个新的峰（位于 282.3cm^{-1} 和 335.2cm^{-1} 处），对应于 A1g（Se–Mo）和 E2g（Se–Mo）分子振动模式。随着 Se 含量的增加，Se 和 S 的相互作用将削弱 Se–Mo 相关的振动模式并增强其振动频率，该结果与 XRD 结果一致。在图 7–4（c）中，位于 1362 cm^{-1} 和 1592 cm^{-1} 处的两个特征峰分别为碳基材料的典型特征峰，其中，D 峰是由碳缺陷或无序引起的，G 峰是碳原子 sp^2 杂化的面内伸缩振动引起的[36]。引入 Se 后，D 峰和 G 峰的相对强度发生了变化。经计算，meso–MoS_2/rGO 的，D 峰与 G 峰的强度比（I_D/I_G）小于 1，且该值随着硒含量的增加而增加，meso–$MoS_{1.54}Se_{0.46}$/rGO 中 I_D/I_G 几乎等于 1，而 meso–$MoS_{1.12}Se_{0.88}$/rGO 和 meso–$MoS_{0.43}Se_{1.57}$/rGO 中的 I_D/I_G 值大于 1。这种现象表明，Se 的添加增加了石墨烯的无序程度，使得石墨烯可以提供更多的插层位点。为了进一步验证 MoS_2 的 1T 相的形成，测试了 meso–MoS_2/rGO 和 meso–$MoS_{1.12}Se_{0.88}$/rGO 的拉曼光谱，如图 7–4（d）所示。从图中可以看出，有典型的 2H–MoS_2 特征峰，分别位于 377.1cm^{-1} 和 403cm^{-1} 处，而 meso–$MoS_{1.12}Se_{0.88}$/rGO 的拉曼光谱中在 149.2（J1）、197.7、224.3（J2）和 335.5cm^{-1}（J3）处发现了 1T–MoS_2 相的峰以及 282.3cm^{-1} 处对应于 E2g（Se–Mo）分子振动模式的峰，说明 meso–$MoS_{1.12}Se_{0.88}$/rGO 电极材料是由 1T–MoS_2 和 2H–$MoSe_2$ 相组成的混合相[37,38]。1T–MoS_2 的金属性更强，导电性较好，对提高电化学性能有很大帮助。由以上分析可以得出结论，所得 meso–$MoS_{1.12}Se_{0.88}$/rGO 电极材料包含 1T–MoS_2 和 2H–$MoSe_2$ 相，这意味着 meso–$MoS_{1.12}Se_{0.88}$/rGO 电极材料具有更好的导电性和锂储存性能[39–41]。

7.3.4 Meso-$MoS_{2(1-x)}Se_{2x}$/rGO 电极材料的孔结构分析

图 7–5 为 meso-MoS_2/rGO、meso-$MoS_{1.54}Se_{0.46}$/rGO、meso-$MoS_{1.12}Se_{0.88}$/rGO 和 meso-$MoS_{0.43}Se_{1.57}$/rGO 电极材料的 N_2 吸附 – 脱附等温线和孔径分布图。由图可见，所有电极材料均是Ⅳ型等温线的典型曲线，在相对压力（P/P_0）为 0.4~1.0 时，曲线是典型有序介孔材料的吸附曲线，表明所有电极材料均具有介孔结构。meso-MoS_2/rGO、meso-$MoS_{1.54}Se_{0.46}$/rGO、meso-$MoS_{1.12}Se_{0.88}$/rGO 和 meso-$MoS_{0.43}Se_{1.57}$/rGO 电极材料的比表面积分别为 80.4$m^2 \cdot g^{-1}$、75.5$m^2 \cdot g^{-1}$、83.9$m^2 \cdot g^{-1}$ 和 79.2$m^2 \cdot g^{-1}$，均具有较大的表面积，其孔径和孔容见表 7–3[42]。

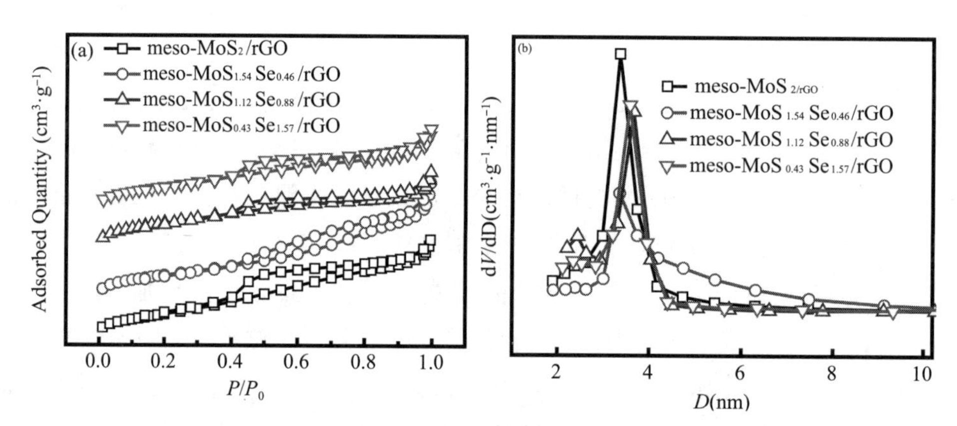

图 7–5 Meso-MoS_2/rGO、meso-$MoS_{1.54}Se_{0.46}$/rGO、meso-$MoS_{1.12}Se_{0.88}$/rGO 和 meso-$MoS_{0.43}Se_{1.57}$/rGO 的 (a) 氮气吸脱附曲线和 (b) 孔径分布图

表 7–3 Meso-MoS_2/rGO、meso-$MoS_{1.54}Se_{0.46}$/rGO、meso-$MoS_{1.12}Se_{0.88}$/rGO 和 meso-$MoS_{0.43}Se_{1.57}$/rGO 的 BET 和 BJH 数据表

Sample	SBET (m^2/g)	D_p (nm)	V_P (cm^3/g)
meso-MoS_2/rGO	80.4	4.2	0.11
meso-$MoS_{1.54}Se_{0.46}$/rGO	75.5	5.3	0.13
meso-$MoS_{1.12}Se_{0.88}$/rGO	83.9	3.4	0.09
meso-$MoS_{0.43}Se_{1.57}$/rGO	79.2	3.8	0.10

7.3.5 Meso-$MoS_{2(1-x)}Se_{2x}$/rGO 电极材料的表面价态分析

图 7–6 为 meso-MoS_2/rGO、meso-$MoS_{1.54}Se_{0.46}$/rGO、meso-$MoS_{1.12}Se_{0.88}$/rGO 和 meso-$MoS_{0.43}Se_{1.57}$/rGO 的 XPS 图谱。如图 7–6（a）所示，四种电极材料的 C 1s 图谱显示，位于 284.8eV 处的特征峰归属于 C — C 键，位于 286.2eV 和 288.8eV 处以两个小峰分别源于 C — O — C 键和 O — C═O 键，所有电极材料的峰位置均未发生变化[43]。图 7–6（b）

Mo 3d 图谱显示，位于 229.3eV 和 232.5eV 处的两个强峰，分别对应于 2H-MoS_2 的 Mo $3d_{5/2}$ 和 Mo $3d_{3/2}$。位于 226.4eV 处的特征峰对应于 MoS_2 的 S 2s，而位于 235.9eV 处的特征峰证实了文献报道的 Mo-O（$3d_{5/2}$）和 Mo^{6+} 态的存在 [44,45]。此外，当 Mo-S 前驱体与 Se 粉比例为 1：3 时所得 eso-$MoS_{0.43}Se_{1.57}$/rGO 电极材料中的 Mo $3d_{5/2}$ 和 Mo $3d_{3/2}$ 分别偏移到 228.8 eV 和 232eV，该结合能处的峰归属于 2H-$MoSe_2$ 相 [46]。从 2H-MoS_2 向 1T-MoS_2 的相转变，显示出向较低结合能的偏移，这种现象与文献报道一致 [38,39]，而且，1T-MoS_2 的金属性比 2H-MoS_2 更强，从而提高了其导电性和锂储存性能。

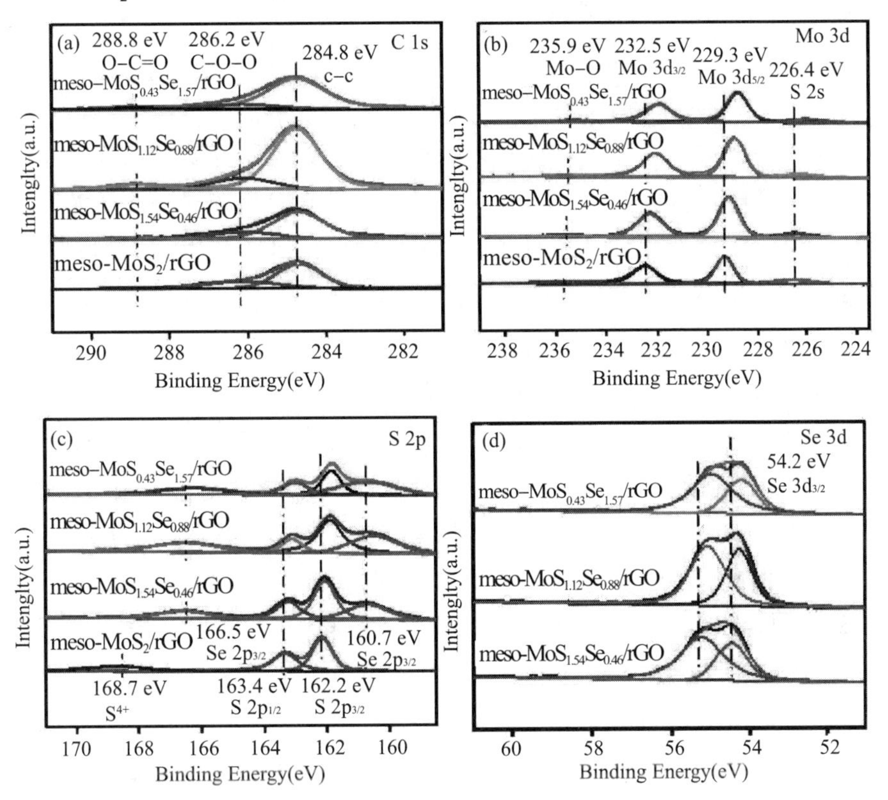

图 7-6　meso-MoS_2/rGO、meso-$MoS_{1.54}Se_{0.46}$/rGO、meso-$MoS_{1.12}Se_{0.88}$/rGO 和 meso-$MoS_{0.43}Se_{1.57}$/rGO 的 XPS 图谱

图 7-6（c）和（d）是四种电极材料的 S 2p 和 Se 3d 的 XPS 谱图。图中位于 162.2eV 和 163.4eV 处的主要双峰分别对应于 MoS_2 的 S $2p_{3/2}$ 和 S $2p_{1/2}$ 轨道。同时，高结合能处（168.7eV）的峰归属于硫酸盐（SO_3^{2-}）中的 S^{4+}。在样品 meso-$MoS_{1.54}Se_{0.46}$/rGO、meso-$MoS_{1.12}Se_{0.88}$/rGO 和 meso-$MoS_{0.43}Se_{1.57}$/rGO 中，168.7eV 处的特征峰消失，说明 S^{4+} 减少，Se 的加入使得 S $2p_{3/2}$ 和 S $2p_{1/2}$ 的峰向低结合能方向偏移。样品 meso-$MoS_{1.12}Se_{0.88}$/rGO 中发生了峰位置的偏移，从 162.2eV 和 163.4eV 偏移到 161.8eV 和 163eV。而样品 meso-$MoS_{0.43}Se_{1.57}$/rGO 中在 160.7eV 和 166.5eV 处出现了两个新峰，分别对应于 $S2p_{3/2}$ 和 $S2p_{1/2}$，这与以前报告的 XPS 数据是一致的 [43]，而且这两个新的峰分别从 160.7eV 和 166.5eV 偏移到 160.4eV 和 166.2eV。这些结合能的变化为 Se^{2+} 和 S^{2+} 之间相互作用提供

了证据。此外，Se 含量增加导致 Se $3d_{3/2}$ 和 $3d_{5/2}$ 出现偏移，从 54.4eV 和 55.3eV（meso-MoS_2/rGO）降低到 55.1eV 和 54.2eV（meso-$MoS_{0.43}Se_{1.57}$/rGO）[图 7-6（d）][23]。

7.3.6　Meso-$MoS_{2(1-x)}Se_{2x}$/rGO 电极材料的电化学性质分析

我们考察了 meso-$MoS_{2(1-x)}Se_{2x}$/rGO 电极材料作为 LIB 的负极材料的锂储存性能。图 7-7 为第 1、2、5、20 和 50 次恒流充放电图及循环性能图，充放电电流为 $100mA \cdot g^{-1}$，充放电电压为 0.01~3.00 V vs. Li^+/Li。meso-$MoS_{1.12}Se_{0.88}$/rGO 电极材料的首次充放电容量分别为 $1238.4mA \cdot h \cdot g^{-1}$ 和 $1091mA \cdot h \cdot g^{-1}$，50 次循环后，其放电容量依旧保持在 $990mA \cdot h \cdot g^{-1}$[图 7-7（e）和（f）]，其充放电性质明显优于其他电极材料[图 7-7（a）~（d），（g）（h）]，而且充放电曲线上的充放电平台与 CV 曲线上的各个峰值一致图 6.8（a）]。初始放电容量高可能归因于该电极材料为具有层状介孔纳米结构[48-50]。meso-MoS_2/rGO, meso-$MoS_{1.54}Se_{0.46}$/rGO 和 meso-$MoS_{0.43}Se_{1.57}$/rGO 电极材料的首次容量衰减分别为 32.2%、42.4% 和 24.8%，明显高于 meso-$MoS_{1.12}Se_{0.88}$/rGO 电极材料 (12%)，这些不可逆容量通常归因于电解质的分解，在电极表面形成 SEI 膜，一定量的 Se 加入可以减少这样的不可逆容量[51]。

为了评估 meso-$MoS_{1.12}Se_{0.88}$/rGO 电极材料的电化学活性，以 $0.1mV \cdot s^{-1}$ 的扫描速率进行循环伏安法（CV）测量，结果如图 7-8（a）所示。在第 1 周期，观察到明显的氧化还原对（1.78V/2.25V），这可能是在嵌锂和脱锂过程中与 Li^+ 嵌入 meso-$MoS_{1.12}Se_{0.88}$/rGO 中形成 Li_xMoS_2 有关。此外，不同次数下测得的 CV 曲线重叠得很好，表明它具有更高的可逆性且在循环期有极好的稳定性。在第一次放电过程中，许多 Li^+ 锂离子插入 $MoS_{2(1-x)}Se_{2x}$ 固溶体中，导致放电容量很高，但是嵌入固溶体的 Li^+ 不能完全脱出，从而降低了库仑效率。meso-$MoS_{1.12}Se_{0.88}$/rGO 电极材料具有更宽的晶面间距，因此具有更多的活性位点，掺杂 Se 的 MoS_2 介孔层状电极材料有益于 Li^+ 的传输，因此库仑效率高。图 7-8（b）显示了其出色的循环性能，在 $100mA \cdot g^{-1}$ 电流密度下循环 150 次后，容量仍保持在 $830mA \cdot h \cdot g^{-1}$。

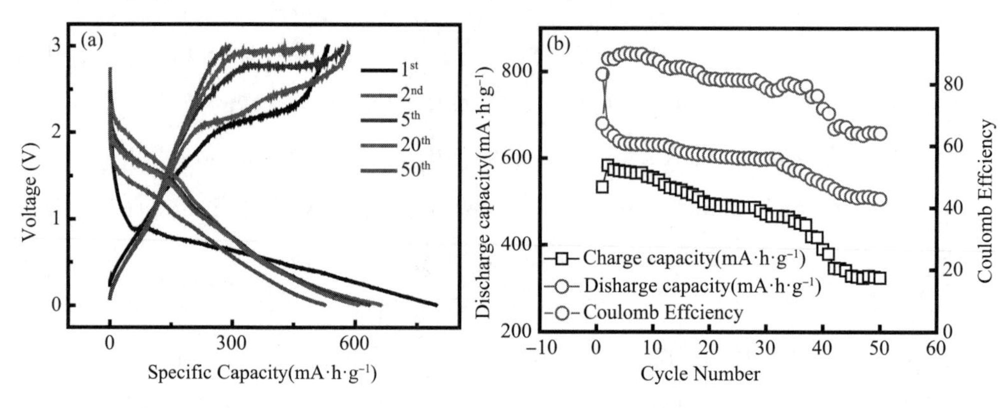

图 7-7

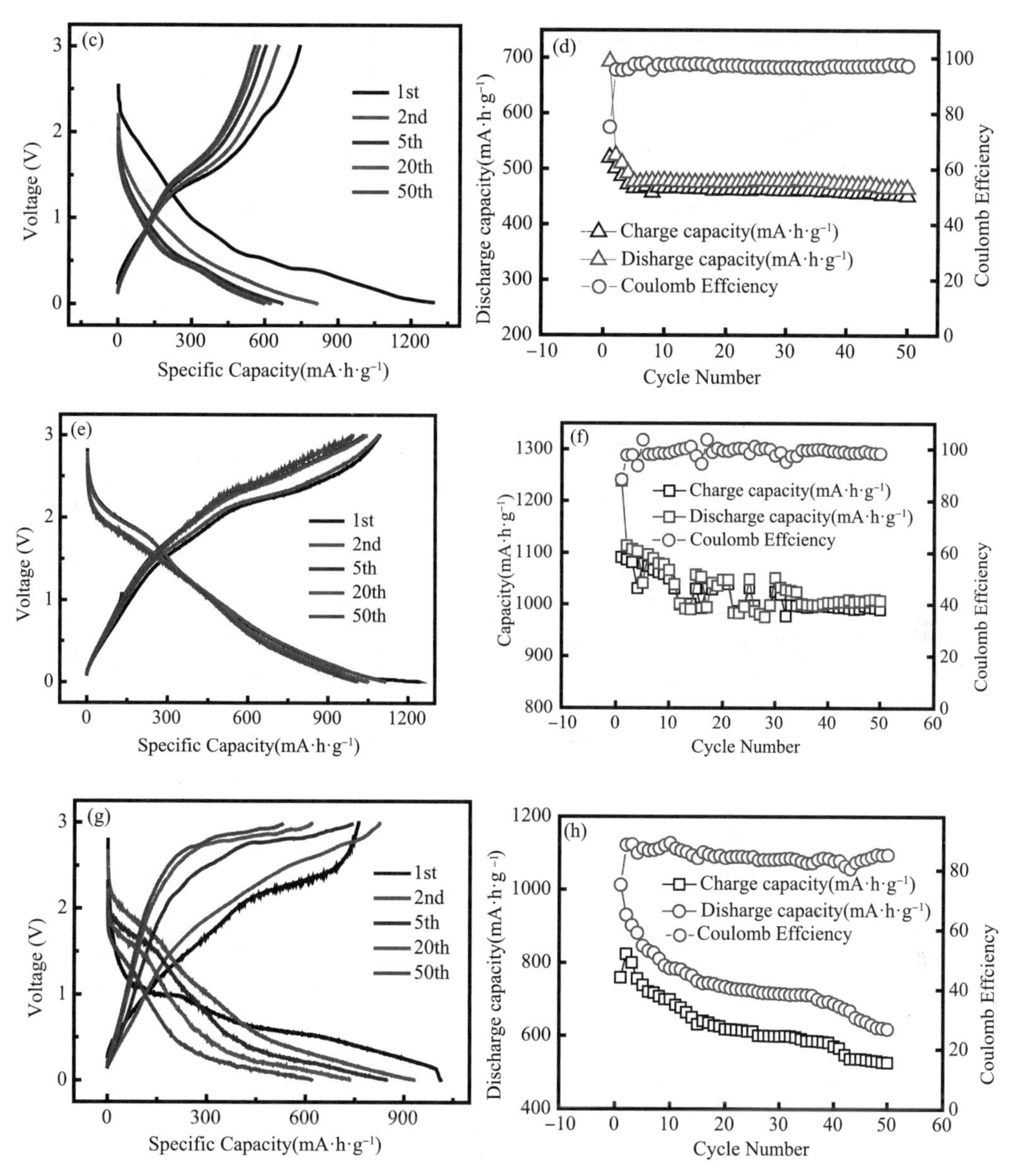

图 7-7　meso-MoS_2/rGO、meso-$MoS_{1.54}Se_{0.46}$/rGO、meso-$MoS_{1.12}Se_{0.88}$/rGO 和 meso-$MoS_{0.43}Se_{1.57}$/rGO 的 (a), (c) (e) 和 (g) 充放电曲线，(b) (d) (f) 和 (h) 循环性能图

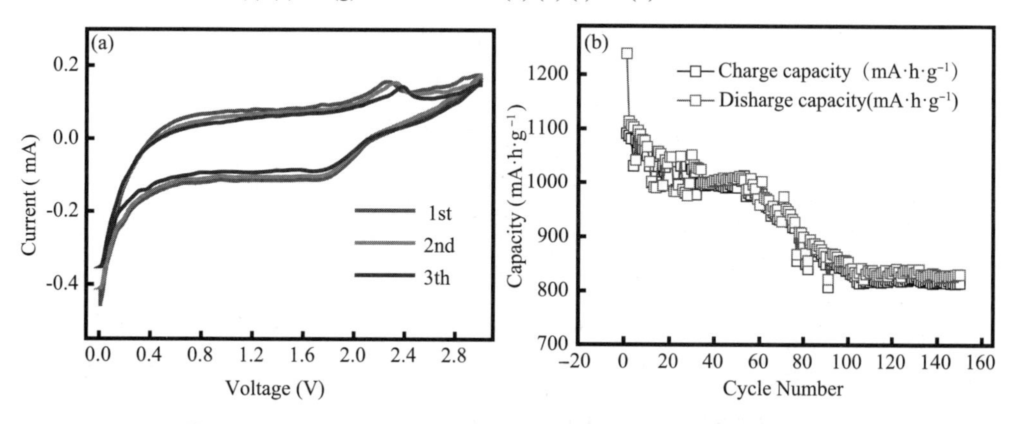

图 7-8　meso-$MoS_{1.12}Se_{0.88}$/rGO 的 (a) CV 曲线和 (b) 循环性能图

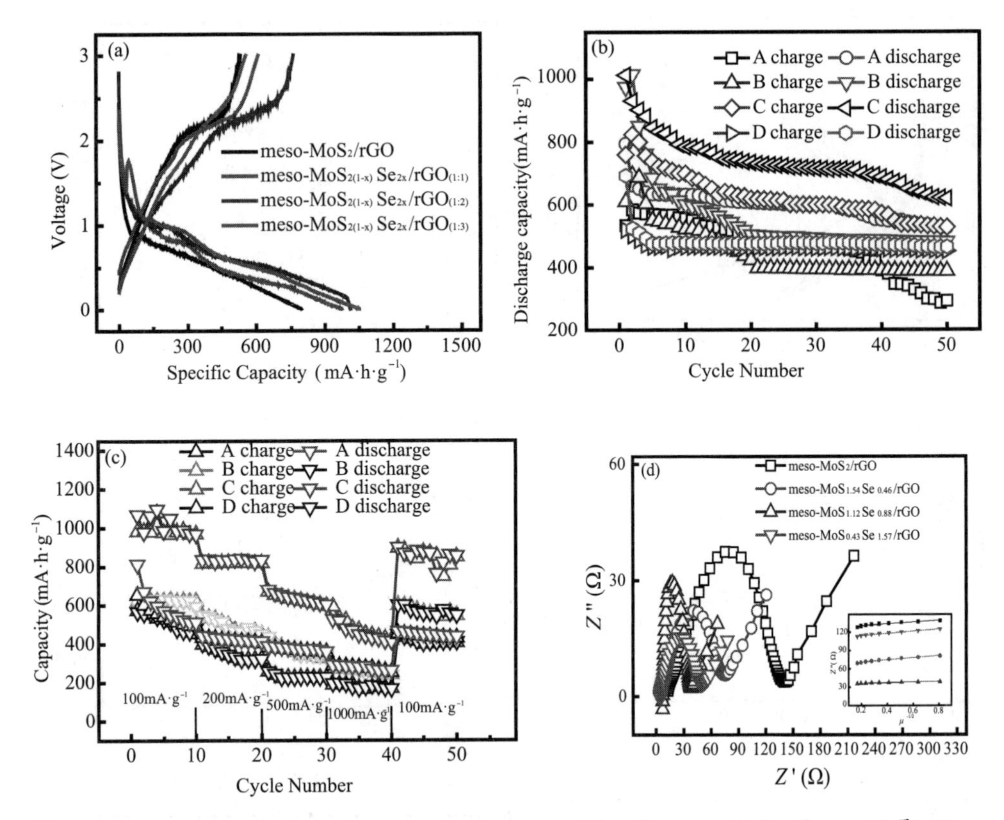

图 7–9 (A) meso–MoS_2/rGO、(B) meso–$MoS_{1.54}Se_{0.46}$/rGO、(C) meso–$MoS_{1.12}Se_{0.88}$/rGO 和 (D) meso–$MoS_{0.43}Se_{1.57}$/rGO 的 (a) 首次充放电曲线，(b) 循环性能和库伦效率，(c) 倍率性能，(d) 交流阻抗图，图 7.9(d) 的插图为 Z' 相对于 $\omega^{-1/2}$ 的关系图

此外，我们对 meso–MoS_2/rGO、meso–$MoS_{1.54}Se_{0.46}$/rGO、meso–$MoS_{1.12}Se_{0.88}$/rGO 和 meso–$MoS_{0.43}Se_{1.57}$/rGO 电极材料的首次充放电性能和循环性能进行了测试，结果如图 7–9（a）和（b）所示。从图中可以看出，meso–MoS_2/rGO 引入 Se 后首次充放电容量均有所提升，随着循环次数的增加，出现一定的容量衰减。而 meso–$MoS_{1.12}Se_{0.88}$/rGO 的容量保持率最高，这种高容量保持率的原因为：

（1）电极 – 电解质接触面积大，缩短了电子和离子的扩散路径，使电极材料实现了高的 Li^+ 嵌入能力。

（2）介孔结构架构不仅可以促进电解质在电极中的穿透，而且可以缓冲充放电反应中的体积膨胀引起的应力。

（3）纳米颗粒均匀负载在石墨烯上，为电子和离子提供多方向传输路径。

（4）Se 掺杂扩大了 MoS_2 的（002）晶面间距，增加了活性点位。

为了进一步了解电极材料的界面结构和电极反应动力学，我们在第一次循环之前进行 EIS 测试，测试频率为 10kHz~100MHz。图 7–9（d）是 meso–MoS_2/rGO、meso–$MoS_{1.54}Se_{0.46}$/rGO、meso–$MoS_{1.12}Se_{0.88}$/rGO 和 meso–$MoS_{0.43}Se_{1.57}$/rGO 的交流阻抗图。从图中可以看出，低频区域的直线代表典型的 Warburg 过程，而中频率区域的半圆归因于电荷转移过程，很明显，meso–$MoS_{1.12}Se_{0.88}$/rGO 电极材料的半圆比其他样品的半圆更小，表明其电荷转移电阻较低，电子传导性更好。其中，锂离子扩散系数 D ($cm^2 \cdot s^{-1}$) 可通过 EIS 图由下式计算得到：

$$D=\frac{R^2T^2}{2A^2n^4F^4C^2b^2}$$

式中，A 是电极表面积（$2.01\times10^{-4}m^2$），n 是化学反应中转移的电子数（n=4），F 是法拉第常数（96500 C·mol^{-1}），C 是锂离子在极片中的浓度（它可以根据材料的密度和分子量来计算，如下面的公式所示），R 是气体常数（8.314J·K^{-1}·mol^{-1}），T 是实验时室温（T=298 K），σ 是直线 $Z'\sim\omega^{-1/2}$ 的斜率 [如图 7–9（d）插图所示]。经计算可知 meso-MoS_2/rGO、meso-$MoS_{1.54}Se_{0.46}$/rGO、meso-$MoS_{1.12}Se_{0.88}$/rGO 和 meso-$MoS_{1.54}Se_{0.46}$/rGO 的锂离子扩散速率分别为 $1.67\times10^{-16}cm^2\cdot s^{-1}$、$1.14\times10^{-16}cm^2\cdot s^{-1}$、$1.56\times10^{-15}cm^2\cdot s^{-1}$ 和 $1.24\times10^{-16}cm^2\cdot s^{-1}$。其中 meso-$MoS_{1.12}Se_{0.88}$/rGO 的锂离子扩散系数最大，说明引入适当的 Se 可以有效地提高 Li^+ 的传输速率，提高倍率性能和循环稳定性 [52, 53]。

$$C=\frac{n}{V}=\frac{(m/M)}{V}=\frac{(\rho V/M)}{V}=\frac{\rho}{M}$$

7.3.7　合成方法对 meso-$MoS_{2(1-x)}Se_{2x}$/rGO 电极材料性质的影响

为了研究硒化过程中 KIT–6 模板对二维介孔结构的稳定作用，我们采用两种方法合成了 Se 掺杂的 meso-MoS_2 电极材料，具体方法如前文实验部分所述。通过对不同合成方法得到的 meso-$MoS_{2(1-x)}Se_{2x}$/rGO 电极材料进行 EDS 表征可知，S/Se 原子比分别为 1.12：0.88（表 7–4）。图 7–10 给出了不同方法合成的 meso-$MoS_{1.12}Se_{0.88}$/rGO 电极材料的 XRD 图。从图中可以看到，不同方法得到的 meso-$MoS_{1.12}Se_{0.88}$/rGO 电极材料均显示具有 MoS_2 和 $MoSe_2$ 混相。通过方法 Ⅱ 合成的 meso-$MoS_{1.12}Se_{0.88}$/rGO 电极材料显示出二维层状结构和粗糙表面 [图 7–11（a）]。图 7–11（b）~（d）所示的 TEM 表征进一步证实了 meso-$MoS_{1.12}Se_{0.88}$/rGO 电极材料的二维分层结构。但由于 meso-$MoS_{1.12}Se_{0.88}$/rGO（Ⅱ）是在 KIT–6 模板溶解后煅烧，二维层状介孔结构在煅烧过程中有所破坏，煅烧过程中无模板保护造成原始介孔结构被破坏，所以在 meso-$MoS_{1.12}Se_{0.88}$/rGO（Ⅱ）中没有观察到介孔结构。而方法 Ⅰ 是在硒化后去除 KIT–6 模板，因此 meso-$MoS_{1.12}Se_{0.88}$/rGO（Ⅰ）具有很好的二维片层介孔结构，这明显弥补了硒化时没有模板保护这一不足。通过不同方法合成的 meso-$MoS_{1.12}Se_{0.88}$/rGO 电极材料的电化学性能测试如图 7–12 所示，meso-$MoS_{1.12}Se_{0.88}$/rGO（Ⅱ）的放电容量为 568.7mA·h·g^{-1}，明显低于 meso-$MoS_{1.12}Se_{0.88}$/rGO（Ⅰ）的容量。meso-$MoS_{1.12}Se_{0.88}$/rGO（Ⅱ）的容量较低的原因是利用方法 Ⅱ 合成过程中，硒化过程中失去 KIT–6 模板保护，电极材料无介孔结构，容易产生“粉化”，而且在可逆循环过程中锂离子和电子的传输距离较长，导电性变差，因此电化学性质较差。

表 7–4　不同方法合成的 meso-$MoS_{1.12}Se_{0.88}$/rGO 电极材料的 EDS 分析结果

Sample	EDS analysis (atom %)			
	C/at.%	Mo/at.%	S/at.%	Se/at.%
meso-$MoS_{1.12}Se_{0.88}$/rGO(Ⅰ)	19.6	26.8	29.9	23.7

续表

Sample	EDS analysis (atom %)			
	C/at.%	Mo/at.%	S/at.%	Se/at.%
meso-$MoS_{1.12}Se_{0.88}$/rGO(Ⅱ)	20.2	26.6	29.6	23.6

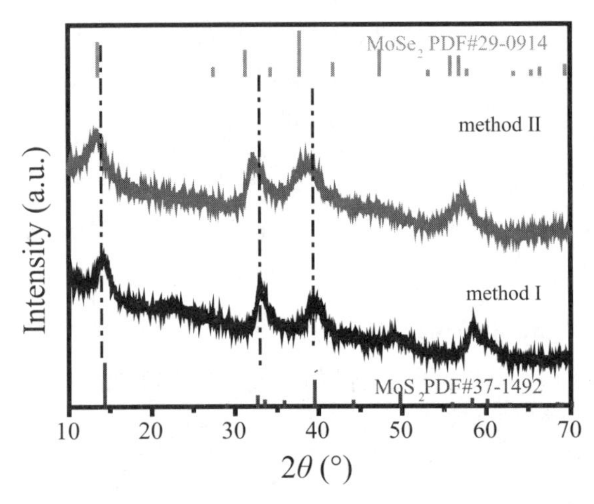

图 7-10　不同方法合成的 meso-$MoS_{1.12}Se_{0.88}$/rGO 的 XRD 图

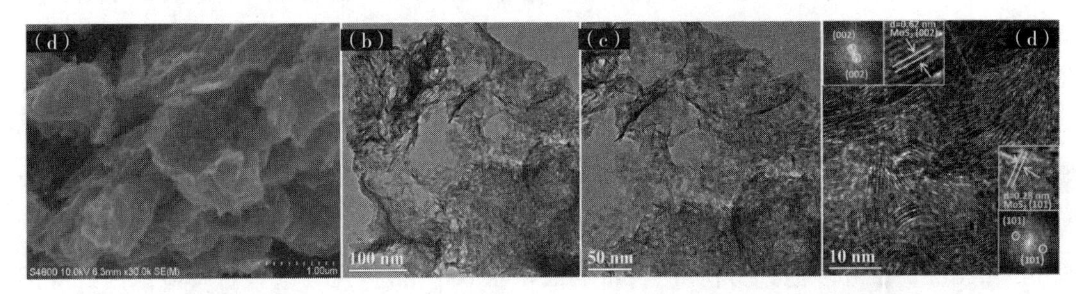

图 7-11　利用方法 Ⅱ 合成的 meso-$MoS_{1.12}Se_{0.88}$/rGO 电极材料的 (a)SEM 图和 (b)~(d)TEM 图

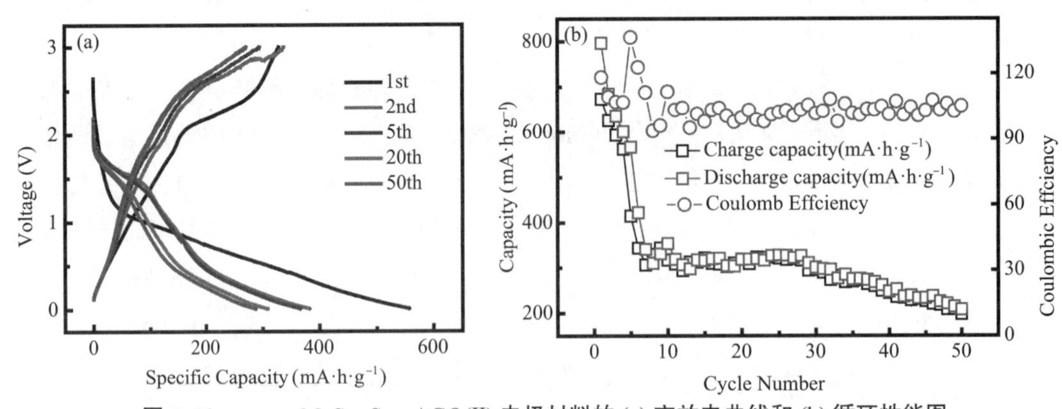

图 7-12　meso-$MoS_{1.12}Se_{0.88}$/rGO(II) 电极材料的 (a) 充放电曲线和 (b) 循环性能图

7.3.8　石墨烯和 KIT-6 模板对 meso-$MoS_{2(1-x)}Se_{2x}$/rGO 电极材料电化学性能的影响

为了研究石墨烯和 KIT-6 模板对电极材料电化学性能的影响，我们制备了具有与 meso-$MoS_{1.12}Se_{0.88}$/rGO（Ⅰ）相同硒含量的 rGO、meso-MoS_2 和块状 MoS_2。从图 7-13 和

图 7-14 所示 SEM 和 TEM 图可以看出，利用 S/Se 粉处理过的 rGO 和 meso-$MoS_{1.12}Se_{0.88}$/rGO 都具有层状结构，而 S/Se 粉处理过的 KIT-6/GO 模板只显示非常薄的碳层 [图 7-14（a）]，其循环性能较好但容量较差 [图 7-15（a）和（b）]。由于 KIT-6 模板的限域效应，与块状 $MoS_{1.12}Se_{0.88}$ 相比，meso-$MoS_{1.12}Se_{0.88}$/rGO 电极材料具有均匀的纳米颗粒，其粒度集中在约几微米。由于块状材料和纳米材料的锂储存机制不同，$MoS_{1.12}Se_{0.88}$ 具有约 280mA · h · g^{-1} 的最低比容量 [图 7-14（e）和（f）]。石墨烯的添加不仅可以提高电极材料的导电性，而且可以增加电极材料的柔韧性，有效降低充放电过程中的体积效应。尽管在前几次循环中，meso-$MoS_{1.12}Se_{0.88}$ 的容量较高，但是随着循环次数的增加，由于循环过程中发生不可逆的结构坍塌，导致容量衰减严重 [图 7-15（c）和（d）]。

图 7-13　(a) 硒硫化石墨烯、(b)meso-$MoS_{1.12}Se_{0.88}$ 和 (c) 块状 $MoS_{1.12}Se_{0.88}$ 的扫描电镜图

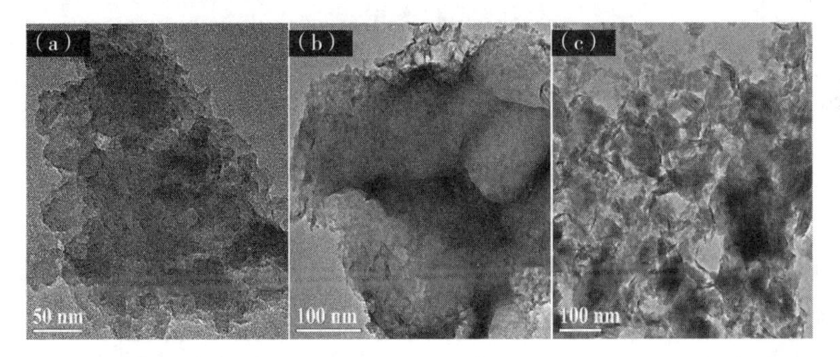

图 7-14　(a) 硒硫化石墨烯、(b)meso-$MoS_{1.12}Se_{0.88}$ 和 (c) 块状 $MoS_{1.12}Se_{0.88}$ 的透射电镜图

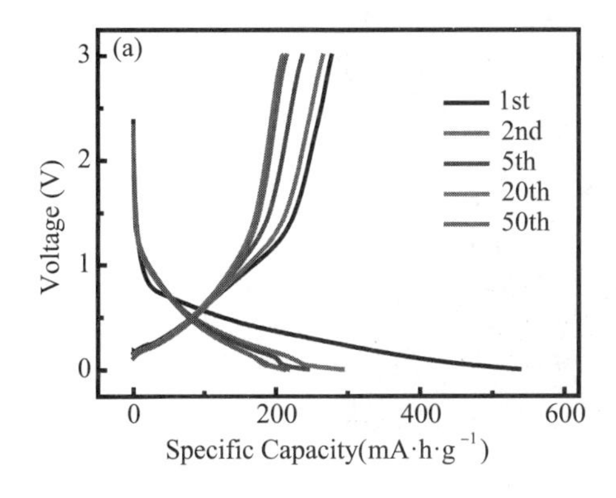

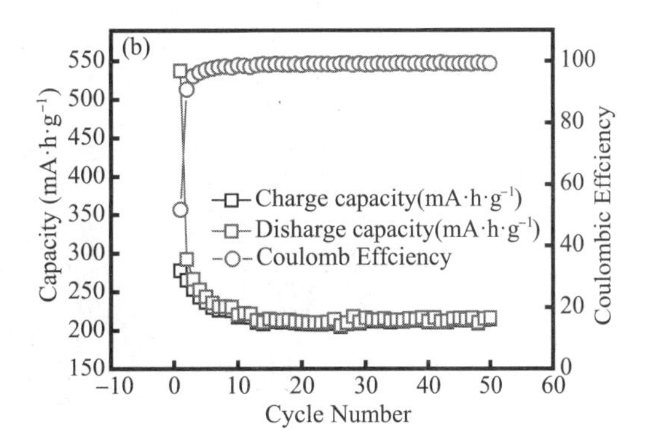

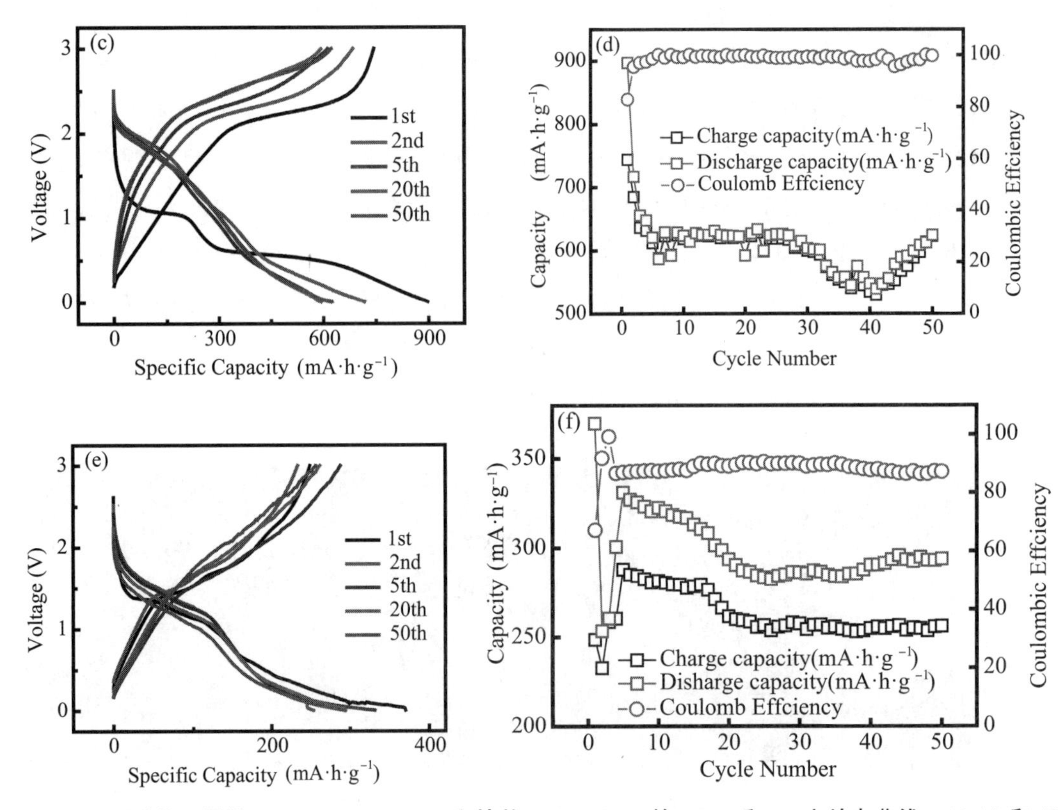

图 7-15　硒硫化石墨烯、meso-$MoS_{1.12}Se_{0.88}$ 和块状 $MoS_{1.12}Se_{0.88}$ 的 (a) (c) 和 (e) 充放电曲线，(b) (d) 和 (f) 循环性能和倍率性能图

可以确认，在锂离子电池电极材料中，二维层状介孔电极材料具有优异的结构优点，其放电过程如图 7-16 所示，在不同方向上生长的纳米颗粒为锂离子和电子提供多方向的输送路径，从而提高传输速率并缩短传输距离。通过这种方式，可以增加电极材料的电化学性能。此外，石墨烯作为导电层，它连接活性材料形成导电网格，也有利于电子和离子的传输，增加电极材料的导电性；不仅如此，纳米颗粒均匀地分散在具有层状结构且非常稳定的石墨烯上。因此，该方法制备的复合材料可有效缓解循环过程中的体积效应，具有良好的循环性能。与文献中 MoS_2 及 $MoSe_2$ 电极材料性质对比如表 7-5 所示。

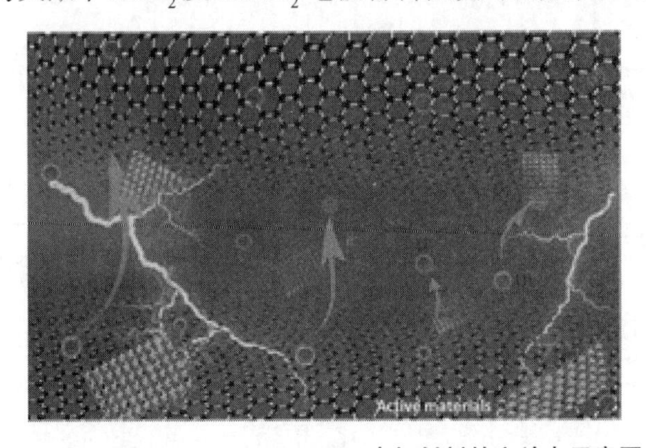

图 7-16　meso-$MoS_{2(1-x)}Se_{2x}$/rGO 电极材料的充放电示意图

表 7–5　meso–$MoS_{2(1-x)}Se_{2x}$/rGO 电极材料与其他 MoS_2 及 $MoSe_2$ 电极材料的性质对比表

Sample	Methods	Current density ($mA \cdot g^{-1}$)	Capacity (cycle number) ($mA \cdot h \cdot g^{-1}$)	Ref.
MoS_2@RGO nanosheets	hydrothermal	100	420 (160)	47
MoS_2/C nanospheres	carbonization	100	523 (100)	54
MoS_2/C nanosheets	in situ synthesis	500	815 (100)	55
MoS_2–carbon monolayer	solvothermal	200	477 (200)	17
$MoS_2/TiNb_2O_7$	solvothermal	200	740 (1000)	56
MoS_2@3DVG	PECVD	100	670 (30)	57
3D $MoSe_2$/Graphene	hydrothermal	42.2	625 (50)	23
Sheet–like $MoSe_2$/C	Hydrothermal	100	576.7 (100)	26
$MoSe_2$ microspheres	selenization	200	433 (50)	28
$MoSe_2$ Nanosheets	carbonization	1000	455 (100)	58
$MoSe_2$ nanoplates	decomposition	42.2	380 (50)	59
meso–$MoS_{2(1-x)}Se_{2x}$/rGO	nanocasting	100	830 (150)	This work

7.4　本章小结

本章合成了导电石墨烯上垂直生长介孔硒掺杂硫化钼复合材料，用作锂离子电池负极材料。meso–$MoS_{1.12}Se_{0.88}$/rGO(Ⅰ) 复合材料在 100mA · g^{-1} 电流密度下循环 150 次后可逆容量为 830mA · h · g^{-1}。这种优异的电化学性能归因于硒的加入不仅导致大量暴露的活性位点，还可以拓宽（002）晶面的间距，并在充放电过程中提供更多的活性位点，更重要的是，引入一定量的硒可以诱导 MoS_2 的 2H 相到 1T 相的转变，1T 相 MoS_2 更具金属性。因此，含 Se 的 meso–MoS_2 复合材料具有优异的电化学性能。meso–$MoS_{2(1-x)}Se_{2x}$/rGO 复合材料的优异电池性能表明，导电石墨烯上垂直生长介孔硒掺杂硫化钼复合材料是锂离子电池的有前景的负极材料。

参考文献

[1] USUI H, DOMI Y, YOSHIOKA S, et al. Electrochemical lithiation and sodiation of Nb–Doped rutile TiO_2 [J]. ACS Sustainable Chemistry & Engineering, 2016, 4(12): 6695–6702.

[2] WANG D, LIU L–M, ZHAO S–J, et al. Potential application of metal dichalcogenides

double-layered heterostructures as anode materials for Li-ion batteries [J]. The Journal of Physical Chemistry C, 2016, 120(9): 4779–4788.

[3] ZHENG G, LEE S W, LIANG Z, et al. Interconnected hollow carbon nanospheres for stable lithium metal anodes [J]. Nature Nanotechnology, 2014, 9(8): 618–623.

[4] GUO L, WANG Y. Standing carbon-coated molybdenum dioxide nanosheets on graphene: morphology evolution and lithium-ion storage properties [J]. Journal of Materials Chemistry A, 2015, 3(8): 4706–4715.

[5] WANG H, WANG X, WANG L, et al. Phase transition mechanism and electrochemical properties of nanocrystalline $MoSe_2$ as anode materials for the high performance lithium-ion battery [J]. The Journal of Physical Chemistry C, 2015, 119(19): 10197–10205.

[6] ZHANG L M, WANG X B, TAO S, et al. Layered Li_2RuO_3–$LiCoO_2$ composite as high-performance cathode materials for lithium-ion batteries [J]. Materials Letters, 2016, 179(179):34–37.

[7] GENG X, YU Y, ZHOU X, et al. Design and construction of ultra-thin $MoSe_2$ nanosheet-based heterojunction for high-speed and low-noise photodetection [J]. Nano Research, 2016, 9(9): 2641–2651.

[8] BALENDHRAN S, WALIA S, NILI H, et al. Two-dimensional molybdenum trioxide and dichalcogenides [J]. Advanced Functional Materials, 2013, 23(32): 3952–3970.

[9] ZENG Z, YIN Z, HUANG X, et al. Single-layer semiconducting nanosheets: high-yield preparation and device fabrication [J]. Angewandte Chemie International Edition, 2011, 50(47): 11093–11097.

[10] HUANG X, ZENG Z, ZHANG H. Metal dichalcogenide nanosheets: preparation, properties and applications [J]. Chemical Society Reviews, 2013, 42(5): 1934–1946.

[11] LIU Q, LI L, LI Y, et al. Tuning electronic structure of bilayer MoS_2 by vertical electric field: a first-principles investigation [J]. The Journal of Physical Chemistry C, 2012, 116(40): 21556–21562.

[12] CHANG K, CHEN W, MA L, et al. Graphene-like MoS_2/amorphous carbon composites with high capacity and excellent stability as anode materials for lithium-ion batteries [J]. Journal of Materials Chemistry, 2011, 21(17): 6251–6257.

[13] XIONG Q Q, JI Z G. Controllable growth of MoS_2/C flower-like microspheres with enhanced electrochemical performance for lithium-ion batteries [J]. Journal of Alloys and Compounds, 2016, 673:215–219.

[14] WANG Y, MA Z, CHEN Y, et al. Controlled synthesis of core-shell carbon@MoS_2 nanotube sponges as high-performance battery electrodes [J]. Advanced Materials,

2016, 28(46): 10175–10181.

[15] JUNG J W, RYU W H, YU S, et al. Dimensional effects of MoS_2 nanoplates embedded in carbon nanofibers for bifunctional Li and Na insertion and conversion reactions [J]. ACS Applied Materials & Interfaces, 2016, 8(40): 26758–26768.

[16] MIAO Z H, WANG P P, XIAO Y C, et al. Dopamine–induced formation of ultrasmall few–layer MoS_2 homogeneously embedded in N–doped carbon framework for enhanced lithium–ion storage [J]. ACS Applied Materials & Interfaces, 2016, 8(49): 33741–33748.

[17] SHI Z–T, KANG W, XU J, et al. Hierarchical nanotubes assembled from MoS_2–carbon monolayer sandwiched superstructure nanosheets for high–performance sodium–ion batteries [J]. Nano Energy, 2016, 22:27–37.

[18] SHYYKO L O, KOTSYUBYNSKY V O, BUDZULYAK I M, et al. MoS_2/C multilayer nanospheres as an electrode base for lithium power sources [J]. Nanoscale Research Letters, 2016, 11(1): 243.

[19] QU G, CHENG J, WANG Z, et al. Self–templated formation of tremella–like MoS_2 with expanded spacing of (002) crystal planes for Li–ion batteries [J]. Journal of Materials Science, 2016, 51(10): 4739–4747.

[20] ZHANG C, WU H B, GUO Z, et al. Facile synthesis of carbon–coated MoS_2 nanorods with enhanced lithium storage properties [J]. Electrochemistry Communications, 2012, 20(20):7–10.

[21] ZHAO X, SUI J, LI F, et al. Lamellar $MoSe_2$ nanosheets embedded with MoO_2 nanoparticles: novel hybrid nanostructures promoted excellent performances for lithium ion batteries [J]. Nanoscale, 2016, 8(41): 17902–17910.

[22] SHI Y, HUA C, LI B, et al. Highly ordered mesoporous crystalline $MoSe_2$ material with efficient visible–light–driven photocatalytic activity and enhanced lithium storage performance [J]. Advanced Functional Materials, 2013, 23(14): 1832–1838.

[23] YAO J, LIU B, OZDEN S, et al. 3D nanostructured molybdenum diselenide/graphene foam as anodes for long–cycle life lithium–ion batteries [J]. Electrochimica Acta, 2015, 176:103–111.

[24] YANG X, ZHANG Z, FU Y, et al. Porous hollow carbon spheres decorated with molybdenum diselenide nanosheets as anodes for highly reversible lithium and sodium storage [J]. Nanoscale, 2015, 7(22): 10198–10203.

[25] CHOI S H, KANG Y C. Fullerene–like $MoSe_2$ nanoparticles–embedded CNT balls with excellent structural stability for highly reversible sodium–ion storage [J]. Nanoscale, 2016, 8(7): 4209–4216.

[26] LIU Y, ZHU M, CHEN D. Sheet-like $MoSe_2/C$ composites with enhanced Li-ion storage properties [J]. Journal of Materials Chemistry A, 2015, 3(22): 11857–11862.

[27] MENDOZA-SáNCHEZ B, COELHO J, POKLE A, et al. A study of the charge storage properties of a $MoSe_2$ nanoplatelets/SWCNTs electrode in a Li-ion based electrolyte [J]. Electrochimica Acta, 2016, 192:1–7.

[28] KO Y N, CHOI S H, PARK S B, et al. Hierarchical $MoSe_2$ yolk-shell microspheres with superior Na-ion storage properties [J]. Nanoscale, 2014, 6(18): 10511–10515.

[29] YANG Y, WANG S, ZHANG J, et al. Nanosheet-assembled $MoSe_2$ and S-doped $MoSe_{2-x}$ nanostructures for superior lithium storage properties and hydrogen evolution reactions [J]. Inorganic Chemistry Frontiers, 2015, 2(10): 931–937.

[30] TANG H, DOU K, KAUN C-C, et al. $MoSe_2$ nanosheets and their graphene hybrids: synthesis, characterization and hydrogen evolution reaction studies [J]. Journal of Materials Chemistry A, 2014, 2(2): 360–364.

[31] GONG Q, CHENG L, LIU C, et al. Ultrathin $MoS_{2(1-x)}Se_{2x}$ alloy nanoflakes for electrocatalytic hydrogen evolution reaction [J]. ACS Catalysis, 2015, 5(4): 2213–2219.

[32] CHEN X, WANG Z, QIU Y, et al. Controlled growth of vertical 3D $MoS_{2(1-x)}Se_{2x}$ nanosheets for an efficient and stable hydrogen evolution reaction [J]. Journal of Materials Chemistry A, 2016, 4(46): 18060–18066.

[33] LEE C W, ROH K C, KIM K B. A highly ordered cubic mesoporous silica/graphene nanocomposite [J]. Nanoscale, 2013, 5(20): 9604–9608.

[34]CHOI M, KOPPALA S K, YOON D, et al. A route to synthesis molybdenum disulfide-reduced graphene oxide (MoS_2–RGO) composites using supercritical methanol and their enhanced electrochemical performance for Li-ion batteries [J]. Journal of Power Sources, 2016, 309:202–211.

[35] YANG X, ZHANG Z, SHI X. Rational design of coaxial-cable $MoSe_2/C$: Towards high performance electrode materials for lithium-ion and sodium-ion batteries [J]. Journal of Alloys and Compounds, 2016, 686:413–420.

[36] QIAO Y, MA M, LIU Y, et al. First-principles and experimental study of nitrogen/sulfur co-doped carbon nanosheets as anodes for rechargeable sodium ion batteries [J]. Journal of Materials Chemistry A, 2016, 4(40): 15565–15574.

[37] YIN Y, MIAO P, ZHANG Y, et al. Significantly increased raman enhancement on MoX_2 (X=S, Se) monolayers upon phase transition [J]. Advanced Functional Materials, 2017, 27(16): 1606694.

[38] FAN X, XU P, ZHOU D, et al. Fast and efficient preparation of exfoliated 2H MoS_2

nanosheets by sonication-assisted lithium intercalation and infrared laser-induced 1T to 2H phase reversion [J]. Nano Letters, 2015, 15(9): 5956–5960.

[39] WANG D, XIAO Y, LUO X, et al. Swollen ammoniated MoS_2 with 1T/2H hybrid phases for high-rate electrochemical energy storage [J]. ACS Sustainable Chemistry & Engineering, 2017, 5(3): 2509–2515.

[40] AMBROSI A, SOFER Z, PUMERA M. 2H → 1T phase transition and hydrogen evolution activity of MoS_2, $MoSe_2$, WS_2 and WSe_2 strongly depends on the MX_2 composition [J]. Chemical Communications, 2015, 51(40): 8450–8453.

[41] MAHMOOD Q, PARK S K, KWON K D, et al. Transition from diffusion-controlled intercalation into extrinsically pseudocapacitive charge storage of MoS_2 by nanoscale heterostructuring [J]. Advanced Energy Materials, 2016, 6(1): 1501115.

[42] SHI Q, ZHANG R, LV Y, et al. Nitrogen-doped ordered mesoporous carbons based on cyanamide as the dopant for supercapacitor [J]. Carbon, 2015, 84(1):335–346.

[43] SHI Z T, KANG W, XU J, et al. In Situ carbon-doped $Mo(Se_{0.85}S_{0.15})_2$ hierarchical nanotubes as stable anodes for high-performance sodium-ion batteries [J]. Small, 2015, 11(42): 5667–5674.

[44] WANG J, LUO C, GAO T, et al. An advanced MoS_2/carbon anode for high-performance sodium-ion batteries [J]. Small, 2015, 11(4): 473–481.

[45] XIONG X, LUO W, HU X, et al. Flexible membranes of MoS_2/C nanofibers by electrospinning as binder-free anodes for high-performance sodium-ion batteries [J]. Scientific Reports, 2015, 5:9254.

[46] ZHANG J, WANG T, LIU P, et al. Enhanced catalytic activities of metal-phase-assisted 1T@2H-$MoSe_2$ nanosheets for hydrogen evolution [J]. Electrochimica Acta, 2016, 217:181–186.

[47] XIA G, LIU D, ZHENG F, et al. Preparation of porous MoO_2@C nano-octahedrons from a polyoxometalate-based metal-organic framework for highly reversible lithium storage [J]. Journal of Materials Chemistry A, 2016, 4(32): 12434–12441.

[48] YUAN D, YANG W, NI J, et al. Sandwich structured MoO_2@TiO_2@CNT nanocomposites with high-rate performance for lithium-ion batteries [J]. Electrochimica Acta, 2015, 163:57–63.

[49] LUO Z, ZHOU J, WANG L, et al. Two-dimensional hybrid nanosheets of few layered $MoSe_2$ on reduced graphene oxide as anodes for long-cycle-life lithium-ion batteries [J]. Journal of Materials Chemistry A, 2016, 4(40): 15302–15308.

[50] KONG J, WEI H, XIA D, et al. High-performance Sb_2S_3/Sb anode materials for Li-ion batteries [J]. Materials Letters, 2016, 179:114–117.

[51] WANG X, HAO H, LIU J, HUANG T, et al. A novel method for preparation of macroposous lithium nickel manganese oxygen as cathode material for lithium-ion batteries [J]. Electrochimica Acta, 2011, 56(11): 4065–4069.
[52] XI Y, LIU Y, QIN Z, et al. Ultralong cycling stability of cotton fabric/$LiFePO_4$ composites as electrode materials for lithium-ion batteries[J]. Journal of Alloys and Compounds, 2018, 737: 693–698.

第 8 章　总结与展望

8.1　总结

本书主要研究了二维层状钼系电极材料（钼系氧化物、钼系碳化物、钼系磷化物、钼系氮化物及钼系硫化物）的可控构筑，并探索了其作为锂离子电池电极材料的电化学性能。通过设计合成具有独特的结构电极材料，修正了钼系电极材料体积效应大、导电性差等缺点。

第 1 章以二维层状介孔结构的 MoO_2/rGO 材料为研究目标，在二维层状石墨纳米片上原位组装介孔 KIT–6，制备了二维层状介孔 KIT–6/GO 模板，以钼酸铵为前驱体，通过纳米浇筑的方法，设计合成了 meso–MoO_2/rGO 复合电极材料。当钼酸铵与模板质量比为 1∶1，煅烧温度为 600℃时得到了具有规独特孔道结构的 meso–MoO_2/rGO 材料，且 MoO_2 纳米颗粒均匀分布在石墨烯表面上。二维石墨烯纳米片层可以作为高效导线框架，增加电极材料的导电性；同时，基于 KIT–6 模板反复制创造的介孔孔道结构可以缩小固态传输距离（Li^+ 和 e^-），而且二维石墨烯片层和介孔结构均可以有效地缓解充放电过程中 Li^+ 嵌入和脱出所产生的体积效应，因而所得二维层状介孔 meso–MoO_2/rGO 复合电极材料具有优异的电化学性能。经过恒电流测试发现，该材料具有相对较高的可逆容量，且倍率性能和循环稳定性均较好，在 100mA · g^{-1} 的电流密度下，首次放电容量为 1160.6mA · h · g^{-1}，首次库伦效率为 68%，50 次循环后可逆容量为 1160.6mA · h · g^{-1}。此外，meso–MoO_2/rGO 电极材料在循环后具有良好的结构稳定性，因此，该 meso–MoO_2/rGO 电极材料作为商业锂离子电池负极材料具有潜在的应用价值。

第 2 章在第一章合成二维层状介孔 MoO_2 的研究基础上，以二维层状介孔 KIT–6/GO 为模板、钼酸铵为钼源前驱体、添加葡萄糖为碳源，通过纳米浇筑方法，结合高温碳化过程，制备了二维层状介孔 Mo_2C/rGO 电极材料。当钼酸铵与葡萄糖质量比为 1∶1 时，经分部煅烧（450℃煅烧 2h 之后 900℃煅烧 4h）得到了纯相 Mo_2C 电材料（JCPDS # 31–0871），在 100mA · g^{-1} 的电流密度下进行恒电流充放电测试发现，50 次循环后可逆容量为 575mA · h · g^{-1}。与大多数负极材料相似，由于循环过程中电解质不断分解和其他不可逆过程（如形成固体电解质、电极表面的 SEI 膜），meso–Mo_2C/rGO(1∶1) 电极的第一次循环存在大幅度容量衰减和低库伦效率的缺点。在所制备的二维层状介孔

Mo_2C/rGO 电极材料的基础上，控制碳化温度，在碳化温度为 900℃时得到了 meso-Mo_2C/MoC/rGO 异质结材料，通过 HRTEM 观察显示，MoC 和 Mo_2C 纳米粒子的大小约为 5nm，且纳米颗粒之间的良好接触降低了粒子间界面的电阻，同时，meso-Mo_2C/MoC/rGO 异质结介孔的空隙空间为电解质和锂离子提供了三维传输途径，提高了 MoC_2/MoC 异质结材料的离子扩散能力；此外，柔性石墨烯片层增加了异质结的结构稳定性，同时也增加了材料的导电性。该 meso-Mo_2C/MoC/rGO 异质结材料在 100mA · g^{-1} 的电流密度下循环 50 次后容量依旧能保持在 941mA · h · g^{-1}，是很有潜力的锂电池负极材料之一。

第 3 章中首先采用磷酸氢二铵为磷源，当模板与磷酸氢二铵质量比为 1∶1，煅烧温度为 600℃时，得到了 meso-MoP/rGO 电极材料，该材料首次充 / 放电容量分别为 996.5mA · h · g^{-1}、1291.4mA · h · g^{-1}，50 次循环后容量为 531.8mA · h · g^{-1}，该材料的容量保持率较差。之后，同样以 KIT-6/GO 为模板、$(NH_4)_6Mo_7O_{24}\cdot 4H_2O$ 为钼源、次磷酸钠为磷源、硫脲为硫源，通过纳米浇筑及高温磷化的方法，合成了二维层状介孔硫化钼包覆硫化钼结构的电极材料（meso-MoP-MoS_2/rGO）。所制备的 MoP 颗粒具有介孔结构且垂直生长在 MoS_2 纳米片表面。二维层状石墨烯作为柔性导电载体，大大提高了材料的导电性，介孔 MoP 纳米颗粒和垂直生长的 MoS_2 纳米片保证了 Li^+ 和 e^- 的传递距离更短，从而极大地提高了离子扩散速率，并且缓解了充放电过程中的体积效应，而且垂直生长的 MoS_2 纳米片也可以提供有效的多向电子传递路径。此外，Mo-P 键的形成也改善了钼金属的性能。基于其独特的结构和成分优势，作为锂离子电池的负极材料，meso-MoP-MoS_2/rGO 在比容量、循环稳定性和长周期寿命方面显示出优异的锂储存性能。经过 50 次循环后，电流密度为 100mA · g^{-1} 时，meso-MoP-MoS_2/rGO(800℃) 电极材料的比容量可保持在 910.3mA · h · g^{-1} 以上。即使在 100000A · g^{-1} 的高电流密度下，meso-MoP-MoS_2/rGO(800℃) 电极材料仍然可以提供 863.9mA · h · g^{-1} 的放电容量且具有良好的循环稳定性。

第 4 章首先以 meso-Mo_2O/rGO 为前驱体，在氨气气氛下进行热处理，在煅烧温度为 600℃、煅烧时间为 4h 时得到了 MoN@meso-Mo_2O/rGO 电极材料，该材料在电流密度为 100mA · g^{-1} 时进行恒电流充放电测试，测试结果表明，首次放电容量为 1031.1mA · h · g^{-1}，首次充电容量为 696.8mA · h · g^{-1}，50 次循环后容量保持率为 68.7%（708.4mA · h · g^{-1}）。由于这种传统掺氮方法以氨气为保护气，存在安全隐患且不环保，在之后的实验中对于这种传统掺氮方法进行了改进，以多巴胺和乙二胺为氮源，首先将 KIT-6 模板中进行氮掺杂，之后采用氮掺杂的模板制备了氮掺杂的 meso-N-MoS_2/rGO 电极材料，所制备材料具有超小的 MoS_2 纳米颗粒，且均匀地嵌入 N 掺杂石墨烯中。这种结构不仅可以避免 MoS_2 纳米粒子的聚集与重叠，而且可以为 MoS_2 纳米粒子与弹性导电石墨烯提供足够的界面接触。通过 N 掺杂还可以引入一定量的有利于储锂的吡啶 N，因此提高了电极材料的电导率和锂离子扩散系数，极大地降低了极化，提高了循环稳定性和倍率性能。所制备的 meso-N-MoS_2/rGO(D) 电极材料在 100mA · g^{-1} 时 50 次循环后放电容量为 863.4mA·h·g^{-1}，初始库仑效率高（72.2%），而且具有优异的倍率性能（在电流密度为 1000mA·g^{-1} 时容量为 606.2mA·h·g^{-1}）。

本书第 8 章以含硒二维层状介孔 MoS_2 为研究对象，以硒粉为硒源，合成了导电石墨烯上垂直生长介孔硒硫化钼复合材料，用作锂离子电池负极材料。经过系统实验发现，当 Mo、S 前躯体与硒粉质量比例为 1∶2，保护气为 10% H_2 和 90% Ar 时，450℃煅烧 3h 得到 meso-$MoS_{2(1-x)}Se_{2x}$/rGO（1∶2）复合材料，该材料在 100mA·g^{-1} 电流密度下循环 150 次后依旧具有 830mA·h·g^{-1} 的可逆容量。这种优异的电化学性能归因于硒的加入不仅导致大量暴露的活性位点，还可以拓宽（002）晶面的间距，并在充放电过程中提供更多的活性位点。更重要的是，引入一定量的硒可以诱导 MoS_2 的 2H 相到 1T 相的转变，而 1T 相 MoS_2 更具金属性，因此 meso-$MoS_{2(1-x)}Se_{2x}$/rGO（1∶2）导电性更好，电化学性能更佳。meso-$MoS_{2(1-x)}Se_{2x}$/rGO 复合材料的优异电池性能表明，导电石墨烯上垂直生长介孔硒硫化钼复合材料是锂离子电池很有前景的负极材料。

8.2　展望

二维层状钼系电极材料具有独特构造和物理化学特性，作为锂离子电池电极材料展现出巨大的应用潜力，成为负极材料领域的研究热点。二维层状介孔结构具有诸多无与伦比的优点，但也存在一些不足，限制了其在实际中的应用。

（1）具有二维层状介孔结构的钼系负极材料的合成过程通常较为复杂，需要多步合成的精准控制，合成周期较长。此外，产量较小，否则，所得二维层状介孔结构的可控性降低。合成的复杂性一定程度上限制该类材料的实际应用。在未来的研究中，需要在合成方法方面进行适当改进，力争在保证材料结构可控的基础上，尽量简化合成步骤，提高产量。

（2）本论文所有恒电流充放电测试均采用半电池测试，在未来的研究中可以逐步扩展到全电池测试。通过更系统、更全面的测试，考察钼系负极材料的循环性能、倍率性能等电化学性质，为其商业化提供可行性。

（3）由于石墨烯制备过程复杂且不环保，在今后的研究中可以尝试赋予其他二维层状材料介孔结构，解决石墨烯制备困难、原料不环保的弊端。